中国鸟类图鉴

FIELD GUIDE TO THE BIRDS OF CHINA

主编:曲利明

海峡出版发行集团
THE STRAITS PUBLISHING & DISTRIBUTING GROUP
海峡书局

图书在版编目（CIP）数据

中国鸟类图鉴 ：全3册 / 曲利明主编. -- 福州 ：海峡书局, 2013.1
ISBN 978-7-80691-804-3

Ⅰ. ①中… Ⅱ. ①曲… Ⅲ. ①鸟类－中国－图集
Ⅳ. ①Q959.708-64

中国版本图书馆CIP数据核字(2012)第299692号

主　　编：曲利明
副主编/撰稿：刘阳、闻丞、危骞、雷进宇
责任编辑：廖飞琴、欧阳丽敏、陈婧、李舒洁、薛瑜婷
设　　计：黄舒堉
封面设计：黄硕燊

中国鸟类图鉴（全3册）

出版发行：海峡出版发行集团 海峡书局
地　　址：福州市东水路76号出版中心12层
网　　址：www.hcsy.net.cn
邮　　编：350001
印　　刷：深圳市国际彩印有限公司
开　　本：889毫米×1194毫米　1/16
印　　张：120
图　　文：1916码
版　　次：2013年1月第1版
印　　次：2013年1月第1次印刷
书　　号：ISBN 978-7-80691-804-3

定　　价：2800.00元（全套）

《中国鸟类图鉴》编委会 /

序 / 1

鸟类是自然界的成员，在生物分类上属于动物界、脊索动物门、鸟纲。这个起源于一亿多年前中生代侏罗纪的动物类群，与恐龙等爬行动物有着密切的亲缘关系。经过长期的系统演化和适应辐射，鸟类形成了种类繁多、姿态各异、行为复杂的多样性格局。目前鸟类遍布包括南北极在内的世界各地，成为分布最广、适应性最强的动物类群之一。

据统计，世界鸟类总数目前已接近1万种，是脊椎动物中物种多样性仅次于鱼类的第二大类群。作为全球生物多样性的一个有机组成部分，鸟类在维持生物进化和生态平衡等方面具有重要的功能。鸟类与人类共同生活在同一个星球上，是人类的近邻，也是人类的朋友。由于鸟类的存在，才使我们生活的世界精彩纷呈、生机盎然。鸟类能够传播植物种子，能够控制农林虫害的爆发，能够给我们畜牧业提供新的种源。飞翔的鸟类曾激发人的灵感，于是便有了1903年首架飞机成功地翱翔于蓝天。鸟类与人类的传统文化也存在着千丝万缕的联系，从我国民乐《空山鸟语》、《百鸟朝凤》到德国音乐家海顿的《鸟儿四重奏》，从优美动人的《天鹅湖》到美轮美奂的《孔雀舞》，这些依托于鸟类的文化艺术给我们带来了美的享受。

我国是世界鸟类资源最丰富的国家之一，现有鸟类1400多种，约占世界鸟类的14%。物种多样性高、特有种丰富、区系起源古老是我国鸟类资源的三大基本特点。由于有将近一半的鸟类属于长途迁徙的候鸟，因此我国鸟类资源的保护不仅关系到我们自身的生态安全，而且对保护珍稀濒危鸟类、维持全球的生物多样性都具有重要意义。

与许多国家一样，我国鸟类面临的威胁也十分严重。栖息地丧失、非法捕杀是影响和威胁我国鸟类生存和发展的两个突出问题。例如，渤海湾地区近十年来天然湿地已经丧失了30%以上，导致遗鸥、红腹滨鹬等多种鸟类适宜栖息地急剧减少。前不久发生在湖南桂东县千年鸟道上大肆捕杀候鸟的事件以及天津北大港湿地20余只东方白鹳被毒杀的报道，为我国鸟类资源的保护工作敲响了警钟。

鸟类资源的保护需要全社会共同努力。我非常高兴地看到，除了国家主管部门对鸟类保护越来越重视外，我国的鸟类学研究快速发展，民间的爱鸟护鸟力量也在不断壮大。30年前，中国鸟类学会的会员只有区区200多人，我国境内也只有少数专家到野外去观鸟。而今天，中国鸟类学会的会员总数已超过1000人，全国各地已成立民间观鸟组织有30多个，经常到野外观鸟和进行鸟类摄影的爱鸟者更是达到了6万多人。无论是鸟类专家还是各地鸟友，大家均十分关注鸟类的生存，都希望通过自己的努力为我国鸟类资源的保护奉献一份力量。

《中国鸟类图鉴》是国内第一本以摄影形式展示我国鸟类多样性的专著。该书的宗旨是“汇集中国鸟类物种、揭示中国鸟类奥秘、呈现中国鸟类瞬间”。全书分上、中、下三大卷，共1916页，收集了1200多个鸟种的4000余张精美的图片，其中很多鸟类图片是首次在国内外发表的。与以往出版的鸟类图鉴不同，该书编者除了采用照片展示鸟类姿态之外，还大胆地采用了新的鸟类分类系统。这个分类系统是由国内观鸟人在参考国际鸟类学委员会（International Ornithological Committee）的世界鸟类名录的基础上，对我国鸟类名录的系统整理，反映了国内外鸟类学研究的最新成果。

《中国鸟类图鉴》是一本高水平的鸟类学专著。该书集科学性和艺术性于一体，是观鸟人、鸟类摄影人和鸟类专家共同合作的成果。该书的主编曲利明先生是一位资深的出版人，主要编写人员刘阳、闻丞、危骞、雷进宇等人士在国内观鸟界属于顶尖的高手，具有丰富的观鸟经验。同时汇集了100多名中国大陆、台湾地区、香港地区摄影高手以及福建观鸟会等全国（含台湾地区、香港地区）15家观鸟组织鼎力相助，我相信该书一定能受到国内外读者的欢迎。

观鸟活动（bird watching）已经成为许多国家和地区一种十分流行的休闲方式。我国的观鸟活动方兴未艾，也在快速发展。目前，河南董寨、山东东营、河北北戴河、湖南洞庭湖、北京野鸭湖、上海崇明东滩、福建闽江口、甘肃莲花山等地成为我国著名的观鸟圣地，每年观鸟的人数不断增加。一些鸟友甚至到印度、非洲、南美乃至南极去观鸟和拍摄鸟。

鸟类生活在我们的周边，对环境的变化十分敏感，其种类和数量的多少可以反映一个地区的生态环境质量。记录一个地区的鸟类数量和种类多少，不仅仅是野生鸟类摄影者的个人爱好，更应该为社会各界所关注。众所周知，我国鸟类的保护工作任重而道远。我希望能有更多的人像《中国鸟类图鉴》的作者曲利明先生一样，经常到野外去观鸟，用相机记录鸟，并积极保护野生鸟类及其栖息地。让我们大家共同努力，保护我国的鸟类多样性！

北京师范大学教授
中国动物学会鸟类学分会秘书长
2012年11月20日

序 / 2

两千多年前，关于中国最古老的诗歌总集经典《诗经》，孔夫子曾曰：“《诗》可以兴，可以观，可以群，可以怨。迩之事父，远之事君，多识于鸟兽草木之名。”至于后世，识草木鸟兽之名恐怕再未能在经典中与“事父”、“事君”同高；幸而时至今日，在2011年版的《中国鸟类分类与分布名录（第二版）》（郑光美，2011）中，仍可见到自《诗经》时代流传下来的“鹡鸰”、“鸳鸯”等字样。鸟，作为当今陆生脊椎动物中最繁盛的类群，无论出于科学还是文化的视角，一如既往地得到世人的关注与喜爱；正是由于这种超越时空的持久兴趣，才有了《中国鸟类图鉴》这样的著作。

在基于鸟类野外摄影编著的《中国鸟类图鉴》之前，已有彩绘的《中国野鸟图鉴》（颜重威、赵正阶、郑光美等，1996），《中国鸟类图鉴》（中国野生动物保护协会，1998）和《中国鸟类野外手册》（马敬能、菲利普斯、何芬奇，2000）等图鉴类书籍出版。采用照片的地方性鸟类图鉴，如《北京鸟类图鉴》（赵欣如，1999），《包头野鸟》（聂延秋，2007），《东北鸟类大图鉴》（李庆伟、张凤江，2009）等，近年也层出不穷。为了系统地整理、编排、展现上千种产于中国的鸟类，所有图鉴都要遵循特定的科学分类命名系统。除去鹡鸰、鸳鸯等在中国古已有之且沿用至今的鸟名，今天的鸟类学研究人员和广大鸟类爱好者更为熟悉的鸟类分类命名系统，则是肇始于林耐的拉丁文学名体系，及在此基础之上，集中国鸟类学工作者智慧而制定的鸟类中文名录。

一定时期内鸟类分类学进展的状况，决定了当时图鉴所能采用的编排顺序。而某个时期的鸟类图鉴，也在一定程度上反映了当时分类学的发展进程。在2000年以前出版的中国鸟类图鉴，其命名分类体系通常遵循已故著名鸟类学家郑作新院士所著的《中国鸟类分布名录》（1956、1958、1976）、《中国鸟类区系纲要》（1987）和《中国鸟类种和亚种分类名录大全》（1994、2000），上述著作系统总结了20世纪90年代以前中、外鸟类学家对中国鸟类分类与区系的研究成果，反映了中国鸟类学从发端到成熟的历程和成就。

随着生物学技术手段的革命性进步，进化生物学理论的不断丰富，自上世纪后半叶以来，分子、鸣声、行为和地质历史等方面的知识都被用于鸟类分类研究，鸟类系统分类已经从形态学发展到系统发育分类阶段，使得世界鸟类系统分类和种属关系的研究不断丰富。同期，关于中国鸟类分类和种属关系的研究也呈现出同样的趋势。2000年出版的《中国鸟类野外手册》首次全面采用了《世界鸟类名录》（A World Checklist of Birds, Monroe B.L. &Sibley C. G.等,1993）的分类系统，而这一分类系统当时尚存争议。2002年，在参考《世界鸟类手册》（Handbook of Birds of the World, Lynx Edicions, 1992），《世界鸟类名录》（Birds of the World: A Checklist, Clements J.F., 2000），《世界鸟类名录》（A Checklist of the Birds of the World, Gruson E.S., 1976）以及《世界鸟类名录大全》（A Complete Checklist of the Birds of the World. Howard R. & Moore A., 1991）等巨制的基础上，《世界鸟类分类与分布名录》（郑光美，2002）得以付梓，这是第一本在中国出版的介绍世界鸟类分类与分布的专著。在此书中，中国鸟类种名的中文名称，除一些新近由亚种提升至种的鸟种之外，大体延续了此前《中国鸟类种和亚种分类名录大全》的体系。在此书分类体系的基础上，《中国鸟类分布与分类名录》（郑光美，2005）得以出版。此前，《世界鸟类名录大全（第三版）》[The Howard and Moore Complete Checklist of the Birds

of the World (the 3rd Edition)]于2003年出版，该书全面反映了当时鸟类分类学的进展。《中国鸟类分布与分类名录》在参考吸收当时鸟类分类学新成果的同时，仍保留了某些宏观分类学的主流观点。全书总计收录中国鸟类1332种，隶属于24目，101科，429属。2011年，《中国鸟类分布与分类名录（第二版）》出版。在这两版面世之间的短短六年中，一些新种、隐存种、新亚种陆续被发表，一些种和亚种的分类地位也得到了调整，而一批鸟类爱好者深入到许多此前鸟类调查未能覆盖或覆盖不足的区域观鸟、拍鸟，也提供了大量新的鸟类分布信息，其中包括许多中国新记录的鸟种。《中国鸟类分布与分类名录（第二版）》及时、审慎地反映了这些变化，同时尽量与《台湾鸟类志》（刘小如，2010）统一了主要分布于台湾的鸟类的中文名。该版收录中国鸟类共计24目，101科，1371种。

中国到底有多少种鸟？在今后一个相当长的历史时期内，恐怕都是个难以准确回答的问题。从中华人民共和国成立之初，《中国鸟类系统检索》所载的1140种，到21世纪初《中国鸟类种和亚种分类大全》所载的1244种，及至《中国鸟类野外手册》记载的1329种（其中包括了那些有可能出现在中国的种类），再至今日所知的超过1370种，中国鸟类名录的不断加长既是中国鸟类学发展的一项成就，也在某种程度上反映了世界鸟类学“由合至分”的发展趋势。

然而，中国的自然历史犹如其人文历史一样漫长跌宕而又丰富多彩，更兼版图辽阔，地势复杂，这些因素令中国成为世界上鸟类种类最为多样、而其进化历程也最为引人入胜的国家之一。在此背景下，四个方面的因素使得针对中国鸟类的分类、分布以及系统发育方面的研究尚有很大的发展空间，而中国的鸟类名录也可能因此继续改变。第一，中国有超过70个特有鸟种，而有更多的鸟种主要分布于中国，仅边缘性地见于周边国家。很多研究者在重建一些类群的系统发育谱系时，需要吸纳来自中国的鸟种，以获得完整的谱系关系。第二，在中国发现鸟类新种的可能性仍然存在。如2008年，我国学者就在广西发现了新种弄岗穗鹛（Stachyris nonggangensis）；2009年底，瑞典学者在越南北部新发现的灰岩柳莺(Phylloscopus calciatilis) ，后被证实亦分布于我国。第三，许多已知鸟类种属之间的系统关系尚未厘清，甚至在科、目这样的高级阶元上亦存在重新厘定的需要。比如形态学分类将“褐背拟地鸦”（Pseudopodoces humilis）置于鸦科Corvidae当中，但是解剖学、分子系统发育证据均揭示该种实际是山雀科Paridae的种类；许多研究者认为亚洲鸟类的系统分类过于粗化，特别是一些分布相对较广、亚种较多的种类，经过研究后常被证实应当被分为多个独立的物种，例如金眶鹟莺复合种（Seicercus burkii complex）、冠纹柳莺复合种（Phylloscopus reguloides complex）等。这些种类均主要分布在我国。第四，在新疆、西藏和云南的一些边远地区，最近几年成为记录发现新鸟种的热点地区。近年，褐喉直嘴太阳鸟（Anthreptes malacensis），尼泊尔鹪鹛（Pnoepyga immaculata）和黑颏穗鹛（Stachyridopsis pyrrhops）等鸟种在这些地区被发现并加入到中国鸟类名录中。在《中国鸟类图鉴》即将付梓之际，仍有白兀鹫（Neophron percnopterus）和白尾麦鸡（Vanellus leucurus）作为中国鸟类新记录鸟种被摄影爱好者记录于新疆。在学术价值之外，对鸟类分类的改变，可能使得一些原先狭域分布的亚种被提升为受到威胁而亟须保护的鸟种；对鸟类分布的更新，可能使人们注意到某些受到威胁鸟种的新地理群体，或者了解到一些因素，如气候变化，对物种分布乃至生态系统的影响。这些名录相关的方面，对生物多样性保护、环境监测与评估

都有重要的实用意义。

当今对鸟类分类与分布知识的快速更新，使得鸟类名录经常需要修订。为适应这一需求，在2006年世界鸟类学大会（International Ornithological Congress, IOC）之后，IOC的分类委员会有计划地出版和更新世界鸟类种数统计，并在网络上及时发布最新版“世界鸟类名录”（http://www.worldbirdnames.org/）。作为一项尝试，一群关注鸟类种数变化的中国年轻人（其中有直接从事鸟类分类和系统研究的科学工作者，也有常年在中国野外一线进行鸟类观察的资深观鸟者），查阅了大量涉及中国鸟类分类的文献，比较不同的分类观点并进行了激烈的讨论，形成了一份得到美国、英国、瑞典等国的资深鸟类分类学者和观鸟者评议（peer-review）认可的“中国鸟类名录”。这份名录以IOC“世界鸟类名录”为蓝本，基于文献检索，对一些尚存争议的“新种”增加了关于其分类、分布以及中文俗名命名的观点。与IOC“世界鸟类名录”的模式类似，这份名录被放入网络中提供免费下载，并进行及时更新（初定为1年1次）。截至2012年底，V2.2版已经上网。这份名录在某些方面与前述关于中国鸟类分类与分布的专著不尽一致。在这份名录上新增的许多种类，如柳莺、鹟莺、噪鹛、雪雀、朱雀中的一些种类，主要是采纳分子、行为和分布方面的一些观点，将原有的亚种提升至种，其中文俗名命名也尽量靠拢前辈拟定而为大多数读者熟知的体系，同时使其能够反映与近缘种的差异与关系。诚如中国观鸟年报“中国鸟类名录1.0.3（2010）”前言所述，这份名录试图实时反映鸟类分类学、鸟类学研究工作和鸟类监测体系覆盖面的进展与变化；这份名录同时还将因为这些变化被不断地改写。这份名录本身所带来的，不仅仅是一个数字和鸟种名称的罗列，更是世人对中国鸟类多样性的阶段性认知和总结，它本身就记录了一段鲜活的自然历史。

中国观鸟年报“中国鸟类名录”问世后获得了国内外观鸟者、鸟类研究者的重视；世界鸟类学家会联合会（IOC）世界鸟类名录网站、东方鸟类俱乐部（OBC）亦对此进行了报道；一些地方鸟类名录和著作也采用或者部分参考了该鸟类名录的分类和命名。更值得注意的是很多国内外观鸟者都在使用这份名录作为观鸟时的参考。同时，国内外也对这一名录，尤其是其中一些鸟类中文名的改进提出了意见和建议。这些意见都得到了充分考虑，并在随后的版本中作出相应的改进。这种“网络公开发表—反馈—修改—更新版本发表”的运作模式也成了中国观鸟年报“中国鸟类名录”的独特文化理念和时效特征，这样的模式有望能够长期坚持下去，为国内外的观鸟者和感兴趣的研究者提供一份便利的参考素材和索引。

《中国鸟类图鉴》作为一部能够在一定程度上生动反映当前中国鸟类风姿及其生存状态的著作，是中国自然历史演进到当代之际，被实时地采集典藏的一枚“时空胶囊”。它的时效性，天然地与中国观鸟年报“中国鸟类名录”的时效性相契合。同时，它作为一部出现在中国的著作，也将源自上古《诗经》时代的神州飞鸟的文化意象，以一种现代的图文叙事方式，具体、生动地展现在中国人面前，展现在全世界面前。

闻丞 刘阳 危骞 雷进宇

目录 /

0051 | 绿脚山鹧鸪 / Green-legged Partridge / *Arborophila chloropus*

0052 | 棕胸竹鸡 / Mountain Bamboo Partridge / *Bambusicola fytchii*

0053 | 灰胸竹鸡 / Chinese Bamboo Partridge / *Bambusicola thoracicus*

0054 | 血雉 / Blood Pheasant / *Ithaginis cruentus*

0058 | 红胸角雉 / Satyr Tragopan / *Tragopan satyra*

0060 | 红腹角雉 / Temminck's Tragopan / *Tragopan temminckii*

0061 | 黄腹角雉 / Cabot's Tragopan / *Tragopan caboti*

0064 | 勺鸡 / Koklass Pheasant / *Pucrasia macrolopha*

0066 | 棕尾虹雉 / Himalayan Monal / *Lophophorus impejanus*

0068 | 白尾梢虹雉 / Sclater's Monal / *Lophophorus sclateri*

0070 | 绿尾虹雉 / Chinese Monal / *Lophophorus lhuysii*

0072 | 红原鸡 / Red Junglefowl / *Gallus gallus*

0074 | 黑鹇 / Kalij Pheasant / *Lophura leucomelanos*

0076 | 白鹇 / Silver Pheasant / *Lophura nycthemera*

0078 | 蓝腹鹇 / Swinhoe's Pheasant / *Lophura swinhoii*

0080 | 白马鸡 / White Eared Pheasant / *Crossoptilon crossoptilon*

0082 | 藏马鸡 / Tibetan Eared Pheasant / *Crossoptilon harmani*

0084 | 褐马鸡 / Brown Eared Pheasant / *Crossoptilon mantchuricum*

0086 | 蓝马鸡 / Blue Eared Pheasant / *Crossoptilon auritum*

0087 | 白颈长尾雉 / Elliot's Pheasant / *Syrmaticus ellioti*

0088 | 黑长尾雉 / Mikado Pheasant / *Syrmaticus mikado*

0090 | 白冠长尾雉 / Reeves's Pheasant / *Syrmaticus reevesii*

0092 | 雉鸡 / Common Pheasant / *Phasianus colchicus*

0096 | 红腹锦鸡 / Golden Pheasant / *Chrysolophus pictus*

0098 | 白腹锦鸡 / Lady Amherst's Pheasant / *Chrysolophus amherstiae*

0101 | 灰孔雀雉 / Grey Peacock Pheasant / *Polyplectron bicalcaratum*

雁形目 > 鸭科

0102 | 栗树鸭 / Lesser Whistling Duck / *Dendrocygna javanica*

0104 | 鸿雁 / Swan Goose / *Anser cygnoides*

0106 | 豆雁 / Taiga Bean Goose / *Anser fabalis*

0108 | 灰雁 / Greylag Goose / *Anser anser*

0110 | 白额雁 / Greater White-fronted Goose / *Anser albifrons*

0111 | 小白额雁 / Lesser White-fronted Goose / *Anser erythropus*

0112 | 斑头雁 / Bar-headed Goose / *Anser indicus*

0166 | 普通秋沙鸭 / Common Merganser / *Mergus merganser*

0168 | 红胸秋沙鸭 / Red-breasted Merganser / *Mergus serrator*

0170 | 中华秋沙鸭 / Scaly-sided Merganser / *Mergus squamatus*

0172 | 白头硬尾鸭 / White-headed Duck / *Oxyura leucocephala*

潜鸟目 > 潜鸟科

0174 | 红喉潜鸟 / Red-throated Loon / *Gavia stellata*

0175 | 黑喉潜鸟 / Black-throated Loon / *Gavia arctica*

0176 | 太平洋潜鸟 / Pacific Loon / *Gavia pacifica*

0177 | 黄嘴潜鸟 / Yellow-billed Loon / *Gavia adamsii*

鹱形目 > 信天翁科

0178 | 黑脚信天翁 / Black-footed Albatross / *Phoebastria nigripes*

0179 | 短尾信天翁 / Short-tailed Albatross / *Phoebastria albatrus*

鹱形目 > 鹱科

0180 | 白额鹱 / Streaked Shearwater / *Calonectris leucomelas*

0181 | 短尾鹱 / Short-tailed Shearwater / *Puffinus tenuirostris*

0182 | 褐燕鹱 / Bulwer's Petrel / *Bulweria bulwerii*

䴙䴘目 > 䴙䴘科

0183 | 赤颈䴙䴘 / Red-necked Grebe / *Podiceps grisegena*

0184 | 小䴙䴘 / Little Grebe / *Tachybaptus ruficollis*

0186 | 凤头䴙䴘 / Great Crested Grebe / *Podiceps cristatus*

0188 | 角䴙䴘 / Horned Grebe / *Podiceps auritus*

0189 | 黑颈䴙䴘 / Black-necked Grebe / *Podiceps nigricollis*

鹈形目 > 鹲科

0190 | 白尾鹲 / White-tailed Tropicbird / *Phaethon lepturus*

鹳形目 > 鹳科

0191 | 钳嘴鹳 / Asian Openbill / *Anastomus oscitans*

0192 | 黑鹳 / Black Stork / *Ciconia nigra*

0194 | 白颈鹳 / Woolly-necked Stork / *Ciconia episcopus*

0196 | 东方白鹳 / Oriental Stork / *Ciconia boyciana*

鹳形目 > 鹮科

0251 | 褐鲣鸟 / Brown Booby / *Sula leucogaster*

鹈形目 > 鸬鹚科

0252 | 黑颈鸬鹚 / Little Cormorant / *Microcarbo niger*

0253 | 海鸬鹚 / Pelagic Cormorant / *Phalacrocorax pelagicus*

0254 | 普通鸬鹚 / Great Cormorant / *Phalacrocorax carbo*

0256 | 暗绿背鸬鹚 / Japanese Cormorant / *Phalacrocorax capillatus*

隼形目 > 鹗科

0258 | 鹗 / Western Osprey / *Pandion haliaetus*

0260 | 褐冠鹃隼 / Jerdon's Baza / *Aviceda jerdoni*

0261 | 黑冠鹃隼 / Black Baza / *Aviceda leuphotes*

隼形目 > 鹰科

0262 | 凤头蜂鹰 / Oriental Honey-buzzard / *Pernis ptilorhynchus*

0264 | 黑翅鸢 / Black-winged Kite / *Elanus caeruleus*

0265 | 栗鸢 / Brahminy Kite / *Haliastur indus*

0266 | 黑鸢 / Black Kite / *Milvus migrans*

0268 | 白腹海雕 / White-bellied Sea Eagle / *Haliaeetus leucogaster*

0269 | 玉带海雕 / Pallas's Fish Eagle / *Haliaeetus leucoryphus*

0270 | 白尾海雕 / White-tailed Sea Eagle / *Haliaeetus albicilla*

0272 | 虎头海雕 / Steller's Sea Eagle / *Haliaeetus pelagicus*

0273 | 渔雕 / Lesser Fish Eagle / *Ichthyophaga humilis*

0274 | 胡兀鹫 / Lammergeier / *Gypaetus barbatus*

0276 | 高山兀鹫 / Himalayan Vulture / *Gyps himalayensis*

0278 | 秃鹫 / Cinereous Vulture / *Aegypius monachus*

0280 | 蛇雕 / Crested Serpent Eagle / *Spilornis cheela*

0282 | 短趾雕 / Short-toed Snake Eagle / *Circaetus gallicus*

0283 | 白头鹞 / Western Marsh Harrier / *Circus aeruginosus*

0284 | 白腹鹞 / Eastern Marsh Harrier / *Circus spilonotus*

0285 | 乌灰鹞 / Montagu's Harrier / *Circus pygargus*

0286 | 白尾鹞 / Hen Harrier / *Circus cyaneus*

0288 | 鹊鹞 / Pied Harrier / *Circus melanoleucos*

0290 | 凤头鹰 / Crested Goshawk / *Accipiter trivirgatus*

0292 | 褐耳鹰 / Shikra / *Accipiter badius*

鹤形目 > 秧鸡科

鹤形目 > 鹤科

三趾鹑目 > 三趾鹑科

鸻形目 > 石鸻科

鸻形目 > 鸻科

0402 | 蛎鹬 / Eurasian Oystercatcher / *Haematopus ostralegus*

0404 | 鹮嘴鹬 / Ibisbill / *Ibidorhyncha struthersii*

0406 | 黑翅长脚鹬 / Black-winged Stilt / *Himantopus himantopus*

0408 | 反嘴鹬 / Pied Avocet / *Recurvirostra avosetta*

0410 | 凤头麦鸡 / Northern Lapwing / *Vanellus vanellus*

0412 | 距翅麦鸡 / River Lapwing / *Vanellus duvaucelii*

0414 | 灰头麦鸡 / Grey-headed Lapwing / *Vanellus cinereus*

0416 | 肉垂麦鸡 / Red-wattled Lapwing / *Vanellus indicus*

0418 | 白尾麦鸡 / White-tailed Lapwing / *Vanellus leucurus*

0420 | 金斑鸻 / Pacific Golden Plover / *Pluvialis fulva*

0422 | 灰斑鸻 / Grey Plover / *Pluvialis squatarola*

0423 | 剑鸻 / Common Ringed Plover / *Charadrius hiaticula*

0424 | 长嘴剑鸻 / Long-billed Plover / *Charadrius placidus*

0426 | 金眶鸻 / Little Ringed Plover / *Charadrius dubius*

0428 | 环颈鸻 / Kentish Plover / *Charadrius alexandrinus*

0430 | 铁嘴沙鸻 / Greater Sand Plover / *Charadrius leschenaultii*

0431 | 蒙古沙鸻 / Lesser Sand Plover / *Charadrius mongolus*

0432 | 东方鸻 / Oriental Plover / *Charadrius veredus*

0434 | 小嘴鸻 / Eurasian Dotterel / *Charadrius morinellus*

鸻形目 > 彩鹬科

0436 | 彩鹬 / Greater Painted Snipe / *Rostratula benghalensis*

鸻形目 > 雉鸻科

0438 | 水雉 / Pheasant-tailed Jacana / *Hydrophasianus chirurgus*

0440 | 铜翅水雉 / Bronze-winged Jacana / *Metopidius indicus*

鸻形目 > 丘鹬科

0441 | 丘鹬 / Eurasian Woodcock / *Scolopax rusticola*

0442 | 孤沙锥 / Solitary Snipe / *Gallinago solitaria*

0444 | 针尾沙锥 / Pin-tailed Snipe / *Gallinago stenura*

0445 | 大沙锥 / Swinhoe's Snipe / *Gallinago megala*

0446 | 扇尾沙锥 / Common Snipe / *Gallinago gallinago*

0448 | 林沙锥 / Wood Snipe / *Gallinago nemoricola*

0449 | 长嘴鹬 / Long-billed Dowitcher / *Limnodromus scolopaceus*

0450 | 半蹼鹬 / Asian Dowitcher / *Limnodromus semipalmatus*

0508 | 领燕鸻 / Collared Pratincole / *Glareola pratincola*

0510 | 普通燕鸻 / Oriental Pratincole / *Glareola maldivarum*

0512 | 灰燕鸻 / Small Pratincole / *Glareola lactea*

鸻形目 > 鸥科

0513 | 三趾鸥 / Black-legged Kittiwake / *Rissa tridactyla*

0514 | 细嘴鸥 / Slender-billed Gull / *Chroicocephalus genei*

0516 | 棕头鸥 / Brown-headed Gull / *Chroicocephalus brunnicephalus*

0518 | 红嘴鸥 / Black-headed Gull / *Chroicocephalus ridibundus*

0522 | 黑嘴鸥 / Saunders's Gull / *Chroicocephalus saundersi*

0524 | 小鸥 / Little Gull / *Hydrocoloeus minutus*

0526 | 遗鸥 / Relict Gull / *Ichthyaetus relictus*

0528 | 渔鸥 / Pallas's Gull / *Ichthyaetus ichthyaetus*

0530 | 黑尾鸥 / Black-tailed Gull / *Larus crassirostris*

0532 | 海鸥 / Mew Gull / *Larus canus*

0533 | 乌灰银鸥 / Heuglin's Gull / *Larus heuglini*

0534 | 蒙古银鸥 / Mongolian Gull / *Larus mongolicus*

0536 | 黄脚银鸥 / Yellow-legged Gull / *Larus cachinnans*

0538 | 灰背鸥 / Slaty-backed Gull / *Larus schistisagus*

0539 | 白腰燕鸥 / Aleutian Tern / *Onychoprion aleuticus*

0540 | 鸥嘴噪鸥 / Gull-billed Tern / *Gelochelidon nilotica*

0542 | 红嘴巨鸥 / Caspian Tern / *Hydroprogne caspia*

0544 | 大凤头燕鸥 / Greater Crested Tern / *Thalasseus bergii*

0548 | 小凤头燕鸥 / Lesser Crested Tern / *Thalasseus bengalensis*

0550 | 中华凤头燕鸥 / Chinese Crested Tern / *Thalasseus bernsteini*

0552 | 白额燕鸥 / Little Tern / *Sternula albifrons*

0554 | 褐翅燕鸥 / Bridled Tern / *Onychoprion anaethetus*

0556 | 乌燕鸥 / Sooty Tern / *Onychoprion fuscatus*

0557 | 黄嘴河燕鸥 / River Tern / *Sterna aurantia*

0558 | 粉红燕鸥 / Roseate Tern / *Sterna dougallii*

0559 | 黑枕燕鸥 / Black-naped Tern / *Sterna sumatrana*

0560 | 普通燕鸥 / Common Tern / *Sterna hirundo*

0562 | 须浮鸥 / Whiskered Tern / *Chlidonias hybrida*

0564 | 白翅浮鸥 / White-winged Tern / *Chlidonias leucopterus*

0566 | 黑浮鸥 / Black Tern / *Chlidonias niger*

0567 | 中贼鸥 / Pomarine Skua / *Stercorarius pomarinus*

0568 | 短尾贼鸥 / Parasitic Jaeger / *Stercorarius parasiticus*

0569 | 长尾贼鸥 / Long-tailed Jaeger / *Stercorarius longicaudus*

鸻形目 > 海雀科

0570 | 扁嘴海雀 / Ancient Murrelet / *Synthliboramphus antiquus*

0571 | 冠海雀 / Japanese Murrelet / *Synthliboramphus wumizusume*

沙鸡目 > 沙鸡科

0572 | 西藏毛腿沙鸡 / Tibetan Sandgrouse / *Syrrhaptes tibetanus*

0574 | 毛腿沙鸡 / Pallas's Sandgrouse / *Syrrhaptes paradoxus*

0577 | 黑腹沙鸡 / Black-bellied Sandgrouse / *Pterocles orientalis*

鸽形目 > 鸠鸽科

0578 | 原鸽 / Rock Pigeon / *Columba livia*

0580 | 岩鸽 / Hill Pigeon / *Columba rupestris*

0581 | 雪鸽 / Snow Pigeon / *Columba leuconota*

0582 | 欧鸽 / Stock Dove / *Columba oenas*

0584 | 斑尾林鸽 / Common Wood Pigeon / *Columba palumbus*

0586 | 点斑林鸽 / Speckled Wood Pigeon / *Columba hodgsonii*

0588 | 灰林鸽 / Ashy Wood Pigeon / *Columba pulchricollis*

0589 | 欧斑鸠 / European Turtle Dove / *Streptopelia turtur*

0590 | 山斑鸠 / Oriental Turtle Dove / *Streptopelia orientalis*

0592 | 灰斑鸠 / Eurasian Collared Dove / *Streptopelia decaocto*

0594 | 火斑鸠 / Red Turtle Dove / *Streptopelia tranquebarica*

0596 | 珠颈斑鸠 / Spotted Dove / *Spilopelia chinensis*

0597 | 棕斑鸠 / Laughing Dove / *Spilopelia senegalensis*

0598 | 斑尾鹃鸠 / Barred Cuckoo-Dove / *Macropygia unchall*

0600 | 菲律宾鹃鸠 / Philippine Cuckoo-Dove / *Macropygia tenuirostris*

0602 | 绿翅金鸠 / Emerald Dove / *Chalcophaps indica*

0603 | 橙胸绿鸠 / Orange-breasted Green Pigeon / *Treron bicinctus*

0604 | 灰头绿鸠 / Ashy-headed Green Pigeon / *Treron phayrei*

0605 | 厚嘴绿鸠 / Thick-billed Green Pigeon / *Treron curvirostra*

0606 | 黄脚绿鸠 / Yellow-footed Green Pigeon / *Treron phoenicopterus*

0607 | 针尾绿鸠 / Pin-tailed Green Pigeon / *Treron apicauda*

0608 | 楔尾绿鸠 / Wedge-tailed Green Pigeon / *Treron sphenurus*

0609 | 红翅绿鸠 / White-bellied Green Pigeon / *Treron sieboldii*

0610 | 红顶绿鸠 / Whistling Green Pigeon / *Treron formosae*

0612 | 绿皇鸠 / Green Imperial Pigeon / *Ducula aenea*

0613 | 山皇鸠 / Mountain Imperial Pigeon / *Ducula badia*

鹦形目 > 鹦鹉科

0614 | 亚历山大鹦鹉 / Alexandrine Parakeet / *Psittacula eupatria*

0615 | 红领绿鹦鹉 / Rose-ringed Parakeet / *Psittacula krameri*

0616 | 青头鹦鹉 / Slaty-headed Parakeet / *Psittacula himalayana*

0617 | 灰头鹦鹉 / Grey-headed Parakeet / *Psittacula finschii*

0618 | 大紫胸鹦鹉 / Derbyan Parakeet / *Psittacula derbiana*

0620 | 绯胸鹦鹉 / Red-breasted Parakeet / *Psittacula alexandri*

鹃形目 > 鸦鹃科

0622 | 褐翅鸦鹃 / Greater Coucal / *Centropus sinensis*

0624 | 小鸦鹃 / Lesser Coucal / *Centropus bengalensis*

鹃形目 > 杜鹃科

0626 | 绿嘴地鹃 / Green-billed Malkoha / *Phaenicophaeus tristis*

0627 | 红翅凤头鹃 / Chestnut-winged Cuckoo / *Clamator coromandus*

0628 | 斑翅凤头鹃 / Pied Cuckoo / *Clamator jacobinus*

0629 | 四声杜鹃 / Indian Cuckoo / *Cuculus micropterus*

0630 | 噪鹃 / Asian Koel / *Eudynamys scolopaceus*

0632 | 翠金鹃 / Asian Emerald Cuckoo / *Chrysococcyx maculatus*

0633 | 紫金鹃 / Violet Cuckoo / *Chrysococcyx xanthorhynchus*

0634 | 栗斑杜鹃 / Banded Bay Cuckoo / *Cacomantis sonneratii*

0635 | 八声杜鹃 / Plaintive Cuckoo / *Cacomantis merulinus*

0636 | 乌鹃 / Fork-tailed Drongo-Cuckoo / *Surniculus dicruroides*

0638 | 鹰鹃 / Large Hawk-Cuckoo / *Hierococcyx sparverioides*

0640 | 霍氏鹰鹃 / Hodgson's Hawk-Cuckoo / *Hierococcyx nisicolor*

0641 | 北鹰鹃 / Northern Hawk-Cuckoo / *Hierococcyx hyperythrus*

0642 | 小杜鹃 / Asian Lesser Cuckoo / *Cuculus poliocephalus*

0644 | 中杜鹃 / Himalayan Cuckoo / *Cuculus saturatus*

0645 | 北方中杜鹃 / Oriental Cuckoo / *Cuculus optatus*

0646 | 大杜鹃 / Common Cuckoo / *Cuculus canorus*

鸮形目 > 草鸮科

0650 | 仓鸮 / Barn Owl / *Tyto alba*

0652 | 草鸮 / Eastern Grass Owl / *Tyto longimembris*

0654 | 栗鸮 / Oriental Bay Owl / *Phodilus badius*

鸮形目 > 鸱鸮科

0656 | 黄嘴角鸮 / Mountain Scops Owl / *Otus spilocephalus*

0658 | 领角鸮 / Japanese Scops Owl / *Otus semitorques*

0660 | 纵纹角鸮 / Pallid Scops Owl / *Otus brucei*

0661 | 西红角鸮 / Eurasian Scops Owl / *Otus scops*

0662 | 红角鸮 / Oriental Scops Owl / *Otus sunia*

0664 | 琉球角鸮 / Elegant Scops Owl / *Otus elegans*

0666 | 雪鸮 / Snowy Owl / *Bubo scandiacus*

0668 | 雕鸮 / Eurasian Eagle-Owl / *Bubo bubo*

0670 | 黄腿渔鸮 / Tawny Fish Owl / *Ketupa flavipes*

0672 | 褐林鸮 / Brown Wood Owl / *Strix leptogrammica*

0674 | 灰林鸮 / Himalayan Owl / *Strix nivicolum*

0675 | 长尾林鸮 / Ural Owl / *Strix uralensis*

0676 | 乌林鸮 / Great Grey Owl / *Strix nebulosa*

0678 | 猛鸮 / Northern Hawk-Owl / *Surnia ulula*

0680 | 领鸺鹠 / Collared Owlet / *Glaucidium brodiei*

0682 | 斑头鸺鹠 / Asian Barred Owlet / *Glaucidium cuculoides*

0684 | 纵纹腹小鸮 / Little Owl / *Athene noctua*

0686 | 鬼鸮 / Boreal Owl / *Aegolius funereus*

0688 | 鹰鸮 / Brown Hawk-Owl / *Ninox scutulata*

0690 | 长耳鸮 / Long-eared Owl / *Asio otus*

0694 | 短耳鸮 / Short-eared Owl / *Asio flammeus*

夜鹰目 > 夜鹰科

0696 | 普通夜鹰 / Grey Nightjar / *Caprimulgus jotaka*

0698 | 欧夜鹰 / European Nightjar / *Caprimulgus europaeus*

雨燕目 > 树燕科

0700 | 凤头树燕 / Crested Treeswift / *Hemiprocne coronata*

雨燕目 > 雨燕科

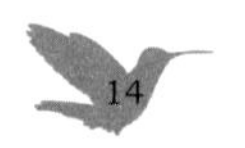

0701 | 短嘴金丝燕 / Himalayan Swiftlet / *Aerodramus brevirostris*

0702 | 白喉针尾雨燕 / White-throated Needletail / *Hirundapus caudacutus*

0703 | 普通楼燕 / Common Swift / *Apus apus*

0704 | 白腰雨燕 / Fork-tailed Swift / *Apus pacificus*

0705 | 小白腰雨燕 / House Swift / *Apus nipalensis*

咬鹃目 > 咬鹃科

0706 | 橙胸咬鹃 / Orange-breasted Trogon / *Harpactes oreskios*

0708 | 红头咬鹃 / Red-headed Trogon / *Harpactes erythrocephalus*

0710 | 红腹咬鹃 / Ward's Trogon / *Harpactes wardi*

佛法僧目 > 佛法僧科

0711 | 棕胸佛法僧 / Indian Roller / *Coracias benghalensis*

0712 | 蓝胸佛法僧 / European Roller / *Coracias garrulus*

0714 | 三宝鸟 / Dollarbird / *Eurystomus orientalis*

佛法僧目 > 翠鸟科

0716 | 鹳嘴翡翠 / Stork-billed Kingfisher / *Pelargopsis capensis*

0717 | 赤翡翠 / Ruddy Kingfisher / *Halcyon coromanda*

0718 | 白胸翡翠 / White-throated Kingfisher / *Halcyon smyrnensis*

0720 | 蓝翡翠 / Black-capped Kingfisher / *Halcyon pileata*

0722 | 三趾翠鸟 / Oriental Dwarf Kingfisher / *Ceyx erithaca*

0724 | 普通翠鸟 / Common Kingfisher / *Alcedo atthis*

0726 | 斑头大翠鸟 / Blyth's Kingfisher / *Alcedo hercules*

佛法僧目 > 鱼狗科

0728 | 冠鱼狗 / Crested Kingfisher / *Megaceryle lugubris*

0730 | 斑鱼狗 / Pied Kingfisher / *Ceryle rudis*

佛法僧目 > 蜂虎科

0732 | 蓝须夜蜂虎 / Blue-bearded Bee-eater / *Nyctyornis athertoni*

0734 | 绿喉蜂虎 / Green Bee-eater / *Merops orientalis*

0736 | 栗喉蜂虎 / Blue-tailed Bee-eater / *Merops philippinus*

0738 | 蓝喉蜂虎 / Blue-throated Bee-eater / *Merops viridis*

0740 | 栗头蜂虎 / Chestnut-headed Bee-eater / *Merops leschenaulti*

0741 | 黄喉蜂虎 / European Bee-eater / *Merops apiaster*

戴胜目 > 戴胜科

0742 | 戴胜 / Common Hoopoe / *Upupa epops*

犀鸟目 > 犀鸟科

0744 | 冠斑犀鸟 / Oriental Pied Hornbill / *Anthracoceros albirostris*

0745 | 双角犀鸟 / Great Hornbill / *Buceros bicornis*

0746 | 棕颈犀鸟 / Rufous-necked Hornbill / *Aceros nipalensis*

0747 | 花冠皱盔犀鸟 / Wreathed Hornbill / *Rhyticeros undulatus*

䴕形目 > 拟啄木鸟科

0748 | 大拟啄木鸟 / Great Barbet / *Megalaima virens*

0750 | 斑头绿拟啄木鸟 / Lineated Barbet / *Megalaima lineata*

0751 | 金喉拟啄木鸟 / Golden-throated Barbet / *Megalaima franklinii*

0752 | 黑眉拟啄木鸟 / Chinese Barbet / *Megalaima faber*

0754 | 台湾拟啄木鸟 / Taiwan Barbet / *Megalaima nuchalis*

0756 | 蓝喉拟啄木鸟 / Blue-throated Barbet / *Megalaima asiatica*

0758 | 蓝耳拟啄木鸟 / Blue-eared Barbet / *Megalaima australis*

0759 | 赤胸拟啄木鸟 / Coppersmith Barbet / *Megalaima haemacephala*

䴕形目 > 啄木鸟科

0760 | 蚁䴕 / Eurasian Wryneck / *Jynx torquilla*

䴕形目 > 响蜜䴕科

0762 | 黄腰响蜜䴕 / Yellow-rumped Honeyguide / *Indicator xanthonotus*

䴕形目 > 啄木鸟科

0763 | 白眉棕啄木鸟 / White-browed Piculet / *Sasia ochracea*

0764 | 斑姬啄木鸟 / Speckled Piculet / *Picumnus innominatus*

0766 | 棕腹啄木鸟 / Rufous-bellied Woodpecker / *Dendrocopos hyperythrus*

0768 | 小星头啄木鸟 / Japanese Pygmy Woodpecker / *Dendrocopos kizuki*

0770 | 星头啄木鸟 / Grey-capped Pygmy Woodpecker / *Dendrocopos canicapillus*

0771 | 小斑啄木鸟 / Lesser Spotted Woodpecker / *Dendrocopos minor*

0772 | 茶胸斑啄木鸟 / Fulvous-breasted Woodpecker / *Dendrocopos macei*

0773 | 纹胸啄木鸟 / Stripe-breasted Woodpecker / *Dendrocopos atratus*

0774 | 赤胸啄木鸟 / Crimson-breasted Woodpecker / *Dendrocopos cathpharius*

0775 | 黄颈啄木鸟 / Darjeeling Woodpecker / *Dendrocopos darjellensis*

0776 | 白背啄木鸟 / White-backed Woodpecker / *Dendrocopos leucotos*

0778 | 白翅啄木鸟 / White-winged Woodpecker / *Dendrocopos leucopterus*

0780 | 大斑啄木鸟 / Great Spotted Woodpecker / *Dendrocopos major*

0782 | 三趾啄木鸟 / Eurasian Three-toed Woodpecker / *Picoides tridactylus*

0784 | 栗啄木鸟 / Rufous Woodpecker / *Celeus brachyurus*

0785 | 白腹黑啄木鸟 / White-bellied Woodpecker / *Dryocopus javensis*

0786 | 黑啄木鸟 / Black Woodpecker / *Dryocopus martius*

0788 | 黄冠啄木鸟 / Lesser Yellownape / *Picus chlorolophus*

0789 | 大黄冠啄木鸟 / Greater Yellownape / *Picus flavinucha*

0790 | 鳞喉绿啄木鸟 / Streak-throated Woodpecker / *Picus xanthopygaeus*

0791 | 鳞腹绿啄木鸟 / Scaly-bellied Woodpecker / *Picus squamatus*

0792 | 灰头绿啄木鸟 / Grey-headed Woodpecker / *Picus canus*

0796 | 大金背啄木鸟 / Greater Flameback / *Chrysocolaptes lucidus*

0797 | 竹啄木鸟 / Pale-headed Woodpecker / *Gecinulus grantia*

0798 | 黄嘴栗啄木鸟 / Bay Woodpecker / *Blythipicus pyrrhotis*

雀形目 > 阔嘴鸟科

0800 | 长尾阔嘴鸟 / Long-tailed Broadbill / *Psarisomus dalhousiae*

0801 | 银胸丝冠鸟 / Silver-breasted Broadbill / *Serilophus lunatus*

雀形目 > 八色鸫科

0802 | 绿胸八色鸫 / Hooded Pitta / *Pitta sordida*

0804 | 仙八色鸫 / Fairy Pitta / *Pitta nympha*

0806 | 蓝翅八色鸫 / Blue-winged Pitta / *Pitta moluccensis*

雀形目 > 林䴗科

0808 | 褐背鹟䴗 / Bar-winged Flycatcher-shrike / *Hemipus picatus*

0809 | 钩嘴林䴗 / Large Woodshrike / *Tephrodornis virgatus*

雀形目 > 燕䴗科

0810 | 灰燕䴗 / Ashy Woodswallow / *Artamus fuscus*

雀形目 > 雀鹎科

0811 | 黑翅雀鹎 / Common Iora / *Aegithina tiphia*

0812 | 大绿雀鹎 / Great Iora / *Aegithina lafresnayei*

雀形目 > 鹃䴗科

0813 | 大鹃鵙 / Large Cuckooshrike / *Coracina macei*

0814 | 暗灰鹃鵙 / Black-winged Cuckooshrike / *Coracina melaschistos*

0815 | 粉红山椒鸟 / Rosy Minivet / *Pericrocotus roseus*

0816 | 小灰山椒鸟 / Swinhoe's Minivet / *Pericrocotus cantonensis*

0817 | 灰山椒鸟 / Ashy Minivet / *Pericrocotus divaricatus*

0818 | 灰喉山椒鸟 / Grey-chinned Minivet / *Pericrocotus solaris*

0820 | 长尾山椒鸟 / Long-tailed Minivet / *Pericrocotus ethologus*

0821 | 短嘴山椒鸟 / Short-billed Minivet / *Pericrocotus brevirostris*

0822 | 赤红山椒鸟 / Scarlet Minivet / *Pericrocotus flammeus*

雀形目 > 伯劳科

0824 | 虎纹伯劳 / Tiger Shrike / *Lanius tigrinus*

0826 | 牛头伯劳 / Bull-headed Shrike / *Lanius bucephalus*

0828 | 红尾伯劳 / Brown Shrike / *Lanius cristatus*

0830 | 红背伯劳 / Red-backed Shrike / *Lanius collurio*

0832 | 荒漠伯劳 / Isabelline Shrike / *Lanius isabellinus*

0833 | 棕尾伯劳 / Rufous-tailed Shrike / *Lanius phoenicuroides*

0834 | 栗背伯劳 / Burmese Shrike / *Lanius collurioides*

0835 | 棕背伯劳 / Long-tailed Shrike / *Lanius schach*

0836 | 灰背伯劳 / Grey-backed Shrike / *Lanius tephronotus*

0838 | 黑额伯劳 / Lesser Grey Shrike / *Lanius minor*

0840 | 灰伯劳 / Great Grey Shrike / *Lanius excubitor*

0841 | 草原灰伯劳 / Steppe Grey Shrike / *Lanius pallidirostris*

0842 | 楔尾伯劳 / Chinese Grey Shrike / *Lanius sphenocercus*

雀形目 > 莺雀科

0844 | 白腹凤鹛 / White-bellied Erpornis / *Erpornis zantholeuca*

0845 | 棕腹鵙鹛 / Black-headed Shrike Babbler / *Pteruthius rufiventer*

0846 | 红翅鵙鹛 / Blyth's Shrike Babbler / *Pteruthius aeralatus*

0848 | 淡绿鵙鹛 / Green Shrike Babbler / *Pteruthius xanthochlorus*

0849 | 栗喉鵙鹛 / Black-eared Shrike Babbler / *Pteruthius melanotis*

雀形目 > 黄鹂科

0850 | 金黄鹂 / Eurasian Golden Oriole / *Oriolus oriolus*

0852 | 细嘴黄鹂 / Slender-billed Oriole / *Oriolus tenuirostris*

0853 | 黑枕黄鹂 / Black-naped Oriole / *Oriolus chinensis*

0854 | 黑头黄鹂 / Black-hooded Oriole / *Oriolus xanthornus*

0856 | 朱鹂 / Maroon Oriole / *Oriolus traillii*

0857 | 鹊色鹂 / Silver Oriole / *Oriolus mellianus*

雀形目 > 卷尾科

0858 | 黑卷尾 / Black Drongo / *Dicrurus macrocercus*

0860 | 灰卷尾 / Ashy Drongo / *Dicrurus leucophaeus*

0862 | 鸦嘴卷尾 / Crow-billed Drongo / *Dicrurus annectans*

0863 | 古铜色卷尾 / Bronzed Drongo / *Dicrurus aeneus*

0864 | 小盘尾 / Lesser Racket-tailed Drongo / *Dicrurus remifer*

0866 | 发冠卷尾 / Hair-crested Drongo / *Dicrurus hottentottus*

0867 | 大盘尾 / Greater Racket-tailed Drongo / *Dicrurus paradiseus*

雀形目 > 扇尾鹟科

0868 | 白喉扇尾鹟 / White-throated Fantail / *Rhipidura albicollis*

雀形目 > 王鹟科

0870 | 黑枕王鹟 / Black-naped Monarch / *Hypothymis azurea*

0872 | 寿带 / Asian Paradise-flycatcher / *Terpsiphone paradisi*

0876 | 紫寿带 / Japanese Paradise-flycatcher / *Terpsiphone atrocaudata*

雀形目 > 鸦科

0877 | 北噪鸦 / Siberian Jay / *Perisoreus infaustus*

0878 | 黑头噪鸦 / Sichuan Jay / *Perisoreus internigrans*

0880 | 松鸦 / Eurasian Jay / *Garrulus glandarius*

0882 | 灰喜鹊 / Azure-winged Magpie / *Cyanopica cyanus*

0884 | 台湾蓝鹊 / Taiwan Blue Magpie / *Urocissa caerulea*

0886 | 黄嘴蓝鹊 / Yellow-billed Blue Magpie / *Urocissa flavirostris*

0888 | 红嘴蓝鹊 / Red-billed Blue Magpie / *Urocissa erythrorhyncha*

0891 | 棕腹树鹊 / Rufous Treepie / *Dendrocitta vagabunda*

0892 | 白翅蓝鹊 / White-winged Magpie / *Urocissa whiteheadi*

0893 | 蓝绿鹊 / Common Green Magpie / *Cissa chinensis*

0894 | 灰树鹊 / Grey Treepie / *Dendrocitta formosae*

0896 | 黑额树鹊 / Collared Treepie / *Dendrocitta frontalis*

0897 | 塔尾树鹊 / Ratchet-tailed Treepie / *Temnurus temnurus*

0898 | 喜鹊 / Common Magpie / *Pica pica*

0900 | 黑尾地鸦 / Mongolian Ground Jay / *Podoces hendersoni*

0902 | 白尾地鸦 / Xinjiang Ground Jay / *Podoces biddulphi*

0904 | 星鸦 / Spotted Nutcracker / *Nucifraga caryocatactes*

0906 | 红嘴山鸦 / Red-billed Chough / *Pyrrhocorax pyrrhocorax*

0908 | 黄嘴山鸦 / Alpine Chough / *Pyrrhocorax graculus*

0910 | 寒鸦 / Eurasian Jackdaw / *Coloeus monedula*

0912 | 达乌里寒鸦 / Daurian Jackdaw / *Coloeus dauuricus*

0913 | 家鸦 / House Crow / *Corvus splendens*

0914 | 秃鼻乌鸦 / Rook / *Corvus frugilegus*

0916 | 小嘴乌鸦 / Carrion Crow / *Corvus corone*

0918 | 大嘴乌鸦 / Large-billed Crow / *Corvus macrorhynchos*

0920 | 白颈鸦 / Collared Crow / *Corvus torquatus*

0921 | 丛林鸦 / Jungle Crow / *Corvus levaillantii*

0922 | 渡鸦 / Common Raven / *Corvus corax*

雀形目 > 太平鸟科

0924 | 太平鸟 / Bohemian Waxwing / *Bombycilla garrulus*

0926 | 小太平鸟 / Japanese Waxwing / *Bombycilla japonica*

雀形目 > 仙莺科

0928 | 黄腹扇尾鹟 / Yellow-bellied Fantail / *Chelidorhynx hypoxantha*

0929 | 方尾鹟 / Grey-headed Canary Flycatcher / *Culicicapa ceylonensis*

雀形目 > 山雀科

0930 | 沼泽山雀 / Marsh Tit / *Poecile palustris*

0932 | 褐头山雀 / Willow Tit / *Poecile montanus*

0934 | 白眉山雀 / White-browed Tit / *Poecile superciliosus*

0936 | 红腹山雀 / Rusty-breasted Tit / *Poecile davidi*

0937 | 杂色山雀 / Varied Tit / *Poecile varius*

0938 | 棕枕山雀 / Rufous-naped Tit / *Periparus rufonuchalis*

0940 | 黑冠山雀 / Rufous-vented Tit / *Periparus rubidiventris*

0942 | 煤山雀 / Coal Tit / *Periparus ater*

0944 | 黄腹山雀 / Yellow-bellied Tit / *Periparus venustulus*

0946 | 褐冠山雀 / Grey-crested Tit / *Lophophanes dichrous*

0948 | 大山雀 / Great Tit / *Parus major*

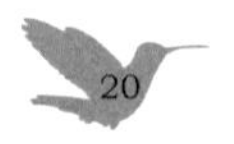

0950 | 远东山雀 / Japanese Tit / *Parus minor*

0952 | 苍背山雀 / Cinereous Tit / *Parus cinereus*

0953 | 眼纹黄山雀 / Himalayan Black-lored Tit / *Parus xanthogenys*

0954 | 绿背山雀 / Green-backed Tit / *Parus monticolus*

0956 | 黄颊山雀 / Yellow-cheeked Tit / *Parus spilonotus*

0958 | 台湾黄山雀 / Yellow Tit / *Parus holsti*

0960 | 地山雀 / Ground Tit / *Pseudopodoces humilis*

0962 | 灰蓝山雀 / Azure Tit / *Cyanistes cyanus*

0964 | 黄眉林雀 / Yellow-browed Tit / *Sylviparus modestus*

0966 | 冕雀 / Sultan Tit / *Melanochlora sultanea*

雀形目 > 攀雀科

0968 | 白冠攀雀 / White-crowned Penduline Tit / *Remiz coronatus*

0970 | 中华攀雀 / Chinese Penduline Tit / *Remiz consobrinus*

0972 | 火冠雀 / Fire-capped Tit / *Cephalopyrus flammiceps*

雀形目 > 文须雀科

0974 | 文须雀 / Bearded Reedling / *Panurus biarmicus*

雀形目 > 百灵科

0976 | 二斑百灵 / Bimaculated Lark / *Melanocorypha bimaculata*

0977 | 草原百灵 / Calandra Lark / *Melanocorypha calandra*

0978 | 蒙古百灵 / Mongolian Lark / *Melanocorypha mongolica*

0980 | 长嘴百灵 / Tibetan Lark / *Melanocorypha maxima*

0982 | 黑百灵 / Black Lark / *Melanocorypha yeltoniensis*

0984 | 大短趾百灵 / Greater Short-toed Lark / *Calandrella brachydactyla*

0986 | 细嘴短趾百灵 / Hume's Short-toed Lark / *Calandrella acutirostris*

0987 | 亚洲短趾百灵 / Asian Short-toed Lark / *Calandrella cheleensis*

0988 | 凤头百灵 / Crested Lark / *Galerida cristata*

0990 | 云雀 / Eurasian Skylark / *Alauda arvensis*

0992 | 小云雀 / Oriental Skylark / *Alauda gulgula*

0994 | 角百灵 / Horned Lark / *Eremophila alpestris*

雀形目 > 鹎科

0996 | 凤头雀嘴鹎 / Crested Finchbill / *Spizixos canifrons*

0998 | 领雀嘴鹎 / Collared Finchbill / *Spizixos semitorques*

1000 | 纵纹绿鹎 / Striated Bulbul / *Pycnonotus striatus*

1001 | 黑头鹎 / Black-headed Bulbul / *Pycnonotus atriceps*

1002 | 黑冠黄鹎 / Black-crested Bulbul / *Pycnonotus flaviventris*

1003 | 红耳鹎 / Red-whiskered Bulbul / *Pycnonotus jocosus*

1004 | 黄臀鹎 / Brown-breasted Bulbul / *Pycnonotus xanthorrhous*

1006 | 白头鹎 / Light-vented Bulbul / *Pycnonotus sinensis*

1008 | 台湾鹎 / Styan's Bulbul / *Pycnonotus taivanus*

1010 | 白颊鹎 / Himalayan Bulbul / *Pycnonotus leucogenys*

1011 | 黑喉红臀鹎 / Red-vented Bulbul / *Pycnonotus cafer*

1012 | 白喉红臀鹎 / Sooty-headed Bulbul / *Pycnonotus aurigaster*

1014 | 黄绿鹎 / Flavescent Bulbul / *Pycnonotus flavescens*

1015 | 黄腹冠鹎 / White-throated Bulbul / *Alophoixus flaveolus*

1016 | 白喉冠鹎 / Puff-throated Bulbul / *Alophoixus pallidus*

1017 | 灰眼短脚鹎 / Grey-eyed Bulbul / *Iole propinqua*

1018 | 绿翅短脚鹎 / Mountain Bulbul / *Ixos mcclellandii*

1020 | 栗耳短脚鹎 / Brown-eared Bulbul / *Microscelis amaurotis*

1021 | 灰短脚鹎 / Ashy Bulbul / *Hemixos flavala*

1022 | 栗背短脚鹎 / Chestnut Bulbul / *Hemixos castanonotus*

1024 | 黑短脚鹎 / Black Bulbul / *Hypsipetes leucocephalus*

雀形目 > 燕科

1026 | 崖沙燕 / Sand Martin / *Riparia riparia*

1028 | 淡色沙燕 / Pale Martin / *Riparia diluta*

1029 | 家燕 / Barn Swallow / *Hirundo rustica*

1030 | 洋斑燕 / Pacific Swallow / *Hirundo tahitica*

1031 | 线尾燕 / Wire-tailed Swallow / *Hirundo smithii*

1032 | 岩燕 / Eurasian Crag Martin / *Ptyonoprogne rupestris*

1034 | 纯色岩燕 / Dusky Crag Martin / *Ptyonoprogne concolor*

1035 | 白腹毛脚燕 / Northern House Martin / *Delichon urbicum*

1036 | 烟腹毛脚燕 / Asian House Martin / *Delichon dasypus*

1037 | 黑喉毛脚燕 / Nepal House Martin / *Delichon nipalense*

1038 | 金腰燕 / Red-rumped Swallow / *Cecropis daurica*

1040 | 斑腰燕 / Striated Swallow / *Cecropis striolata*

雀形目 > 树莺科

1042 | 金冠地莺 / Slaty-bellied Tesia / *Tesia olivea*

1044 | 灰腹地莺 / Grey-bellied Tesia / *Tesia cyaniventer*

1046 | 栗头地莺 / Chestnut-headed Tesia / *Tesia castaneocoronata*

1047 | 鳞头树莺 / Asian Stubtail / *Urosphena squameiceps*

1048 | 淡脚树莺 / Pale-footed Bush Warbler / *Cettia pallidipes*

1049 | 异色树莺 / Aberrant Bush Warbler / *Cettia flavolivacea*

1050 | 远东树莺 / Manchurian Bush Warbler / *Cettia canturians*

1052 | 强脚树莺 / Brownish-flanked Bush Warbler / *Cettia fortipes*

1054 | 黄腹树莺 / Yellowish-bellied Bush Warbler / *Cettia acanthizoides*

1056 | 棕顶树莺 / Grey-sided Bush Warbler / *Cettia brunnifrons*

1057 | 宽尾树莺 / Cetti's Warbler / *Cettia cetti*

1058 | 棕脸鹟莺 / Rufous-faced Warbler / *Abroscopus albogularis*

1060 | 黄腹鹟莺 / Yellow-bellied Warbler / *Abroscopus superciliaris*

1061 | 黑脸鹟莺 / Black-faced Warbler / *Abroscopus schisticeps*

1062 | 金头缝叶莺 / Mountain Tailorbird / *Phyllergates cucullatus*

雀形目 > 长尾山雀科

1064 | 北长尾山雀 / Long-tailed Tit / *Aegithalos caudatus*

1065 | 银喉长尾山雀 / Silver-throated Bushtit / *Aegithalos glaucogularis*

1066 | 红头长尾山雀 / Black-throated Bushtit / *Aegithalos concinnus*

1068 | 棕额长尾山雀 / Rufous-fronted Bushtit / *Aegithalos iouschistos*

1069 | 黑眉长尾山雀 / Black-browed Bushtit / *Aegithalos bonvaloti*

1070 | 银脸长尾山雀 / Sooty Bushtit / *Aegithalos fuliginosus*

1071 | 花彩雀莺 / White-browed Tit Warbler / *Leptopoecile sophiae*

1072 | 凤头雀莺 / Crested Tit Warbler / *Leptopoecile elegans*

雀形目 > 柳莺科

1074 | 欧柳莺 / Willow Warbler / *Phylloscopus trochilus*

1075 | 叽喳柳莺 / Common Chiffchaff / *Phylloscopus collybita*

1076 | 东方叽喳柳莺 / Mountain Chiffchaff / *Phylloscopus sindianus*

1077 | 褐柳莺 / Dusky Warbler / *Phylloscopus fuscatus*

1078 | 华西柳莺 / Alpine Leaf Warbler / *Phylloscopus occisinensis*

1079 | 棕腹柳莺 / Buff-throated Warbler / *Phylloscopus subaffinis*

1080 | 灰柳莺 / Sulphur-bellied Warbler / *Phylloscopus griseolus*

1081 | 棕眉柳莺 / Yellow-streaked Warbler / *Phylloscopus armandii*

1082 | 巨嘴柳莺 / Radde's Warbler / *Phylloscopus schwarzi*

1083 | 橙斑翅柳莺 / Buff-barred Warbler / *Phylloscopus pulcher*

1084 | 灰喉柳莺 / Ashy-throated Warbler / *Phylloscopus maculipennis*

1085 | 甘肃柳莺 / Gansu Leaf Warbler / *Phylloscopus kansuensis*

1086 | 黄腰柳莺 / Pallas's Leaf Warbler / *Phylloscopus proregulus*

1087 | 四川柳莺 / Sichuan Leaf Warbler / *Phylloscopus forresti*

1088 | 淡黄腰柳莺 / Lemon-rumped Warbler / *Phylloscopus chloronotus*

1089 | 云南柳莺 / Chinese Leaf Warbler / *Phylloscopus yunnanensis*

1090 | 黄眉柳莺 / Yellow-browed Warbler / *Phylloscopus inornatus*

1092 | 淡眉柳莺 / Hume's Leaf Warbler / *Phylloscopus humei*

1094 | 极北柳莺 / Arctic Warbler / *Phylloscopus borealis*

1095 | 暗绿柳莺 / Greenish Warbler / *Phylloscopus trochiloides*

1096 | 双斑绿柳莺 / Two-barred Warbler / *Phylloscopus plumbeitarsus*

1097 | 淡脚柳莺 / Pale-legged Warbler / *Phylloscopus tenellipes*

1098 | 乌嘴柳莺 / Large-billed Leaf Warbler / *Phylloscopus magnirostris*

1099 | 冕柳莺 / Eastern Crowned Warbler / *Phylloscopus coronatus*

1100 | 西南冠纹柳莺 / Blyth's Leaf Warbler / *Phylloscopus reguloides*

1101 | 冠纹柳莺 / Claudia's Leaf Warbler / *Phylloscopus claudiae*

1102 | 华南冠纹柳莺 / Hartert's Leaf Warbler / *Phylloscopus goodsoni*

1104 | 峨眉柳莺 / Emei Leaf Warbler / *Phylloscopus emeiensis*

1105 | 云南白斑尾柳莺 / Davison's Leaf Warbler / *Phylloscopus davisoni*

1106 | 白斑尾柳莺 / Kloss's Leaf Warbler / *Phylloscopus ogilviegranti*

1107 | 海南柳莺 / Hainan Leaf Warbler / *Phylloscopus hainanus*

1108 | 黄胸柳莺 / Yellow-vented Warbler / *Phylloscopus cantator*

1109 | 灰岩柳莺 / Limestone Leaf Warbler / *Phylloscopus calciatilis*

1110 | 黑眉柳莺 / Sulphur-breasted Warbler / *Phylloscopus ricketti*

1111 | 灰头柳莺 / Grey-hooded Warbler / *Phylloscopus xanthoschistos*

1112 | 白眶鹟莺 / White-spectacled Warbler / *Seicercus affinis*

1114 | 金眶鹟莺 / Green-crowned Warbler / *Seicercus burkii*

1115 | 灰冠鹟莺 / Grey-crowned Warbler / *Seicercus tephrocephalus*

1116 | 韦氏鹟莺 / Whistler's Warbler / *Seicercus whistleri*

1117 | 比氏鹟莺 / Bianchi's Warbler / *Seicercus valentini*

1118 | 淡尾鹟莺 / Plain-tailed Warbler / *Seicercus soror*

1119 | 灰脸鹟莺 / Grey-cheeked Warbler / *Seicercus poliogenys*

1120 | 栗头鹟莺 / Chestnut-crowned Warbler / *Seicercus castaniceps*

雀形目 > 苇莺科

1122 | 东方大苇莺 / Oriental Reed Warbler / *Acrocephalus orientalis*

1124 | 噪大苇莺 / Clamorous Reed Warbler / *Acrocephalus stentoreus*

1125 | 大苇莺 / Great Reed Warbler / *Acrocephalus arundinaceus*

1126 | 黑眉苇莺 / Black-browed Reed Warbler / *Acrocephalus bistrigiceps*

1128 | 稻田苇莺 / Paddyfield Warbler / *Acrocephalus agricola*

1130 | 布氏苇莺 / Blyth's Reed Warbler / *Acrocephalus dumetorum*

1131 | 芦苇莺 / Eurasian Reed Warbler / *Acrocephalus scirpaceus*

1132 | 厚嘴苇莺 / Thick-billed Warbler / *Iduna aedon*

1133 | 靴篱莺 / Booted Warbler / *Iduna caligata*

1134 | 赛氏篱莺 / Sykes's Warbler / *Iduna rama*

雀形目 > 蝗莺科

1135 | 沼泽大尾莺 / Striated Grassbird / *Megalurus palustris*

1136 | 斑胸短翅莺 / Spotted Bush Warbler / *Bradypterus thoracicus*

1137 | 北短翅莺 / Baikal Bush Warbler / *Bradypterus davidi*

1138 | 棕褐短翅莺 / Brown Bush Warbler / *Bradypterus luteoventris*

1139 | 台湾短翅莺 / Taiwan Bush Warbler / *Bradypterus alishanensis*

1140 | 高山短翅莺 / Russet Bush Warbler / *Bradypterus mandelli*

1141 | 矛斑蝗莺 / Lanceolated Warbler / *Locustella lanceolata*

1142 | 黑斑蝗莺 / Common Grasshopper Warbler / *Locustella naevia*

1143 | 小蝗莺 / Pallas's Grasshopper Warbler / *Locustella certhiola*

1144 | 北蝗莺 / Middendorff's Grasshopper Warbler / *Locustella ochotensis*

1145 | 史氏蝗莺 / Styan's Grasshopper Warbler / *Locustella pleskei*

1146 | 鸲蝗莺 / Savi's Warbler / *Locustella luscinioides*

1147 | 斑背大尾莺 / Marsh Grassbird / *Locustella pryeri*

雀形目 > 扇尾莺科

1148 | 棕扇尾莺 / Zitting Cisticola / *Cisticola juncidis*

1150 | 金头扇尾莺 / Golden-headed Cisticola / *Cisticola exilis*

1151 | 山鹪莺 / Striated Prinia / *Prinia crinigera*

1152 | 黑喉山鹪莺 / Hill Prinia / *Prinia superciliaris*

1153 | 暗冕山鹪莺 / Rufescent Prinia / *Prinia rufescens*

1154 | 灰胸山鹪莺 / Grey-breasted Prinia / *Prinia hodgsonii*

1156 | 黄腹山鹪莺 / Yellow-bellied Prinia / *Prinia flaviventris*

1158 | 纯色山鹪莺 / Plain Prinia / *Prinia inornata*

1160 | 长尾缝叶莺 / Common Tailorbird / *Orthotomus sutorius*

1162 | 黑喉缝叶莺 / Dark-necked Tailorbird / *Orthotomus atrogularis*

1163 | 大草莺 / Chinese Grassbird / *Graminicola striatus*

雀形目 > 幽鹛科

1164 | 棕头幽鹛 / Puff-throated Babbler / *Pellorneum ruficeps*

1165 | 白腹幽鹛 / Spot-throated Babbler / *Pellorneum albiventre*

雀形目 > 鹛科

1166 | 台湾斑胸钩嘴鹛 / Black-necklaced Scimitar Babbler / *Pomatorhinus erythrocnemis*

1168 | 华南斑胸钩嘴鹛 / Grey-sided Scimitar Babbler / *Pomatorhinus swinhoei*

1170 | 棕颈钩嘴鹛 / Streak-breasted Scimitar Babbler / *Pomatorhinus ruficollis*

1172 | 台湾棕颈钩嘴鹛 / Taiwan Scimitar Babbler / *Pomatorhinus musicus*

1174 | 棕头钩嘴鹛 / Red-billed Scimitar Babbler / *Pomatorhinus ochraceiceps*

1175 | 红嘴钩嘴鹛 / Coral-billed Scimitar Babbler / *Pomatorhinus ferruginosus*

1176 | 剑嘴鹛 / Slender-billed Scimitar Babbler / *Xiphirhynchus superciliaris*

雀形目 > 幽鹛科

1177 | 长嘴鹩鹛 / Long-billed Wren Babbler / *Rimator malacoptilus*

1178 | 灰岩鹪鹛 / Limestone Wren Babbler / *Gypsophila crispifrons*

1179 | 短尾鹪鹛 / Streaked Wren Babbler / *Napothera brevicaudata*

雀形目 > 鳞胸鹪鹛科

1180 | 台湾鹪鹛 / Taiwan Wren Babbler / *Pnoepyga formosana*

雀形目 > 鹪鹛科

1181 | 小鳞胸鹪鹛 / Pygmy Wren Babbler / *Pnoepyga pusilla*

雀形目 > 鹛科

1182 | 斑翅鹩鹛 / Bar-winged Wren Babbler / *Spelaeornis troglodytoides*

1183 | 长尾鹩鹛 / Long-tailed Wren Babbler / *Spelaeornis reptatus*

1184 | 短尾鹩鹛 / Rufous-throated Wren Babbler / *Spelaeornis caudatus*

1185 | 丽星鹩鹛 / Spotted Wren Babbler / *Elachura formosus*

1186 | 红头穗鹛 / Rufous-capped Babbler / *Stachyridopsis ruficeps*

1188 | 黑颏穗鹛 / Black-chinned Babbler / *Stachyridopsis pyrrhops*

1189 | 金头穗鹛 / Golden Babbler / *Stachyridopsis chrysaea*

1190 | 弄岗穗鹛 / Nonggang Babbler / *Stachyris nonggangensis*

1192 | 黑头穗鹛 / Grey-throated Babbler / *Stachyris nigriceps*

1194 | 斑颈穗鹛 / Spot-necked Babbler / *Stachyris striolata*

1195 | 纹胸巨鹛 / Striped Tit Babbler / *Macronus gularis*

1196 | 红顶鹛 / Chestnut-capped Babbler / *Timalia pileata*

雀形目 > 莺科

1197 | 金眼鹛雀 / Yellow-eyed Babbler / *Chrysomma sinense*

1198 | 宝兴鹛雀 / Rufous-tailed Babbler / *Moupinia poecilotis*

雀形目 > 噪鹛科

1200 | 矛纹草鹛 / Chinese Babax / *Babax lanceolatus*

1202 | 大草鹛 / Giant Babax / *Babax waddelli*

1204 | 棕草鹛 / Tibetan Babax / *Babax koslowi*

1205 | 黑脸噪鹛 / Masked Laughingthrush / *Garrulax perspicillatus*

1206 | 白喉噪鹛 / White-throated Laughingthrush / *Garrulax albogularis*

1207 | 台湾白喉噪鹛 / Rufous-crowned Laughingthrush / *Garrulax ruficeps*

1208 | 白冠噪鹛 / White-crested Laughingthrush / *Garrulax leucolophus*

1209 | 小黑领噪鹛 / Lesser Necklaced Laughingthrush / *Garrulax monileger*

1210 | 黑领噪鹛 / Greater Necklaced Laughingthrush / *Garrulax pectoralis*

1212 | 褐胸噪鹛 / Grey Laughingthrush / *Garrulax maesi*

1213 | 条纹噪鹛 / Striated Laughingthrush / *Grammatoptila striata*

1214 | 栗颈噪鹛 / Rufous-necked Laughingthrush / *Dryonastes ruficollis*

1215 | 黑喉噪鹛 / Black-throated Laughingthrush / *Dryonastes chinensis*

1216 | 靛冠噪鹛 / Blue-crowned Laughingthrush / *Dryonastes courtoisi*

1218 | 灰胁噪鹛 / Grey-sided Laughingthrush / *Dryonastes caerulatus*

1219 | 棕噪鹛 / Rufous Laughingthrush / *Dryonastes berthemyi*

1220 | 台湾棕噪鹛 / Rusty Laughingthrush / *Dryonastes poecilorhynchus*

1221 | 山噪鹛 / Plain Laughingthrush / *Pterorhinus davidi*

1222 | 白颊噪鹛 / White-browed Laughingthrush / *Pterorhinus sannio*

1224 | 黑额山噪鹛 / Snowy-cheeked Laughingthrush / *Ianthocincla sukatschewi*

1225 | 灰翅噪鹛 / Moustached Laughingthrush / *Ianthocincla cineracea*

1226 | 斑背噪鹛 / Barred Laughingthrush / *Ianthocincla lunulata*

1227 | 白点噪鹛 / White-speckled Laughingthrush / *Ianthocincla bieti*

1228 | 大噪鹛 / Giant Laughingthrush / *Ianthocincla maxima*

1229 | 眼纹噪鹛 / Spotted Laughingthrush / *Ianthocincla ocellata*

1230 | 画眉 / Hwamei / *Leucodioptron canorum*

1232 | 台湾画眉 / Taiwan Hwamei / *Leucodioptron taewanum*

1234 | 细纹噪鹛 / Streaked Laughingthrush / *Strophocincla lineata*

1236 | 丽星噪鹛 / Bhutan Laughingthrush / *Strophocincla imbriacata*

1237 | 蓝翅噪鹛 / Blue-winged Laughingthrush / *Trochalopteron squamatum*

1238 | 纯色噪鹛 / Scaly Laughingthrush / *Trochalopteron subunicolor*

1239 | 橙翅噪鹛 / Elliot's Laughingthrush / *Trochalopteron elliotii*

1240 | 杂色噪鹛 / Variegated Laughingthrush / *Trochalopteron variegatum*

1242 | 灰腹噪鹛 / Brown-cheeked Laughingthrush / *Trochalopteron henrici*

1244 | 黑顶噪鹛 / Black-faced Laughingthrush / *Trochalopteron affine*

1246 | 玉山噪鹛 / White-whiskered Laughingthrush / *Trochalopteron morrisonianum*

1248 | 红头噪鹛 / Chestnut-crowned Laughingthrush / *Trochalopteron erythrocephalum*

1249 | 丽色噪鹛 / Red-winged Laughingthrush / *Trochalopteron formosum*

1250 | 赤尾噪鹛 / Red-tailed Laughingthrush / *Trochalopteron milnei*

1252 | 灰头薮鹛 / Red-faced Liocichla / *Liocichla phoenicea*

1253 | 红翅薮鹛 / Scarlet-faced Liocichla / *Liocichla ripponi*

1254 | 灰胸薮鹛 / Emei Shan Liocichla / *Liocichla omeiensis*

1256 | 黄痣薮鹛 / Steere's Liocichla / *Liocichla steerii*

1258 | 银耳相思鸟 / Silver-eared Mesia / *Mesia argentauris*

1260 | 红嘴相思鸟 / Red-billed Leiothrix / *Leiothrix lutea*

1262 | 斑胁姬鹛 / Himalayan Cutia / *Cutia nipalensis*

1263 | 斑喉希鹛 / Bar-throated Minla / *Chrysominla strigula*

雀形目 > 幽鹛科

1264 | 白头鵙鹛 / White-hooded Babbler / *Gampsorhynchus rufulus*

雀形目 > 噪鹛科

1265 | 锈额斑翅鹛 / Rusty-fronted Barwing / *Actinodura egertoni*

1266 | 白眶斑翅鹛 / Spectacled Barwing / *Actinodura ramsayi*

1267 | 纹头斑翅鹛 / Hoary-throated Barwing / *Actinodura nipalensis*

1268 | 纹胸斑翅鹛 / Streak-throated Barwing / *Actinodura waldeni*

1269 | 灰头斑翅鹛 / Streaked Barwing / *Actinodura souliei*

1270 | 台湾斑翅鹛 / Taiwan Barwing / *Actinodura morrisoniana*

1272 | 蓝翅希鹛 / Blue-winged Minla / *Minla cyanouroptera*

1274 | 火尾希鹛 / Red-tailed Minla / *Minla ignotincta*

雀形目 > 莺科

1276 | 金胸雀鹛 / Golden-breasted Fulvetta / *Lioparus chrysotis*

雀形目 > 幽鹛科

1277 | 金额雀鹛 / Gold-fronted Fulvetta / *Pseudominla variegaticeps*

1278 | 黄喉雀鹛 / Yellow-throated Fulvetta / *Pseudominla cinerea*

1279 | 栗头雀鹛 / Rufous-winged Fulvetta / *Pseudominla castaneceps*

雀形目 > 莺科

1280 | 白眉雀鹛 / White-browed Fulvetta / *Fulvetta vinipectus*

1282 | 高山雀鹛 / Chinese Fulvetta / *Fulvetta striaticollis*

1283 | 棕头雀鹛 / Spectacled Fulvetta / *Fulvetta ruficapilla*

1284 | 褐头雀鹛 / Grey-hooded Fulvetta / *Fulvetta cinereiceps*

1286 | 玉山雀鹛 / Taiwan Fulvetta / *Fulvetta formosana*

1288 | 路德雀鹛 / Ludlow's Fulvetta / *Fulvetta ludlowi*

雀形目 > 幽鹛科

1290 | 褐顶雀鹛 / Dusky Fulvetta / *Schoeniparus brunneus*

1292 | 褐胁雀鹛 / Rusty-capped Fulvetta / *Schoeniparus dubius*

1293 | 褐脸雀鹛 / Brown-cheeked Fulvetta / *Alcippe poioicephala*

1294 | 台湾雀鹛 / Grey-cheeked Fulvetta / *Alcippe morrisonia*

1296 | 灰眶雀鹛 / David's Fulvetta / *Alcippe davidi*

1297 | 灰头雀鹛 / Yunnan Fulvetta / *Alcippe fratercula*

1298 | 黑眉雀鹛 / Huet's Fulvetta / *Alcippe hueti*

1299 | 白眶雀鹛 / Nepal Fulvetta / *Alcippe nipalensis*

雀形目 > 噪鹛科

1300 | 栗背奇鹛 / Rufous-backed Sibia / *Leioptila annectans*

1301 | 黑顶奇鹛 / Rufous Sibia / *Leioptila capistratus*

1302 | 灰奇鹛 / Grey Sibia / *Leioptila gracilis*

1303 | 黑头奇鹛 / Black-headed Sibia / *Leioptila desgodinsi*

1304 | 白耳奇鹛 / White-eared Sibia / *Leioptila auricularis*

1306 | 丽色奇鹛 / Beautiful Sibia / *Leioptila pulchellus*

1307 | 长尾奇鹛 / Long-tailed Sibia / *Heterophasia picaoides*

雀形目 > 绣眼鸟科

1308 | 西南栗耳凤鹛 / Striated Yuhina / *Staphida castaniceps*

1309 | 栗耳凤鹛 / Chestnut-collared Yuhina / *Staphida torqueola*

1310 | 白项凤鹛 / White-naped Yuhina / *Yuhina bakeri*
1311 | 黄颈凤鹛 / Whiskered Yuhina / *Yuhina flavicollis*
1312 | 纹喉凤鹛 / Stripe-throated Yuhina / *Yuhina gularis*
1314 | 白领凤鹛 / White-collared Yuhina / *Yuhina diademata*
1315 | 棕臀凤鹛 / Rufous-vented Yuhina / *Yuhina occipitalis*
1316 | 褐头凤鹛 / Taiwan Yuhina / *Yuhina brunneiceps*
1320 | 黑额凤鹛 / Black-chinned Yuhina / *Yuhina nigrimenta*

雀形目 > 莺科

1322 | 红嘴鸦雀 / Great Parrotbill / *Conostoma oemodium*
1324 | 三趾鸦雀 / Three-toed Parrotbill / *Cholornis paradoxus*
1325 | 褐鸦雀 / Brown Parrotbill / *Cholornis unicolor*
1326 | 点胸鸦雀 / Spot-breasted Parrotbill / *Paradoxornis guttaticollis*
1328 | 震旦鸦雀 / Reed Parrotbill / *Paradoxornis heudei*
1330 | 白眶鸦雀 / Spectacled Parrotbill / *Sinosuthora conspicillata*
1331 | 棕头鸦雀 / Vinous-throated Parrotbill / *Sinosuthora webbiana*
1332 | 灰喉鸦雀 / Ashy-throated Parrotbill / *Sinosuthora alphonsiana*
1333 | 褐翅鸦雀 / Brown-winged Parrotbill / *Sinosuthora brunnea*
1334 | 暗色鸦雀 / Grey-hooded Parrotbill / *Sinosuthora zappeyi*
1335 | 灰冠鸦雀 / Rusty-throated Parrotbill / *Sinosuthora przewalskii*
1336 | 黄额鸦雀 / Fulvous Parrotbill / *Suthora fulvifrons*
1337 | 橙额鸦雀 / Black-throated Parrotbill / *Suthora nipalensis*
1338 | 金色鸦雀 / Golden Parrotbill / *Suthora verreauxi*
1339 | 短尾鸦雀 / Short-tailed Parrotbill / *Neosuthora davidiana*
1340 | 黑眉鸦雀 / Lesser Rufous-headed Parrotbill / *Chleuasicus atrosuperciliaris*
1341 | 灰头鸦雀 / Grey-headed Parrotbill / *Psittiparus gularis*
1342 | 白胸鸦雀 / White-breasted Parrotbill / *Psittiparus ruficeps*
1343 | 红头鸦雀 / Rufous-headed Parrotbill / *Psittiparus bakeri*
1344 | 山鹛 / Chinese Hill Babbler / *Rhopophilus pekinensis*
1346 | 火尾绿鹛 / Fire-tailed Myzornis / *Myzornis pyrrhoura*
1348 | 横斑林莺 / Barred Warbler / *Sylvia nisoria*
1349 | 白喉林莺 / Lesser Whitethroat / *Sylvia curruca*
1350 | 沙白喉林莺 / Desert Whitethroat / *Sylvia minula*
1351 | 休氏白喉林莺 / Hume's Whitethroat / *Sylvia althaea*
1352 | 亚洲漠地林莺 / Asian Desert Warbler / *Sylvia nana*

1354 | 灰白喉林莺 / Common Whitethroat / *Sylvia communis*

雀形目 > 绣眼鸟科

1356 | 红胁绣眼鸟 / Chestnut-flanked White-eye / *Zosterops erythropleurus*

1358 | 暗绿绣眼鸟 / Japanese White-eye / *Zosterops japonicus*

1360 | 低地绣眼鸟 / Lowland White-eye / *Zosterops meyeni*

1362 | 灰腹绣眼鸟 / Oriental White-eye / *Zosterops palpebrosus*

雀形目 > 和平鸟科

1363 | 和平鸟 / Asian Fairy Bluebird / *Irena puella*

雀形目 > 戴菊科

1364 | 台湾戴菊 / Flamecrest / *Regulus goodfellowi*

1366 | 戴菊 / Goldcrest / *Regulus regulus*

雀形目 > 鹪鹩科

1367 | 鹪鹩 / Eurasian Wren / *Troglodytes troglodytes*

雀形目 > 䴓科

1368 | 普通䴓 / Eurasian Nuthatch / *Sitta europaea*

1370 | 栗臀䴓 / Chestnut-vented Nuthatch / *Sitta nagaensis*

1372 | 栗腹䴓 / Chestnut-bellied Nuthatch / *Sitta cinnamoventris*

1373 | 白尾䴓 / White-tailed Nuthatch / *Sitta himalayensis*

1374 | 滇䴓 / Yunnan Nuthatch / *Sitta yunnanensis*

1376 | 黑头䴓 / Chinese Nuthatch / *Sitta villosa*

1378 | 白脸䴓 / Przevalski's Nuthatch / *Sitta przewalskii*

1379 | 绒额䴓 / Velvet-fronted Nuthatch / *Sitta frontalis*

1380 | 淡紫䴓 / Yellow-billed Nuthatch / *Sitta solangiae*

1381 | 巨䴓 / Giant Nuthatch / *Sitta magna*

雀形目 > 旋壁雀科

1382 | 红翅旋壁雀 / Wallcreeper / *Tichodroma muraria*

雀形目 > 旋木雀科

1384 | 旋木雀 / Eurasian Treecreeper / *Certhia familiaris*

1386 | 霍氏旋木雀 / Hodgson's Treecreeper / *Certhia hodgsoni*

1387 | 高山旋木雀 / Bar-tailed Treecreeper / *Certhia himalayana*

1388 | 锈红腹旋木雀 / Rusty-flanked Treecreeper / *Certhia nipalensis*

1389 | 褐喉旋木雀 / Brown-throated Treecreeper / *Certhia discolor*

1390 | 四川旋木雀 / Sichuan Treecreeper / *Certhia tianquanensis*

雀形目 > 椋鸟科

1391 | 鹩哥 / Hill Myna / *Gracula religiosa*

1392 | 八哥 / Crested Myna / *Acridotheres cristatellus*

1393 | 林八哥 / Great Myna / *Acridotheres grandis*

1394 | 白领八哥 / Collared Myna / *Acridotheres albocinctus*

1395 | 家八哥 / Common Myna / *Acridotheres tristis*

1396 | 丝光椋鸟 / Red-billed Starling / *Spodiopsar sericeus*

1398 | 灰头椋鸟 / Chestnut-tailed Starling / *Sturnia malabarica*

1399 | 红嘴椋鸟 / Vinous-breasted Starling / *Acridotheres burmannicus*

1400 | 灰椋鸟 / White-cheeked Starling / *Spodiopsar cineraceus*

1402 | 斑翅椋鸟 / Spot-winged Starling / *Saroglossa spiloptera*

1404 | 黑领椋鸟 / Black-collared Starling / *Gracupica nigricollis*

1406 | 斑椋鸟 / Asian Pied Starling / *Gracupica contra*

1407 | 北椋鸟 / Purple-backed Starling / *Agropsar sturninus*

1408 | 紫背椋鸟 / Chestnut-cheeked Starling / *Agropsar philippensis*

1409 | 灰背椋鸟 / White-shouldered Starling / *Sturnia sinensis*

1410 | 粉红椋鸟 / Rosy Starling / *Pastor roseus*

1412 | 紫翅椋鸟 / Common Starling / *Sturnus vulgaris*

雀形目 > 鸫科

1414 | 台湾紫啸鸫 / Taiwan Whistling Thrush / *Myophonus insularis*

1416 | 紫啸鸫 / Blue Whistling Thrush / *Myophonus caeruleus*

1418 | 橙头地鸫 / Orange-headed Thrush / *Zoothera citrina*

1419 | 白眉地鸫 / Siberian Thrush / *Zoothera sibirica*

1420 | 光背地鸫 / Plain-backed Thrush / *Zoothera mollissima*

1421 | 长尾地鸫 / Long-tailed Thrush / *Zoothera dixoni*

1422 | 怀氏虎鸫 / White's Thrush / *Zoothera aurea*

1423 | 大长嘴地鸫 / Long-billed Thrush / *Zoothera monticola*

1424 | 长嘴地鸫 / Dark-sided Thrush / *Zoothera marginata*

1425 | 灰背鸫 / Grey-backed Thrush / *Turdus hortulorum*

1426 | 梯氏鸫 / Tickell's Thrush / *Turdus unicolor*

1427 | 黑胸鸫 / Black-breasted Thrush / *Turdus dissimilis*

1428 | 乌灰鸫 / Japanese Thrush / *Turdus cardis*

1429 | 白颈鸫 / White-collared Blackbird / *Turdus albocinctus*

1430 | 灰翅鸫 / Grey-winged Blackbird / *Turdus boulboul*

1431 | 乌鸫 / Common Blackbird / *Turdus merula*

1432 | 岛鸫 / Island Thrush / *Turdus poliocephalus*

1434 | 灰头鸫 / Chestnut Thrush / *Turdus rubrocanus*

1435 | 棕背黑头鸫 / Kessler's Thrush / *Turdus kessleri*

1436 | 褐头鸫 / Grey-sided Thrush / *Turdus feae*

1437 | 白眉鸫 / Eyebrowed Thrush / *Turdus obscurus*

1438 | 白腹鸫 / Pale Thrush / *Turdus pallidus*

1439 | 赤胸鸫 / Brown-headed Thrush / *Turdus chrysolaus*

1440 | 黑颈鸫 / Black-throated Thrush / *Turdus atrogularis*

1441 | 赤颈鸫 / Red-throated Thrush / *Turdus ruficollis*

1442 | 红尾鸫 / Naumann's Thrush / *Turdus naumanni*

1443 | 斑鸫 / Dusky Thrush / *Turdus eunomus*

1444 | 田鸫 / Fieldfare / *Turdus pilaris*

1446 | 白眉歌鸫 / Redwing / *Turdus iliacus*

1447 | 欧歌鸫 / Song Thrush / *Turdus philomelos*

1448 | 宝兴歌鸫 / Chinese Thrush / *Turdus mupinensis*

1450 | 槲鸫 / Mistle Thrush / *Turdus viscivorus*

1452 | 白喉短翅鸫 / Lesser Shortwing / *Brachypteryx leucophris*

1453 | 栗背短翅鸫 / Gould's Shortwing / *Heteroxenicus stellatus*

1454 | 蓝短翅鸫 / White-browed Shortwing / *Brachypteryx montana*

雀形目 > 鹟科

1456 | 欧亚鸲 / European Robin / *Erithacus rubecula*

1457 | 日本歌鸲 / Japanese Robin / *Erithacus akahige*

1458 | 蓝喉歌鸲 / Bluethroat / *Luscinia svecica*

1460 | 红喉歌鸲 / Siberian Rubythroat / *Luscinia calliope*

1462 | 黑胸歌鸲 / White-tailed Rubythroat / *Luscinia pectoralis*

1464 | 金胸歌鸲 / Firethroat / *Luscinia pectardens*

1465 | 栗腹歌鸲 / Indian Blue Robin / *Luscinia brunnea*

1466 | 蓝歌鸲 / Siberian Blue Robin / *Luscinia cyane*

1468 | 红尾歌鸲 / Rufous-tailed Robin / *Luscinia sibilans*

1470 | 新疆歌鸲 / Common Nightingale / *Luscinia megarhynchos*

1472 | 白眉林鸲 / White-browed Bush Robin / *Tarsiger indicus*

1473 | 棕腹林鸲 / Rufous-breasted Bush Robin / *Tarsiger hyperythrus*

1474 | 台湾林鸲 / Collared Bush Robin / *Tarsiger johnstoniae*

1476 | 红胁蓝尾鸲 / Orange-flanked Bluetail / *Tarsiger cyanurus*

1478 | 蓝眉林鸲 / Himalayan Bluetail / *Tarsiger rufilatus*

1479 | 金色林鸲 / Golden Bush Robin / *Tarsiger chrysaeus*

1480 | 棕薮鸲 / Rufous-tailed Scrub Robin / *Cercotrichas galactotes*

1481 | 鹊鸲 / Oriental Magpie Robin / *Copsychus saularis*

1482 | 白腰鹊鸲 / White-rumped Shama / *Copsychus malabaricus*

1484 | 贺兰山红尾鸲 / Ala Shan Redstart / *Phoenicurus alaschanicus*

1486 | 红背红尾鸲 / Eversmann's Redstart / *Phoenicurus erythronotus*

1488 | 蓝头红尾鸲 / Blue-capped Redstart / *Phoenicurus caeruleocephala*

1489 | 赭红尾鸲 / Black Redstart / *Phoenicurus ochruros*

1490 | 欧亚红尾鸲 / Common Redstart / *Phoenicurus phoenicurus*

1492 | 白喉红尾鸲 / White-throated Redstart / *Phoenicurus schisticeps*

1494 | 北红尾鸲 / Daurian Redstart / *Phoenicurus auroreus*

1496 | 红腹红尾鸲 / White-winged Redstart / *Phoenicurus erythrogastrus*

1498 | 蓝额红尾鸲 / Blue-fronted Redstart / *Phoenicurus frontalis*

1500 | 黑喉红尾鸲 / Hodgson's Redstart / *Phoenicurus hodgsoni*

1501 | 白腹短翅鸲 / White-bellied Redstart / *Hodgsonius phaenicuroides*

1502 | 红尾水鸲 / Plumbeous Water Redstart / *Rhyacornis fuliginosa*

1504 | 白顶溪鸲 / White-capped Water Redstart / *Chaimarrornis leucocephalus*

1506 | 白尾蓝地鸲 / White-tailed Robin / *Myiomela leucura*

1508 | 蓝大翅鸲 / Grandala / *Grandala coelicolor*

1510 | 小燕尾 / Little Forktail / *Enicurus scouleri*

1512 | 黑背燕尾 / Black-backed Forktail / *Enicurus immaculatus*

1513 | 灰背燕尾 / Slaty-backed Forktail / *Enicurus schistaceus*

1514 | 白冠燕尾 / White-crowned Forktail / *Enicurus leschenaulti*

1515 | 斑背燕尾 / Spotted Forktail / *Enicurus maculatus*

1516 | 白喉石䳭 / White-throated Bushchat / *Saxicola insignis*

1517 | 黑喉石䳭 / Siberian Stonechat / *Saxicola maurus*

1518 | 白斑黑石䳭 / Pied Bushchat / *Saxicola caprata*

1520 | 灰林䳭 / Grey Bushchat / *Saxicola ferreus*

1522 | 沙䳭 / Isabelline Wheatear / *Oenanthe isabellina*

1524 | 穗䳭 / Northern Wheatear / *Oenanthe oenanthe*

1526 | 白顶䳭 / Pied Wheatear / *Oenanthe pleschanka*

1528 | 漠䳭 / Desert Wheatear / *Oenanthe deserti*

1530 | 白背矶鸫 / Rufous-tailed Rock Thrush / *Monticola saxatilis*

1532 | 蓝矶鸫 / Blue Rock Thrush / *Monticola solitarius*

1534 | 栗腹矶鸫 / Chestnut-bellied Rock Thrush / *Monticola rufiventris*

1536 | 白喉矶鸫 / White-throated Rock Thrush / *Monticola gularis*

1538 | 白喉林鹟 / Brown-chested Jungle Flycatcher / *Rhinomyias brunneatus*

1539 | 褐胸鹟 / Brown-breasted Flycatcher / *Muscicapa muttui*

1540 | 斑鹟 / Spotted Flycatcher / *Muscicapa striata*

1542 | 灰纹鹟 / Grey-streaked Flycatcher / *Muscicapa griseisticta*

1543 | 乌鹟 / Dark-sided Flycatcher / *Muscicapa sibirica*

1544 | 北灰鹟 / Asian Brown Flycatcher / *Muscicapa dauurica*

1546 | 棕尾褐鹟 / Ferruginous Flycatcher / *Muscicapa ferruginea*

1547 | 斑姬鹟 / European Pied Flycatcher / *Ficedula hypoleuca*

1548 | 白眉姬鹟 / Yellow-rumped Flycatcher / *Ficedula zanthopygia*

1550 | 黄眉姬鹟 / Narcissus Flycatcher / *Ficedula narcissina*

1552 | 绿背姬鹟 / Green-backed Flycatcher / *Ficedula elisae*

1553 | 鸲姬鹟 / Mugimaki Flycatcher / *Ficedula mugimaki*

1554 | 锈胸蓝姬鹟 / Slaty-backed Flycatcher / *Ficedula hodgsonii*

1555 | 橙胸姬鹟 / Rufous-gorgeted Flycatcher / *Ficedula strophiata*

1556 | 红胸姬鹟 / Red-breasted Flycatcher / *Ficedula parva*

1558 | 红喉姬鹟 / Taiga Flycatcher / *Ficedula albicilla*

1559 | 棕胸蓝姬鹟 / Snowy-browed Flycatcher / *Ficedula hyperythra*

1560 | 小斑姬鹟 / Little Pied Flycatcher / *Ficedula westermanni*

1562 | 白眉蓝姬鹟 / Ultramarine Flycatcher / *Ficedula superciliaris*

1563 | 灰蓝姬鹟 / Slaty-blue Flycatcher / *Ficedula tricolor*

1564 | 白腹蓝鹟 / Blue-and-white Flycatcher / *Cyanoptila cyanomelana*

1565 | 铜蓝鹟 / Verditer Flycatcher / *Eumyias thalassinus*

1566 | 海南蓝仙鹟 / Hainan Blue Flycatcher / *Cyornis hainanus*

1567 | 纯蓝仙鹟 / Pale Blue Flycatcher / *Cyornis unicolor*

1568 | 山蓝仙鹟 / Hill Blue Flycatcher / *Cyornis banyumas*

1569 | 蓝喉仙鹟 / Blue-throated Flycatcher / *Cyornis rubeculoides*

1570 | 白尾蓝仙鹟 / White-tailed Flycatcher / *Cyornis concretus*

1571 | 白喉姬鹟 / White-gorgeted Flycatcher / *Anthipes monileger*

1572 | 棕腹大仙鹟 / Fujian Niltava / *Niltava davidi*

1573 | 棕腹仙鹟 / Rufous-bellied Niltava / *Niltava sundara*

1574 | 棕腹蓝仙鹟 / Vivid Niltava / *Niltava vivida*

1575 | 大仙鹟 / Large Niltava / *Niltava grandis*

1576 | 小仙鹟 / Small Niltava / *Niltava macgrigoriae*

雀形目 > 河乌科

1578 | 河乌 / White-throated Dipper / *Cinclus cinclus*

1580 | 褐河乌 / Brown Dipper / *Cinclus pallasii*

雀形目 > 叶鹎科

1582 | 蓝翅叶鹎 / Blue-winged Leafbird / *Chloropsis cochinchinensis*

1583 | 金额叶鹎 / Golden-fronted Leafbird / *Chloropsis aurifrons*

1584 | 橙腹叶鹎 / Orange-bellied Leafbird / *Chloropsis hardwickii*

雀形目 > 啄花鸟科

1586 | 黄腹啄花鸟 / Yellow-bellied Flowerpecker / *Dicaeum melanoxanthum*

1587 | 黄肛啄花鸟 / Yellow-vented Flowerpecker / *Dicaeum chrysorrheum*

1588 | 纯色啄花鸟 / Plain Flowerpecker / *Dicaeum minullum*

1590 | 红胸啄花鸟 / Fire-breasted Flowerpecker / *Dicaeum ignipectus*

1592 | 朱背啄花鸟 / Scarlet-backed Flowerpecker / *Dicaeum cruentatum*

雀形目 > 太阳鸟科

1594 | 紫颊直嘴太阳鸟 / Ruby-cheeked Sunbird / *Chalcoparia singalensis*

1596 | 褐喉食蜜鸟 / Brown-throated Sunbird / *Anthreptes malacensis*

1598 | 紫色花蜜鸟 / Purple Sunbird / *Cinnyris asiaticus*

1600 | 黄腹花蜜鸟 / Olive-backed Sunbird / *Cinnyris jugularis*

1602 | 蓝喉太阳鸟 / Mrs Gould's Sunbird / *Aethopyga gouldiae*

1604 | 绿喉太阳鸟 / Green-tailed Sunbird / *Aethopyga nipalensis*

1606 | 叉尾太阳鸟 / Fork-tailed Sunbird / *Aethopyga christinae*

1608 | 黑胸太阳鸟 / Black-throated Sunbird / *Aethopyga saturata*

1610 | 黄腰太阳鸟 / Crimson Sunbird / *Aethopyga siparaja*

1612 | 火尾太阳鸟 / Fire-tailed Sunbird / *Aethopyga ignicauda*

1614 | 长嘴捕蛛鸟 / Little Spiderhunter / *Arachnothera longirostra*

1616 | 纹背捕蛛鸟 / Streaked Spiderhunter / *Arachnothera magna*

雀形目 > 麻雀科

1618 | 黑顶麻雀 / Saxaul Sparrow / *Passer ammodendri*

1620 | 家麻雀 / House Sparrow / *Passer domesticus*

1622 | 黑胸麻雀 / Spanish Sparrow / *Passer hispaniolensis*

1624 | 山麻雀 / Russet Sparrow / *Passer rutilans*

1626 | 麻雀 / Eurasian Tree Sparrow / *Passer montanus*

1630 | 石雀 / Rock Sparrow / *Petronia petronia*

1632 | 白斑翅雪雀 / White-winged Snowfinch / *Montifringilla nivalis*

1633 | 藏雪雀 / Henri's Snowfinch / *Montifringilla henrici*

1634 | 褐翅雪雀 / Tibetan Snowfinch / *Montifringilla adamsi*

1636 | 白腰雪雀 / White-rumped Snowfinch / *Onychostruthus taczanowskii*

1638 | 棕颈雪雀 / Rufous-necked Snowfinch / *Pyrgilauda ruficollis*

1640 | 棕背雪雀 / Blanford's Snowfinch / *Pyrgilauda blanfordi*

1642 | 黄胸织雀 / Baya Weaver / *Ploceus philippinus*

1643 | 红梅花雀 / Red Avadavat / *Amandava amandava*

1644 | 白腰文鸟 / White-rumped Munia / *Lonchura striata*

1646 | 斑文鸟 / Scaly-breasted Munia / *Lonchura punctulata*

1648 | 栗腹文鸟 / Chestnut Munia / *Lonchura atricapilla*

雀形目 > 岩鹨科

1650 | 领岩鹨 / Alpine Accentor / *Prunella collaris*

1652 | 高原岩鹨 / Altai Accentor / *Prunella himalayana*

1654 | 鸲岩鹨 / Robin Accentor / *Prunella rubeculoides*

1656 | 棕胸岩鹨 / Rufous-breasted Accentor / *Prunella strophiata*

1658 | 棕眉山岩鹨 / Siberian Accentor / *Prunella montanella*

1659 | 褐岩鹨 / Brown Accentor / *Prunella fulvescens*

1660 | 黑喉岩鹨 / Black-throated Accentor / *Prunella atrogularis*

1662 | 贺兰山岩鹨 / Mongolian Accentor / *Prunella koslowi*

1663 | 栗背岩鹨 / Maroon-backed Accentor / *Prunella immaculata*

雀形目 > 鹡鸰科

1664 | 山鹡鸰 / Forest Wagtail / *Dendronanthus indicus*

1665 | 西黄鹡鸰 / Western Yellow Wagtail / *Motacilla flava*

1666 | 黄鹡鸰 / Eastern Yellow Wagtail / *Motacilla tschutschensis*

1668 | 黄头鹡鸰 / Citrine Wagtail / *Motacilla citreola*

1670 | 灰鹡鸰 / Grey Wagtail / *Motacilla cinerea*

1672 | 白鹡鸰 / White Wagtail / *Motacilla alba*

1674 | 理氏鹨 / Richard's Pipit / *Anthus richardi*

1676 | 田鹨 / Paddyfield Pipit / *Anthus rufulus*

1677 | 布氏鹨 / Blyth's Pipit / *Anthus godlewskii*

1678 | 平原鹨 / Tawny Pipit / *Anthus campestris*

1679 | 草地鹨 / Meadow Pipit / *Anthus pratensis*

1680 | 林鹨 / Tree Pipit / *Anthus trivialis*

1681 | 树鹨 / Olive-backed Pipit / *Anthus hodgsoni*

1682 | 北鹨 / Pechora Pipit / *Anthus gustavi*

1683 | 粉红胸鹨 / Rosy Pipit / *Anthus roseatus*

1684 | 红喉鹨 / Red-throated Pipit / *Anthus cervinus*

1685 | 黄腹鹨 / Buff-bellied Pipit / *Anthus rubescens*

1686 | 水鹨 / Water Pipit / *Anthus spinoletta*

1688 | 山鹨 / Upland Pipit / *Anthus sylvanus*

雀形目 > 燕雀科

1689 | 朱鹀 / Pink-tailed Rosefinch / *Urocynchramus pylzowi*

1690 | 苍头燕雀 / Eurasian Chaffinch / *Fringilla coelebs*

1692 | 燕雀 / Brambling / *Fringilla montifringilla*

1694 | 金额丝雀 / Fire-fronted Serin / *Serinus pusillus*

1696 | 藏黄雀 / Tibetan Serin / *Serinus thibetanus*

1697 | 欧金翅雀 / European Greenfinch / *Carduelis chloris*

1698 | 金翅雀 / Grey-capped Greenfinch / *Carduelis sinica*

1700 | 高山金翅雀 / Yellow-breasted Greenfinch / *Carduelis spinoides*

1702 | 黑头金翅雀 / Black-headed Greenfinch / *Carduelis ambigua*

1703 | 黄雀 / Eurasian Siskin / *Carduelis spinus*

1704 | 红额金翅雀 / European Goldfinch / *Carduelis carduelis*

1706 | 白腰朱顶雀 / Common Redpoll / *Carduelis flammea*

1708 | 黄嘴朱顶雀 / Twite / *Carduelis flavirostris*

1710 | 赤胸朱顶雀 / Eurasian Linnet / *Carduelis cannabina*

1712 | 林岭雀 / Plain Mountain Finch / *Leucosticte nemoricola*

1713 | 高山岭雀 / Brandt's Mountain Finch / *Leucosticte brandti*

1714 | 蒙古沙雀 / Mongolian Finch / *Bucanetes mongolicus*

1715 | 巨嘴沙雀 / Desert Finch / *Rhodospiza obsoleta*

1716 | 长尾雀 / Long-tailed Rosefinch / *Uragus sibiricus*

1718 | 赤朱雀 / Blanford's Rosefinch / *Carpodacus rubescens*

1719 | 暗胸朱雀 / Dark-breasted Rosefinch / *Carpodacus nipalensis*

1720 | 普通朱雀 / Common Rosefinch / *Carpodacus erythrinus*

1722 | 喜山红眉朱雀 / Himalayan Beautiful Rosefinch / *Carpodacus pulcherrimus*

1724 | 红眉朱雀 / Chinese Beautiful Rosefinch / *Carpodacus davidianus*

1726 | 曙红朱雀 / Pink-rumped Rosefinch / *Carpodacus eos*

1728 | 玫红眉朱雀 / Pink-browed Rosefinch / *Carpodacus rodochroa*

1730 | 酒红朱雀 / Vinaceous Rosefinch / *Carpodacus vinaceus*

1732 | 棕朱雀 / Dark-rumped Rosefinch / *Carpodacus edwardsii*

1733 | 沙色朱雀 / Pale Rosefinch / *Carpodacus synoicus*

1734 | 北朱雀 / Pallas's Rosefinch / *Carpodacus roseus*

1735 | 斑翅朱雀 / Three-banded Rosefinch / *Carpodacus trifasciatus*

1736 | 喜山点翅朱雀 / Spot-winged Rosefinch / *Carpodacus rodopeplus*

1737 | 喜山白眉朱雀 / Himalayan White-browed Rosefinch / *Carpodacus thura*

1738 | 点翅朱雀 / Sharpe's Rosefinch / *Carpodacus verreauxii*

1740 | 白眉朱雀 / Chinese White-browed Rosefinch / *Carpodacus dubius*

1742 | 红腰朱雀 / Red-mantled Rosefinch / *Carpodacus rhodochlamys*

1744 | 拟大朱雀 / Streaked Rosefinch / *Carpodacus rubicilloides*

1746 | 大朱雀 / Spotted Great Rosefinch / *Carpodacus severtzovi*

1748 | 红胸朱雀 / Red-fronted Rosefinch / *Carpodacus puniceus*

1750 | 藏雀 / Tibetan Rosefinch / *Kozlowia roborowskii*

1752 | 松雀 / Pine Grosbeak / *Pinicola enucleator*

1754 | 红眉松雀 / Crimson-browed Finch / *Propyrrhula subhimachala*

1755 | 血雀 / Scarlet Finch / *Haematospiza sipahi*

1756 | 红交嘴雀 / Red Crossbill / *Loxia curvirostra*

1758 | 白翅交嘴雀 / White-winged Crossbill / *Loxia leucoptera*

1759 | 红头灰雀 / Red-headed Bullfinch / *Pyrrhula erythrocephala*

1760 | 褐灰雀 / Brown Bullfinch / *Pyrrhula nipalensis*

1762 | 灰头灰雀 / Grey-headed Bullfinch / *Pyrrhula erythaca*

1764 | 红腹灰雀 / Eurasian Bullfinch / *Pyrrhula pyrrhula*

1766 | 锡嘴雀 / Hawfinch / *Coccothraustes coccothraustes*

1768 | 黑尾蜡嘴雀 / Chinese Grosbeak / *Eophona migratoria*

1770 | 黑头蜡嘴雀 / Japanese Grosbeak / *Eophona personata*

1771 | 黄颈拟蜡嘴雀 / Collared Grosbeak / *Mycerobas affinis*

1772 | 白点翅拟蜡嘴雀 / Spot-winged Grosbeak / *Mycerobas melanozanthos*

1774 | 白斑翅拟蜡嘴雀 / White-winged Grosbeak / *Mycerobas carnipes*

1776 | 金枕黑雀 / Gold-naped Finch / *Pyrrhoplectes epauletta*

雀形目 > 鹀科

1778 | 凤头鹀 / Crested Bunting / *Melophus lathami*

1780 | 蓝鹀 / Slaty Bunting / *Latoucheornis siemsseni*

1782 | 黍鹀 / Corn Bunting / *Miliaria calandra*

1784 | 黄鹀 / Yellowhammer / *Emberiza citrinella*

1785 | 白头鹀 / Pine Bunting / *Emberiza leucocephalos*

1786 | 灰眉岩鹀 / Rock Bunting / *Emberiza cia*

1788 | 戈氏岩鹀 / Godlewski's Bunting / *Emberiza godlewskii*

1790 | 三道眉草鹀 / Meadow Bunting / *Emberiza cioides*

1792 | 栗斑腹鹀 / Jankowski's Bunting / *Emberiza jankowskii*

1793 | 灰颈鹀 / Grey-necked Bunting / *Emberiza buchanani*

1794 | 圃鹀 / Ortolan Bunting / *Emberiza hortulana*

1796 | 白眉鹀 / Tristram's Bunting / *Emberiza tristrami*

1798 | 栗耳鹀 / Chestnut-eared Bunting / *Emberiza fucata*

1800 | 小鹀 / Little Bunting / *Emberiza pusilla*

1802 | 黄眉鹀 / Yellow-browed Bunting / *Emberiza chrysophrys*

1804 | 田鹀 / Rustic Bunting / *Emberiza rustica*

1805 | 黄喉鹀 / Yellow-throated Bunting / *Emberiza elegans*

1806 | 黄胸鹀 / Yellow-breasted Bunting / *Emberiza aureola*

1808 | 栗鹀 / Chestnut Bunting / *Emberiza rutila*

1810 | 藏鹀 / Tibetan Bunting / *Emberiza koslowi*

1811 | 黑头鹀 / Black-headed Bunting / *Emberiza melanocephala*

1812 | 褐头鹀 / Red-headed Bunting / *Emberiza bruniceps*

1814 | 硫黄鹀 / Yellow Bunting / *Emberiza sulphurata*

1816 | 灰头鹀 / Black-faced Bunting / *Emberiza spodocephala*

1818 | 苇鹀 / Pallas's Bunting / *Emberiza pallasi*

1820 | 红颈苇鹀 / Ochre-rumped Bunting / *Emberiza yessoensis*

1821 | 芦鹀 / Reed Bunting / *Emberiza schoeniclus*

雀形目 > 铁爪鹀科

1822 | 铁爪鹀 / Lapland Longspur / *Calcarius lapponicus*

1823 | 雪鹀 / Snow Bunting / *Plectrophenax nivalis*

中文名笔画索引 /

六画 >

七画 >

八 画 >

九 画 >

十 画 >

十一画 >

十二 画 >

十三 画 >

十四 画 >

十五 画 >

十六 画 >

十七 画 >

十八 画 >

二十 画 >

二十二画 >

中文名拼音索引 /

A >

B >

G >

甘肃柳莺 / 1085
高山短翅莺 / 1140
高山金翅雀 / 1700
高山岭雀 / 1713
高山雀鹛 / 1282
高山兀鹫 / 0276
高山旋木雀 / 1387
高原山鹑 / 0036
高原岩鹨 / 1652
戈氏岩鹀 / 1788
钩嘴林鵙 / 0809
孤沙锥 / 0442
古铜色卷尾 / 0863
骨顶鸡 / 0380
冠斑犀鸟 / 0744
冠海雀 / 0571
冠纹柳莺 / 1101
冠鱼狗 / 0728
鹳嘴翡翠 / 0716
光背地鸫 / 1420
鬼鸮 / 0686

H >

海鸬鹚 / 0253
海南鳽 / 0217
海南蓝仙鹟 / 1566
海南柳莺 / 1107
海南山鹧鸪 / 0050
海鸥 / 0532
寒鸦 / 0910
和平鸟 / 1363
河乌 / 1578
贺兰山红尾鸲 / 1484
贺兰山岩鹨 / 1662
褐背鹟鵙 / 0808
褐翅雪雀 / 1634
褐翅鸦鹃 / 0662
褐翅鸦雀 / 1333
褐翅燕鸥 / 0554
褐顶雀鹛 / 1290
褐耳鹰 / 0292
褐冠鹃隼 / 0260
褐冠山雀 / 0946
褐河乌 / 1580
褐喉食蜜鸟 / 1596
褐喉旋木雀 / 1389
褐灰雀 / 1760
褐鲣鸟 / 0251
褐脸雀鹛 / 1293
褐林鸮 / 0672
褐柳莺 / 1077
褐马鸡 / 0084
褐头鸫 / 1436
褐头凤鹛 / 1316
褐头雀鹛 / 1284
褐头山雀 / 0932
褐头鹀 / 1812
褐胁雀鹛 / 1292
褐胸山鹧鸪 / 0045
褐胸鹟 / 1539
褐胸噪鹛 / 1212
褐鸦雀 / 1325
褐岩鹨 / 1659
褐燕鹱 / 0182
鹤鹬 / 0462
黑百灵 / 0982
黑斑蝗莺 / 1142
黑背燕尾 / 1512
黑长尾雉 / 0088
黑翅长脚鹬 / 0406
黑翅雀鹎 / 0811
黑翅鸢 / 0264
黑顶麻雀 / 1618
黑顶奇鹛 / 1301
黑顶噪鹛 / 1244
黑短脚鹎 / 1024
黑额伯劳 / 0838
黑额凤鹛 / 1320
黑额山噪鹛 / 1224
黑额树鹊 / 0896
黑浮鸥 / 0566
黑腹滨鹬 / 0496
黑腹沙鸡 / 0577
黑冠黄鹎 / 1002
黑冠鳽 / 0220
黑冠鹃隼 / 0261
黑冠山雀 / 0940
黑鹳 / 0192
黑海番鸭 / 0162
黑喉缝叶莺 / 1162
黑喉红臀鹎 / 1011
黑喉红尾鸲 / 1500
黑喉毛脚燕 / 1037
黑喉潜鸟 / 0175
黑喉山鹪莺 / 1152
黑喉石䳭 / 1517
黑喉岩鹨 / 1660
黑喉噪鹛 / 1215
黑鳽 / 0218
黑脚信天翁 / 0178
黑颈鸫 / 1440
黑颈鹤 / 0394
黑颈鸬鹚 / 0252
黑颈䴙䴘 / 0189
黑卷尾 / 0858
黑颏穗鹛 / 1188
黑脸琵鹭 / 0204
黑脸鹟莺 / 1061
黑脸噪鹛 / 1205
黑领椋鸟 / 1404
黑领噪鹛 / 1210
黑眉长尾山雀 / 1069
黑眉柳莺 / 1110
黑眉拟啄木鸟 / 0752
黑眉雀鹛 / 1298
黑眉苇莺 / 1126
黑眉鸦雀 / 1340
黑琴鸡 / 0008
黑水鸡 / 0376
黑头鹎 / 1001
黑头黄鹂 / 0854
黑头金翅雀 / 1702
黑头蜡嘴雀 / 1770
黑头奇鹛 / 1303
黑头穗鹛 / 1192
黑头鹀 / 1811
黑头噪鸦 / 0878
黑头䴓 / 1376
黑尾塍鹬 / 0452
黑尾地鸦 / 0900
黑尾蜡嘴雀 / 1768
黑尾鸥 / 0530
黑鹇 / 0074
黑胸鸫 / 1427
黑胸歌鸲 / 1462
黑胸麻雀 / 1622
黑胸太阳鸟 / 1608
黑鸢 / 0266
黑枕黄鹂 / 0853
黑枕王鹟 / 0870
黑枕燕鸥 / 0559
黑啄木鸟 / 0786
黑嘴鸥 / 0522
黑嘴松鸡 / 0007
横斑林莺 / 1348
红背伯劳 / 0830
红背红尾鸲 / 1486
红翅凤头鹃 / 0627
红翅鵙鹛 / 0846
红翅绿鸠 / 0609
红翅薮鹛 / 1253
红翅旋壁雀 / 1382
红顶绿鸠 / 0610
红顶鹛 / 1196
红额金翅雀 / 1704
红耳鹎 / 1003
红腹滨鹬 / 0484
红腹红尾鸲 / 1496
红腹灰雀 / 1764
红腹角雉 / 0060
红腹锦鸡 / 0096
红腹山雀 / 0936
红腹咬鹃 / 0710
红喉歌鸲 / 1460
红喉姬鹟 / 1558
红喉鹨 / 1684
红喉潜鸟 / 0174
红交嘴雀 / 1756
红角鸮 / 0662
红脚苦恶鸟 / 0362
红脚隼 / 0336
红脚鹬 / 0464
红颈瓣蹼鹬 / 0506
红颈滨鹬 / 0486

火斑鸠 / 0594
火冠雀 / 0972
火尾绿鹛 / 1346
火尾太阳鸟 / 1612
火尾希鹛 / 1274
霍氏旋木雀 / 1386
霍氏鹰鹃 / 0640

J >

叽喳柳莺 / 1075
矶鹬 / 0478
姬田鸡 / 0368
极北柳莺 / 1094
家八哥 / 1395
家麻雀 / 1620
家鸦 / 0913
家燕 / 1029
尖尾滨鹬 / 0492
剑鸻 / 0423
剑嘴鹛 / 1176
鹪鹩 / 1367
角百灵 / 0994
角䴙䴘 / 0188
金斑鸻 / 0420
金翅雀 / 1698
金雕 / 0320
金额雀鹛 / 1277
金额丝雀 / 1694
金额叶鹎 / 1583
金冠地莺 / 1042
金喉拟啄木鸟 / 0751
金黄鹂 / 0850
金眶鸻 / 0426
金眶鹟莺 / 1114
金色林鸲 / 1479
金色鸦雀 / 1338
金头缝叶莺 / 1062
金头扇尾莺 / 1150
金头穗鹛 / 1189
金胸歌鸲 / 1464
金胸雀鹛 / 1276
金眼鹛雀 / 1197
金腰燕 / 1038
金枕黑雀 / 1776
酒红朱雀 / 1730
巨嘴柳莺 / 1082
巨嘴沙雀 / 1715
巨䴓 / 1381
距翅麦鸡 / 0412
卷羽鹈鹕 / 0248

K >

宽尾树莺 / 1057
阔嘴鹬 / 0502

L >

蓝翅八色鸫 / 0806
蓝翅希鹛 / 1272
蓝翅叶鹎 / 1582
蓝翅噪鹛 / 1237
蓝大翅鸲 / 1508
蓝短翅鸫 / 1454
蓝额红尾鸲 / 1498
蓝耳拟啄木鸟 / 0758
蓝翡翠 / 0720
蓝腹鹇 / 0078
蓝歌鸲 / 1466
蓝喉蜂虎 / 0738
蓝喉歌鸲 / 1458
蓝喉拟啄木鸟 / 0756
蓝喉太阳鸟 / 1602
蓝喉仙鹟 / 1569
蓝矶鸫 / 1532
蓝脸鲣鸟 / 0250
蓝绿鹊 / 0893
蓝马鸡 / 0086
蓝眉林鸲 / 1478
蓝头红尾鸲 / 1488
蓝鹀 / 1780
蓝胸佛法僧 / 0712
蓝胸秧鸡 / 0356
蓝须夜蜂虎 / 0732
理氏鹨 / 1674
丽色奇鹛 / 1306
丽色噪鹛 / 1249
丽星鹩鹛 / 1185
丽星噪鹛 / 1236
栗斑杜鹃 / 0634
栗斑腹鹀 / 1792
栗背伯劳 / 0834
栗背短翅鸫 / 1453
栗背短脚鹎 / 1022
栗背奇鹛 / 1300
栗背岩鹨 / 1663
栗耳短脚鹎 / 1020
栗耳凤鹛 / 1309
栗耳鹀 / 1798
栗腹歌鸲 / 1465
栗腹矶鸫 / 1534
栗腹文鸟 / 1648
栗腹䴓 / 1372
栗喉蜂虎 / 0736
栗喉鵙鹛 / 0849
栗颈噪鹛 / 1214
栗树鸭 / 0102
栗头地莺 / 1046
栗头蜂虎 / 0740
栗头雀鹛 / 1279
栗头鹟莺 / 1120
栗臀䴓 / 1370
栗苇鳽 / 0216
栗鹀 / 1808
栗鸮 / 0654
栗鸢 / 0265
栗啄木鸟 / 0784
蛎鹬 / 0402
鹩哥 / 1391
猎隼 / 0342
林八哥 / 1393
林雕 / 0312
林岭雀 / 1712
林鹨 / 1680
林沙锥 / 0448
林鹬 / 0474
鳞腹绿啄木鸟 / 0791
鳞喉绿啄木鸟 / 0790
鳞头树莺 / 1047
领角鸮 / 0658
领雀嘴鹎 / 0998
领鸺鹠 / 0680
领岩鹨 / 1650
领燕鸻 / 0508
流苏鹬 / 0504
琉球角鸮 / 0664
硫黄鹀 / 1814
柳雷鸟 / 0014
芦苇莺 / 1131
芦鹀 / 1821
路德雀鹛 / 1288
绿背姬鹟 / 1552
绿背山雀 / 0954
绿翅短脚鹎 / 1018
绿翅金鸠 / 0602
绿翅鸭 / 0148
绿喉蜂虎 / 0734
绿喉太阳鸟 / 1604
绿皇鸠 / 0612
绿脚山鹧鸪 / 0051
绿鹭 / 0224
绿眉鸭 / 0137
绿头鸭 / 0138
绿尾虹雉 / 0070
绿胸八色鸫 / 0802
绿嘴地鹃 / 0626
罗纹鸭 / 0134

M >

麻雀 / 1626
毛脚鵟 / 0310
毛腿沙鸡 / 0574
矛斑蝗莺 / 1141
矛纹草鹛 / 1200
玫红眉朱雀 / 1728
煤山雀 / 0942
美洲绿翅鸭 / 0149
猛隼 / 0340
猛鸮 / 0678
蒙古百灵 / 0978
蒙古沙鸻 / 0431
蒙古沙雀 / 1714
蒙古银鸥 / 0534
棉凫 / 0130
冕柳莺 / 1099
冕雀 / 0966
漠䳭 / 1528

英文名索引 /

Black Eagle / 0312
Black Grouse / 0008
Black Kite / 0266
Black Lark / 0982
Black Redstart / 1489
Black Scoter / 0160
Black Stork / 0192
Black Tern / 0566
Black Woodpecker / 0786
Black-backed Forktail / 1512
Black-bellied Sandgrouse / 0577
Black-billed Capercaillie / 0007
Black-breasted Thrush / 1427
Black-browed Bushtit / 1069
Black-browed Reed Warbler / 1126
Black-capped Kingfisher / 0720
Black-chinned Babbler / 1188
Black-chinned Yuhina / 1320
Black-collared Starling / 1404
Black-crested Bulbul / 1002
Black-crowned Night Heron / 0222
Black-eared Shrike Babbler / 0849
Black-faced Bunting / 1816
Black-faced Laughingthrush / 1244
Black-faced Spoonbill / 0204
Black-faced Warbler / 1061
Black-footed Albatross / 0178
Black-headed Bulbul / 1001
Black-headed Bunting / 1811
Black-headed Greenfinch / 1702
Black-headed Gull / 0518
Black-headed Shrike Babbler / 0845
Black-headed Sibia / 1303
Black-hooded Oriole / 0854
Black-legged Kittiwake / 0513
Black-naped Monarch / 0870
Black-naped Oriole / 0853
Black-naped Tern / 0559
Black-necked Crane / 0394
Black-necked Grebe / 0189
Black-necklaced Scimitar Babbler / 1166
Black-tailed Crake / 0367
Black-tailed Godwit / 0452
Black-tailed Gull / 0530
Black-throated Accentor / 1660
Black-throated Bushtit / 1066
Black-throated Laughingthrush / 1215
Black-throated Loon / 0175
Black-throated Parrotbill / 1337
Black-throated Sunbird / 1608
Black-throated Thrush / 1440
Black-winged Cuckooshrike / 0814
Black-winged Kite / 0264
Black-winged Stilt / 0406
Blanford's Rosefinch / 1718
Blanford's Snowfinch / 1640
Blood Pheasant / 0054
Blue Eared Pheasant / 0086
Blue Rock Thrush / 1532
Blue Whistling Thrush / 1416
Blue-and-white Flycatcher / 1564
Blue-bearded Bee-eater / 0732
Blue-capped Redstart / 1488
Blue-crowned Laughingthrush / 1216
Blue-eared Barbet / 0758
Blue-fronted Redstart / 1498
Blue-tailed Bee-eater / 0736
Bluethroat / 1458
Blue-throated Barbet / 0756
Blue-throated Bee-eater / 0738
Blue-throated Flycatcher / 1569
Blue-winged Laughingthrush / 1237
Blue-winged Leafbird / 1582
Blue-winged Minla / 1272
Blue-winged Pitta / 0806
Blyth's Kingfisher / 0726
Blyth's Leaf Warbler / 1100
Blyth's Pipit / 1677
Blyth's Reed Warbler / 1130
Blyth's Shrike Babbler / 0846
Bohemian Waxwing / 0924
Bonelli's Eagle / 0323
Booted Eagle / 0324
Booted Warbler / 1133
Boreal Owl / 0686
Brahminy Kite / 0265
Brambling / 1692
Brandt's Mountain Finch / 1713

Bridled Tern / 0554
Broad-billed Sandpiper / 0502
Bronzed Drongo / 0863
Bronze-winged Jacana / 0440
Brown Accentor / 1659
Brown Booby / 0251
Brown Bullfinch / 1760
Brown Bush Warbler / 1138
Brown Crake / 0362
Brown Dipper / 1580
Brown Eared Pheasant / 0084
Brown Hawk-Owl / 0688
Brown Parrotbill / 1325
Brown Shrike / 0828
Brown Wood Owl / 0672
Brown-breasted Bulbul / 1004
Brown-breasted Flycatcher / 1539
Brown-cheeked Fulvetta / 1293
Brown-checked Laughingthrush / 1242
Brown-cheeked Rail / 0360
Brown-chested Jungle Flycatcher / 1538
Brown-eared Bulbul / 1020
Brown-headed Gull / 0516
Brown-headed Thrush / 1439
Brownish-flanked Bush Warbler / 1052
Brown-throated Sunbird / 1596
Brown-throated Treecreeper / 1389
Brown-winged Parrotbill / 1333
Buff-barred Warbler / 1083
Buff-bellied Pipit / 1685
Buff-throated Monal Partridge / 0018
Buff-throated Warbler / 1079
Bull-headed Shrike / 0826
Bulwer's Petrel / 0182
Burmese Shrike / 0834

C >

Cabot's Tragopan / 0061
Calandra Lark / 0977
Carrion Crow / 0916
Caspian Tern / 0542
Cetti's Warbler / 1057
Chestnut Bulbul / 1022
Chestnut Bunting / 1808
Chestnut Munia / 1648
Chestnut Thrush / 1434
Chestnut-bellied Nuthatch / 1372
Chestnut-bellied Rock Thrush / 1534
Chestnut-capped Babbler / 1196
Chestnut-cheeked Starling / 1408
Chestnut-collared Yuhina / 1309
Chestnut-crowned Laughingthrush / 1248
Chestnut-crowned Warbler / 1120
Chestnut-eared Bunting / 1798
Chestnut-flanked White-eye / 1356
Chestnut-headed Bee-eater / 0740
Chestnut-headed Tesia / 1046
Chestnut-tailed Starling / 1398
Chestnut-throated Monal Partridge / 0017
Chestnut-vented Nuthatch / 1370
Chestnut-winged Cuckoo / 0627
Chinese Babax / 1200
Chinese Bamboo Partridge / 0053
Chinese Barbet / 0752
Chinese Beautiful Rosefinch / 1724
Chinese Crested Tern / 0550
Chinese Egret / 0244
Chinese Francolin / 0031
Chinese Fulvetta / 1282
Chinese Grassbird / 1163
Chinese Grey Shrike / 0842
Chinese Grosbeak / 1768
Chinese Grouse / 0004
Chinese Hill Babbler / 1344
Chinese Leaf Warbler / 1089
Chinese Monal / 0070
Chinese Nuthatch / 1376
Chinese Penduline Tit / 0970
Chinese Pond Heron / 0226
Chinese Sparrowhawk / 0294
Chinese Spot-billed Duck / 0141
Chinese Thrush / 1448
Chinese White-browed Rosefinch / 1740
Chukar / 0028
Cinereous Tit / 0952
Cinereous Vulture / 0278
Cinnamon Bittern / 0216
Citrine Wagtail / 1668

Clamorous Reed Warbler / 1124
Claudia's Leaf Warbler / 1101
Coal Tit / 0942
Collared Bush Robin / 1474
Collared Crow / 0920
Collared Finchbill / 0998
Collared Grosbeak / 1771
Collared Myna / 1394
Collared Owlet / 0680
Collared Pratincole / 0508
Collared Treepie / 0896
Common Blackbird / 1431
Common Chiffchaff / 1075
Common Coot / 0380
Common Crane / 0390
Common Cuckoo / 0646
Common Goldeneye / 0162
Common Grasshopper Warbler / 1142
Common Green Magpie / 0893
Common Greenshank / 0468
Common Hill Partridge / 0043
Common Hoopoe / 0742
Common Iora / 0811
Common Kestrel / 0332
Common Kingfisher / 0724
Common Magpie / 0898
Common Merganser / 0166
Common Moorhen / 0376
Common Myna / 1395
Common Nightingale / 1470
Common Pheasant / 0092
Common Pochard / 0152
Common Quail / 0042
Common Raven / 0922
Common Redpoll / 1706
Common Redshank / 0464
Common Redstart / 1490
Common Ringed Plover / 0423
Common Rosefinch / 1720
Common Sandpiper / 0478
Common Shelduck / 0124
Common Snipe / 0446
Common Starling / 1412
Common Swift / 0703
Common Tailorbird / 1160
Common Tern / 0560
Common Whitethroat / 1354
Common Wood Pigeon / 0584
Coppersmith Barbet / 0759
Coral-billed Scimitar Babbler / 1175
Corn Bunting / 1782
Corn Crake / 0358
Cotton Pygmy Goose / 0130
Crested Bunting / 1778
Crested Finchbill / 0996
Crested Goshawk / 0290
Crested Ibis / 0198
Crested Kingfisher / 0728
Crested Lark / 0988
Crested Myna / 1392
Crested Serpent Eagle / 0280
Crested Tit Warbler / 1072
Crested Treeswift / 0700
Crimson Sunbird / 1610
Crimson-breasted Woodpecker / 0774
Crimson-browed Finch / 1754
Crow-billed Drongo / 0862
Curlew Sandpiper / 0494

D >

Dalmatian Pelican / 0248
Darjeeling Woodpecker / 0775
Dark-breasted Rosefinch / 1719
Dark-necked Tailorbird / 1162
Dark-rumped Rosefinch / 1732
Dark-sided Flycatcher / 1543
Dark-sided Thrush / 1424
Daurian Jackdaw / 0912
Daurian Partridge / 0034
Daurian Redstart / 1494
David's Fulvetta / 1296
Davison's Leaf Warbler / 1105
Demoiselle Crane / 0382
Derbyan Parakeet / 0618
Desert Finch / 1715
Desert Wheatear / 1528
Desert Whitethroat / 1350
Dollarbird / 0714

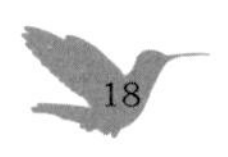

Dunlin / 0496
Dusky Crag Martin / 1034
Dusky Fulvetta / 1290
Dusky Thrush / 1443
Dusky Warbler / 1077

E >

Eastern Buzzard / 0304
Eastern Cattle Egret / 0228
Eastern Crowned Warbler / 1099
Eastern Curlew / 0460
Eastern Grass Owl / 0652
Eastern Imperial Eagle / 0318
Eastern Marsh Harrier / 0284
Eastern Yellow Wagtail / 1666
Elegant Scops Owl / 0664
Elliot's Laughingthrush / 1239
Elliot's Pheasant / 0087
Emei Leaf Warbler / 1104
Emei Shan Liocichla / 1254
Emerald Dove / 0602
Eurasian Bullfinch / 1764
Eurasian Chaffinch / 1690
Eurasian Collared Dove / 0592
Eurasian Crag Martin / 1032
Eurasian Curlew / 0458
Eurasian Dotterel / 0434
Eurasian Eagle-Owl / 0668
Eurasian Golden Oriole / 0850
Eurasian Hobby / 0338
Eurasian Jackdaw / 0910
Eurasian Jay / 0880
Eurasian Linnet / 1710
Eurasian Nuthatch / 1368
Eurasian Oystercatcher / 0402
Eurasian Reed Warbler / 1131
Eurasian Scops Owl / 0661
Eurasian Siskin / 1703
Eurasian Skylark / 0990
Eurasian Sparrowhawk / 0298
Eurasian Spoonbill / 0202
Eurasian Teal / 0148
Eurasian Thick-knee / 0400
Eurasian Three-toed Woodpecker / 0782
Eurasian Tree Sparrow / 1626
Eurasian Treecreeper / 1384
Eurasian Wigeon / 0136
Eurasian Woodcock / 0441
Eurasian Wren / 1367
Eurasian Wryneck / 0760
European Bee-eater / 0741
European Goldfinch / 1704
European Greenfinch / 1697
European Nightjar / 0698
European Pied Flycatcher / 1547
European Robin / 1456
European Roller / 0712
European Turtle Dove / 0589
Eversmann's Redstart / 1486
Eyebrowed Thrush / 1437

F >

Fairy Pitta / 0804
Falcated Duck / 0134
Ferruginous Flycatcher / 1546
Ferruginous Pochard / 0154
Fieldfare / 1444
Fire-breasted Flowerpecker / 1590
Fire-capped Tit / 0972
Fire-fronted Serin / 1694
Fire-tailed Myzornis / 1346
Fire-tailed Sunbird / 1612
Firethroat / 1464
Flamecrest / 1364
Flavescent Bulbul / 1014
Forest Wagtail / 1664
Fork-tailed Drongo-Cuckoo / 0636
Fork-tailed Sunbird / 1606
Fork-tailed Swift / 0704
Fujian Niltava / 1572
Fulvous Parrotbill / 1336
Fulvous-breasted Woodpecker / 0772

G >

Gadwall / 0132
Gansu Leaf Warbler / 1085
Garganey / 0146
Giant Babax / 1202

Giant Laughingthrush / 1228
Giant Nuthatch / 1381
Glossy Ibis / 0200
Godlewski's Bunting / 1788
Goldcrest / 1366
Golden Babbler / 1189
Golden Bush Robin / 1479
Golden Eagle / 0320
Golden Parrotbill / 1338
Golden Pheasant / 0096
Golden-breasted Fulvetta / 1276
Golden-fronted Leafbird / 1583
Golden-headed Cisticola / 1150
Golden-throated Barbet / 0751
Gold-fronted Fulvetta / 1277
Gold-naped Finch / 1776
Gould's Shortwing / 1453
Grandala / 1508
Great Barbet / 0748
Great Bittern / 0208
Great Bustard / 0350
Great Cormorant / 0254
Great Crested Grebe / 0186
Great Egret / 0236
Great Frigatebird / 0246
Great Grey Owl / 0676
Great Grey Shrike / 0840
Great Hornbill / 0745
Great Iora / 0812
Great Knot / 0482
Great Myna / 1393
Great Parrotbill / 1322
Great Reed Warbler / 1125
Great Spotted Woodpecker / 0780
Great Thick-knee / 0401
Great Tit / 0948
Great White Pelican / 0247
Greater Coucal / 0622
Greater Crested Tern / 0544
Greater Flameback / 0796
Greater Necklaced Laughingthrush / 1210
Greater Painted Snipe / 0436
Greater Racket-tailed Drongo / 0867
Greater Sand Plover / 0430
Greater Scaup / 0157
Greater Short-toed Lark / 0984
Greater Spotted Eagle / 0314
Greater White-fronted Goose / 0110
Greater Yellownape / 0789
Green Bee-eater / 0734
Green Imperial Pigeon / 0612
Green Sandpiper / 0472
Green Shrike Babbler / 0848
Green-backed Flycatcher / 1552
Green-backed Tit / 0954
Green-billed Malkoha / 0626
Green-crowned Warbler / 1114
Greenish Warbler / 1095
Green-legged Partridge / 0051
Green-tailed Sunbird / 1604
Green-winged Teal / 0149
Grey Bushchat / 1520
Grey Heron / 0230
Grey Laughingthrush / 1212
Grey Nightjar / 0696
Grey Partridge / 0032
Grey Peacock Pheasant / 0101
Grey Plover / 0422
Grey Sibia / 1302
Grey Treepie / 0894
Grey Wagtail / 1670
Grey-backed Shrike / 0836
Grey-backed Thrush / 1425
Grey-bellied Tesia / 1044
Grey-breasted Prinia / 1154
Grey-capped Greenfinch / 1698
Grey-capped Pygmy Woodpecker / 0770
Grey-cheeked Fulvetta / 1294
Grey-cheeked Warbler / 1119
Grey-chinned Minivet / 0818
Grey-crested Tit / 0946
Grey-crowned Warbler / 1115
Grey-eyed Bulbul / 1017
Grey-faced Buzzard / 0302
Grey-headed Bullfinch / 1762
Grey-headed Canary Flycatcher / 0929
Grey-headed Lapwing / 0414
Grey-headed Parakeet / 0617

Grey-headed Parrotbill / 1341
Grey-headed Woodpecker / 0792
Grey-hooded Fulvetta / 1284
Grey-hooded Parrotbill / 1334
Grey-hooded Warbler / 1111
Greylag Goose / 0108
Grey-necked Bunting / 1793
Grey-sided Bush Warbler / 1056
Grey-sided Laughingthrush / 1218
Grey-sided Scimitar Babbler / 1168
Grey-sided Thrush / 1436
Grey-streaked Flycatcher / 1542
Grey-tailed Tattler / 0471
Grey-throated Babbler / 1192
Grey-winged Blackbird / 1430
Ground Tit / 0960
Gull-billed Tern / 0540

H >

Hainan Blue Flycatcher / 1566
Hainan Leaf Warbler / 1107
Hainan Partridge / 0050
Hair-crested Drongo / 0866
Harlequin Duck / 0158
Hartert's Leaf Warbler / 1102
Hawfinch / 1766
Hazel Grouse / 0002
Hen Harrier / 0286
Henri's Snowfinch / 1633
Heuglin's Gull / 0533
Hill Blue Flycatcher / 1568
Hill Myna / 1391
Hill Pigeon / 0580
Hill Prinia / 1152
Himalayan Beautiful Rosefinch / 1722
Himalayan Black-lored Tit / 0953
Himalayan Bluetail / 1478
Himalayan Bulbul / 1010
Himalayan Cuckoo / 0644
Himalayan Cutia / 1262
Himalayan Monal / 0066
Himalayan Owl / 0674
Himalayan Snowcock / 0022
Himalayan Swiftlet / 0701
Himalayan Vulture / 0276
Himalayan White-browed Rosefinch / 1737
Hoary-throated Barwing / 1267
Hodgson's Hawk-Cuckoo / 0640
Hodgson's Redstart / 1500
Hodgson's Treecreeper / 1386
Hooded Crane / 0392
Hooded Pitta / 0802
Horned Grebe / 0188
Horned Lark / 0994
House Crow / 0913
House Sparrow / 1620
House Swift / 0705
Huet's Fulvetta / 1298
Hume's Leaf Warbler / 1092
Hume's Short-toed Lark / 0986
Hume's Whitethroat / 1351
Hwamei / 1230

I >

Ibisbill / 0404
Indian Blue Robin / 1465
Indian Cuckoo / 0629
Indian Roller / 0711
Indian Spot-billed Duck / 0140
Intermediate Egret / 0238
Isabelline Shrike / 0832
Isabelline Wheatear / 1522
Island Thrush / 1432

J >

Jankowski's Bunting / 1792
Japanese Cormorant / 0256
Japanese Grosbeak / 1770
Japanese Murrelet / 0571
Japanese Paradise-flycatcher / 0876
Japanese Pygmy Woodpecker / 0768
Japanese Quail / 0040
Japanese Robin / 1457
Japanese Scops Owl / 0658
Japanese Sparrowhawk / 0293
Japanese Thrush / 1428
Japanese Tit / 0950
Japanese Waxwing / 0926

Japanese White-eye / 1358
Jerdon's Baza / 0260
Jungle Crow / 0921

K >

Kalij Pheasant / 0074
Kentish Plover / 0428
Kessler's Thrush / 1435
Kloss's Leaf Warbler / 1106
Koklass Pheasant / 0064

L >

Lady Amherst's Pheasant / 0098
Lammergeier / 0274
Lanceolated Warbler / 1141
Lapland Longspur / 1822
Large Cuckooshrike / 0813
Large Hawk-Cuckoo / 0638
Large Niltava / 1575
Large Woodshrike / 0809
Large-billed Crow / 0918
Large-billed Leaf Warbler / 1098
Laughing Dove / 0597
Lemon-rumped Warbler / 1088
Lesser Coucal / 0624
Lesser Crested Tern / 0548
Lesser Fish Eagle / 0273
Lesser Grey Shrike / 0838
Lesser Kestrel / 0330
Lesser Necklaced Laughingthrush / 1209
Lesser Racket-tailed Drongo / 0864
Lesser Rufous-headed Parrotbill / 1340
Lesser Sand Plover / 0431
Lesser Shortwing / 1452
Lesser Spotted Woodpecker / 0771
Lesser Whistling Duck / 0102
Lesser White-fronted Goose / 0111
Lesser Whitethroat / 1349
Lesser Yellownape / 0788
Light-vented Bulbul / 1006
Limestone Leaf Warbler / 1109
Limestone Wren Babbler / 1178
Lineated Barbet / 0750
Little Bittern / 0210
Little Bunting / 1800
Little Cormorant / 0252
Little Crake / 0368
Little Curlew / 0455
Little Egret / 0240
Little Forktail / 1510
Little Grebe / 0184
Little Gull / 0524
Little Owl / 0684
Little Pied Flycatcher / 1560
Little Ringed Plover / 0426
Little Spiderhunter / 1614
Little Stint / 0488
Little Tern / 0552
Long-billed Dowitcher / 0449
Long-billed Plover / 0424
Long-billed Thrush / 1423
Long-billed Wren Babbler / 1177
Long-eared Owl / 0690
Long-legged Buzzard / 0306
Long-tailed Broadbill / 0800
Long-tailed Duck / 0161
Long-tailed Jaeger / 0569
Long-tailed Minivet / 0820
Long-tailed Rosefinch / 1716
Long-tailed Shrike / 0835
Long-tailed Sibia / 1307
Long-tailed Thrush / 1421
Long-tailed Tit / 1064
Long-tailed Wren Babbler / 1183
Long-toed Stint / 0490
Lowland White-eye / 1360
Ludlow's Fulvetta / 1288

M >

Macqueen's Bustard / 0352
Malayan Night Heron / 0220
Mallard / 0138
Manchurian Bush Warbler / 1050
Mandarin Duck / 0128
Maroon Oriole / 0856
Maroon-backed Accentor / 1663
Marsh Grassbird / 1147
Marsh Sandpiper / 0466

Marsh Tit / 0930
Masked Booby / 0250
Masked Laughingthrush / 1205
Meadow Bunting / 1790
Meadow Pipit / 1679
Merlin / 0337
Mew Gull / 0532
Middendorff's Grasshopper Warbler / 1144
Mikado Pheasant / 0088
Mistle Thrush / 1450
Mongolian Accentor / 1662
Mongolian Finch / 1714
Mongolian Ground Jay / 0900
Mongolian Gull / 0534
Mongolian Lark / 0978
Montagu's Harrier / 0285
Mountain Bamboo Partridge / 0052
Mountain Bulbul / 1018
Mountain Chiffchaff / 1076
Mountain Hawk-Eagle / 0326
Mountain Imperial Pigeon / 0613
Mountain Scops Owl / 0656
Mountain Tailorbird / 1062
Moustached Laughingthrush / 1225
Mrs Gould's Sunbird / 1602
Mugimaki Flycatcher / 1553
Mute Swan / 0116

N >

Narcissus Flycatcher / 1550
Naumann's Thrush / 1442
Nepal Fulvetta / 1299
Nepal House Martin / 1037
Nonggang Babbler / 1190
Nordmann's Greenshank / 0470
Northern Goshawk / 0300
Northern Hawk-Cuckoo / 0641
Northern Hawk-Owl / 0678
Northern House Martin / 1035
Northern Lapwing / 0410
Northern Pintail / 0144
Northern Shoveler / 0142
Northern Wheatear / 1524

O >

Ochre-rumped Bunting / 1820
Olive-backed Pipit / 1681
Olive-backed Sunbird / 1600
Orange-bellied Leafbird / 1584
Orange-breasted Green Pigeon / 0603
Orange-breasted Trogon / 0706
Orange-flanked Bluetail / 1476
Orange-headed Thrush / 1418
Oriental Bay Owl / 0654
Oriental Cuckoo / 0645
Oriental Dwarf Kingfisher / 0722
Oriental Hobby / 0340
Oriental Honey-buzzard / 0262
Oriental Magpie Robin / 1481
Oriental Pied Hornbill / 0744
Oriental Plover / 0432
Oriental Pratincole / 0510
Oriental Reed Warbler / 1122
Oriental Scops Owl / 0662
Oriental Skylark / 0992
Oriental Stork / 0196
Oriental Turtle Dove / 0590
Oriental White-eye / 1362
Ortolan Bunting / 1794

P >

Pacific Golden Plover / 0420
Pacific Loon / 0176
Pacific Reef Heron / 0242
Pacific Swallow / 1030
Paddyfield Pipit / 1676
Paddyfield Warbler / 1128
Pale Blue Flycatcher / 1567
Pale Martin / 1028
Pale Rosefinch / 1733
Pale Thrush / 1438
Pale-footed Bush Warbler / 1048
Pale-headed Woodpecker / 0797
Pale-legged Warbler / 1097
Pallas's Bunting / 1818
Pallas's Fish Eagle / 0269
Pallas's Grasshopper Warbler / 1143
Pallas's Gull / 0528
Pallas's Leaf Warbler / 1086

Pallas's Rosefinch / 1734
Pallas's Sandgrouse / 0574
Pallid Scops Owl / 0660
Parasitic Jaeger / 0568
Pechora Pipit / 1682
Pectoral Sandpiper / 0491
Pelagic Cormorant / 0253
Peregrine Falcon / 0346
Pheasant-tailed Jacana / 0438
Philippine Cuckoo-Dove / 0600
Pied Avocet / 0408
Pied Bushchat / 1518
Pied Cuckoo / 0628
Pied Falconet / 0328
Pied Harrier / 0288
Pied Kingfisher / 0730
Pied Wheatear / 1526
Pine Bunting / 1785
Pine Grosbeak / 1752
Pink-browed Rosefinch / 1728
Pink-rumped Rosefinch / 1726
Pink-tailed Rosefinch / 1689
Pin-tailed Green Pigeon / 0607
Pin-tailed Snipe / 0444
Plain Flowerpecker / 1588
Plain Laughingthrush / 1221
Plain Mountain Finch / 1712
Plain Prinia / 1158
Plain-backed Thrush / 1420
Plain-tailed Warbler / 1118
Plaintive Cuckoo / 0635
Plumbeous Water Redstart / 1502
Pomarine Skua / 0567
Przevalski's Nuthatch / 1378
Puff-throated Babbler / 1164
Puff-throated Bulbul / 1016
Purple Heron / 0234
Purple Sunbird / 1598
Purple Swamphen / 0374
Purple-backed Starling / 1407
Pygmy Wren Babbler / 1181

R >

Radde's Warbler / 1082
Ratchet-tailed Treepie / 0897
Red Avadavat / 1643
Red Crossbill / 1756
Red Junglefowl / 0072
Red Knot / 0484
Red Phalarope / 0507
Red Turtle Dove / 0594
Red-backed Shrike / 0830
Red-billed Blue Magpie / 0888
Red-billed Chough / 0906
Red-billed Leiothrix / 1260
Red-billed Scimitar Babbler / 1174
Red-billed Starling / 1396
Red-breasted Flycatcher / 1556
Red-breasted Goose / 0115
Red-breasted Merganser / 0168
Red-breasted Parakeet / 0620
Red-crested Pochard / 0150
Red-crowned Crane / 0396
Red-faced Liocichla / 1252
Red-fronted Rosefinch / 1748
Red-headed Bullfinch / 1759
Red-headed Bunting / 1812
Red-headed Trogon / 0708
Red-mantled Rosefinch / 1742
Red-necked Grebe / 0183
Red-necked Phalarope / 0506
Red-necked Stint / 0486
Red-rumped Swallow / 1038
Red-tailed Laughingthrush / 1250
Red-tailed Minla / 1274
Red-throated Loon / 0174
Red-throated Pipit / 1684
Red-throated Thrush / 1441
Red-vented Bulbul / 1011
Red-wattled Lapwing / 0416
Red-whiskered Bulbul / 1003
Redwing / 1446
Red-winged Laughingthrush / 1249
Reed Bunting / 1821
Reed Parrotbill / 1328
Reeves's Pheasant / 0090
Relict Gull / 0526
Richard's Pipit / 1674

River Lapwing / 0412
River Tern / 0557
Robin Accentor / 1654
Rock Bunting / 1786
Rock Pigeon / 0578
Rock Ptarmigan / 0012
Rock Sparrow / 1630
Rook / 0914
Roseate Tern / 0558
Rose-ringed Parakeet / 0615
Rosy Minivet / 0815
Rosy Pipit / 1683
Rosy Starling / 1410
Rough-legged Buzzard / 0310
Ruby-cheeked Sunbird / 1594
Ruddy Kingfisher / 0717
Ruddy Shelduck / 0126
Ruddy Turnstone / 0480
Ruddy-breasted Crake / 0370
Rufescent Prinia / 1153
Ruff / 0504
Rufous Laughingthrush / 1219
Rufous Sibia / 1301
Rufous Treepie / 0891
Rufous Woodpecker / 0784
Rufous-backed Sibia / 1300
Rufous-bellied Eagle / 0322
Rufous-bellied Niltava / 1573
Rufous-bellied Woodpecker / 0766
Rufous-breasted Accentor / 1656
Rufous-breasted Bush Robin / 1473
Rufous-capped Babbler / 1186
Rufous-crowned Laughingthrush / 1207
Rufous-faced Warbler / 1058
Rufous-fronted Bushtit / 1068
Rufous-gorgeted Flycatcher / 1555
Rufous-headed Parrotbill / 1343
Rufous-naped Tit / 0938
Rufous-necked Hornbill / 0746
Rufous-necked Laughingthrush / 1214
Rufous-necked Snowfinch / 1638
Rufous-tailed Babbler / 1198
Rufous-tailed Robin / 1468
Rufous-tailed Rock Thrush / 1530
Rufous-tailed Scrub Robin / 1480
Rufous-tailed Shrike / 0833
Rufous-throated Wren Babbler / 1184
Rufous-vented Tit / 0940
Rufous-vented Yuhina / 1315
Rufous-winged Fulvetta / 1279
Russet Bush Warbler / 1140
Russet Sparrow / 1624
Rustic Bunting / 1804
Rusty Laughingthrush / 1220
Rusty-breasted Tit / 0936
Rusty-capped Fulvetta / 1292
Rusty-flanked Treecreeper / 1388
Rusty-fronted Barwing / 1265
Rusty-necklaced Partridge / 0030
Rusty-throated Parrotbill / 1335

S >

Saker Falcon / 0342
Sand Martin / 1026
Sanderling / 0485
Sandhill Crane / 0386
Satyr Tragopan / 0058
Saunders's Gull / 0522
Savi's Warbler / 1146
Saxaul Sparrow / 1618
Scaly Laughingthrush / 1238
Scaly-bellied Woodpecker / 0791
Scaly-breasted Munia / 1646
Scaly-sided Merganser / 0170
Scarlet Finch / 1755
Scarlet Minivet / 0822
Scarlet-backed Flowerpecker / 1592
Scarlet-faced Liocichla / 1253
Sclater's Monal / 0068
Sharpe's Rosefinch / 1738
Sharp-tailed Sandpiper / 0492
Shikra / 0292
Short-billed Minivet / 0821
Short-eared Owl / 0694
Short-tailed Albatross / 0179
Short-tailed Parrotbill / 1339
Short-tailed Shearwater / 0181
Short-toed Snake Eagle / 0282

Siberian Accentor / 1658
Siberian Blue Robin / 1466
Siberian Crane / 0384
Siberian Jay / 0877
Siberian Rubythroat / 1460
Siberian Stonechat / 1517
Siberian Thrush / 1419
Sichuan Jay / 0878
Sichuan Leaf Warbler / 1087
Sichuan Partridge / 0046
Sichuan Treecreeper / 1390
Silver Oriole / 0857
Silver Pheasant / 0076
Silver-breasted Broadbill / 0801
Silver-eared Mesia / 1258
Silver-throated Bushtit / 1065
Slaty Bunting / 1780
Slaty-backed Flycatcher / 1554
Slaty-backed Forktail / 1513
Slaty-backed Gull / 0538
Slaty-bellied Tesia / 1042
Slaty-blue Flycatcher / 1563
Slaty-breasted Rail / 0356
Slaty-headed Parakeet / 0616
Slaty-legged Crake / 0354
Slender-billed Gull / 0514
Slender-billed Oriole / 0852
Slender-billed Scimitar Babbler / 1176
Small Niltava / 1576
Small Pratincole / 0512
Smew / 0164
Snow Bunting / 1823
Snow Goose / 0114
Snow Partridge / 0016
Snow Pigeon / 0581
Snowy Owl / 0666
Snowy-browed Flycatcher / 1559
Snowy-cheeked Laughingthrush / 1224
Solitary Snipe / 0442
Song Thrush / 1447
Sooty Bushtit / 1070
Sooty Tern / 0556
Sooty-headed Bulbul / 1012
Spanish Sparrow / 1622
Speckled Piculet / 0764
Speckled Wood Pigeon / 0586
Spectacled Barwing / 1266
Spectacled Fulvetta / 1283
Spectacled Parrotbill / 1330
Spoon-billed Sandpiper / 0498
Spot-breasted Parrotbill / 1326
Spot-necked Babbler / 1194
Spotted Bush Warbler / 1136
Spotted Dove / 0596
Spotted Flycatcher / 1540
Spotted Forktail / 1515
Spotted Great Rosefinch / 1746
Spotted Laughingthrush / 1229
Spotted Nutcracker / 0904
Spotted Redshank / 0462
Spotted Wren Babbler / 1185
Spot-throated Babbler / 1165
Spot-winged Grosbeak / 1772
Spot-winged Rosefinch / 1736
Spot-winged Starling / 1402
Steere's Liocichla / 1256
Steller's Sea Eagle / 0272
Steppe Eagle / 0316
Steppe Grey Shrike / 0841
Stock Dove / 0582
Stork-billed Kingfisher / 0716
Streak-breasted Scimitar Babbler / 1170
Streaked Barwing / 1269
Streaked Laughingthrush / 1234
Streaked Rosefinch / 1744
Streaked Shearwater / 0180
Streaked Spiderhunter / 1616
Streaked Wren Babbler / 1179
Streak-throated Barwing / 1268
Streak-throated Woodpecker / 0790
Striated Bulbul / 1000
Striated Grassbird / 1135
Striated Heron / 0224
Striated Laughingthrush / 1213
Striated Prinia / 1151
Striated Swallow / 1040
Striated Yuhina / 1308
Stripe-breasted Woodpecker / 0773

Striped Tit Babbler / 1195
Stripe-throated Yuhina / 1312
Styan's Bulbul / 1008
Styan's Grasshopper Warbler / 1145
Sulphur-bellied Warbler / 1080
Sulphur-breasted Warbler / 1110
Sultan Tit / 0966
Swan Goose / 0104
Swinhoe's Minivet / 0816
Swinhoe's Pheasant / 0078
Swinhoe's Snipe / 0445
Sykes's Warbler / 1134

T >

Taiga Bean Goose / 0106
Taiga Flycatcher / 1558
Taiwan Barbet / 0754
Taiwan Barwing / 1270
Taiwan Blue Magpie / 0884
Taiwan Bush Warbler / 1139
Taiwan Fulvetta / 1286
Taiwan Hwamei / 1232
Taiwan Partridge / 0044
Taiwan Scimitar Babbler / 1172
Taiwan Whistling Thrush / 1414
Taiwan Wren Babbler / 1180
Taiwan Yuhina / 1316
Tawny Fish Owl / 0670
Tawny Pipit / 1678
Temminck's Stint / 0489
Temminck's Tragopan / 0060
Terek Sandpiper / 0476
Thick-billed Green Pigeon / 0605
Thick-billed Warbler / 1132
Three-banded Rosefinch / 1735
Three-toed Parrotbill / 1324
Tibetan Babax / 1204
Tibetan Bunting / 1810
Tibetan Eared Pheasant / 0082
Tibetan Lark / 0980
Tibetan Partridge / 0036
Tibetan Rosefinch / 1750
Tibetan Sandgrouse / 0572
Tibetan Serin / 1696
Tibetan Snowcock / 0024
Tibetan Snowfinch / 1634
Tickell's Thrush / 1426
Tiger Shrike / 0824
Tree Pipit / 1680
Tristram's Bunting / 1796
Tufted Duck / 0156
Tundra Swan / 0120
Twite / 1708
Two-barred Warbler / 1096

U >

Ultramarine Flycatcher / 1562
Upland Buzzard / 0308
Upland Pipit / 1688
Ural Owl / 0675

V >

Varied Tit / 0937
Variegated Laughingthrush / 1240
Velvet-fronted Nuthatch / 1379
Verditer Flycatcher / 1565
Vinaceous Rosefinch / 1730
Vinous-breasted Starling / 1399
Vinous-throated Parrotbill / 1331
Violet Cuckoo / 0633
Vivid Niltava / 1574
Von Schrenck's Bittern / 0214

W >

Wallcreeper / 1382
Ward's Trogon / 0710
Water Pipit / 1686
Water Rail / 0359
Watercock / 0372
Wedge-tailed Green Pigeon / 0608
Western Capercaillie / 0006
Western Marsh Harrier / 0283
Western Osprey / 0258
Western Yellow Wagtail / 1665
Whimbrel / 0456
Whiskered Tern / 0562
Whiskered Yuhina / 1311
Whistler's Warbler / 1116

Whistling Green Pigeon / 0610
White Eared Pheasant / 0080
White Wagtail / 1672
White-backed Woodpecker / 0776
White-bellied Erpornis / 0844
White-bellied Green Pigeon / 0609
White-bellied Redstart / 1501
White-bellied Sea Eagle / 0268
White-bellied Woodpecker / 0785
White-breasted Parrotbill / 1342
White-breasted Waterhen / 0364
White-browed Bush Robin / 1472
White-browed Fulvetta / 1280
White-browed Laughingthrush / 1222
White-browed Piculet / 0763
White-browed Shortwing / 1454
White-browed Tit / 0934
White-browed Tit Warbler / 1071
White-capped Water Redstart / 1504
White-cheeked Starling / 1400
White-collared Blackbird / 1429
White-collared Yuhina / 1314
White-crested Laughingthrush / 1208
White-crowned Forktail / 1514
White-crowned Penduline Tit / 0968
White-eared Night Heron / 0217
White-eared Sibia / 1304
White-gorgeted Flycatcher / 1571
White-headed Duck / 0172
White-hooded Babbler / 1264
White-naped Crane / 0388
White-naped Yuhina / 1310
White-necklaced Partridge / 0048
White-rumped Munia / 1644
White-rumped Shama / 1482
White-rumped Snowfinch / 1636
White's Thrush / 1422
White-shouldered Starling / 1409
White-speckled Laughingthrush / 1227
White-spectacled Warbler / 1112
White-tailed Flycatcher / 1570
White-tailed Lapwing / 0418
White-tailed Nuthatch / 1373
White-tailed Robin / 1506
White-tailed Rubythroat / 1462
White-tailed Sea Eagle / 0270
White-tailed Tropicbird / 0190
White-throated Bulbul / 1015
White-throated Bushchat / 1516
White-throated Dipper / 1578
White-throated Fantail / 0868
White-throated Kingfisher / 0718
White-throated Laughingthrush / 1206
White-throated Needletail / 0702
White-throated Redstart / 1492
White-throated Rock Thrush / 1536
White-whiskered Laughingthrush / 1246
White-winged Crossbill / 1758
White-winged Grosbeak / 1774
White-winged Magpie / 0892
White-winged Redstart / 1496
White-winged Scoter / 0159
White-winged Snowfinch / 1632
White-winged Tern / 0564
White-winged Woodpecker / 0778
Whooper Swan / 0122
Willow Ptarmigan / 0014
Willow Tit / 0932
Willow Warbler / 1074
Wire-tailed Swallow / 1031
Wood Sandpiper / 0474
Wood Snipe / 0448
Woolly-necked Stork / 0194
Wreathed Hornbill / 0747

X >

Xinjiang Ground Jay / 0902

Y >

Yellow Bittern / 0212
Yellow Bunting / 1814
Yellow Tit / 0958
Yellow-bellied Fantail / 0928
Yellow-bellied Flowerpecker / 1586
Yellow-bellied Prinia / 1156
Yellow-bellied Tit / 0944
Yellow-bellied Warbler / 1060
Yellow-billed Blue Magpie / 0886

Z >

学名（拉丁文）索引 /

A >

Agropsar sturninus / 1407
Aix galericulata / 0128
Alauda arvensis / 0990
Alauda gulgula / 0992
Alcedo atthis / 0724
Alcedo hercules / 0726
Alcippe davidi / 1296
Alcippe fratercula / 1297
Alcippe hueti / 1298
Alcippe morrisonia / 1294
Alcippe nipalensis / 1299
Alcippe poioicephala / 1293
Alectoris chukar / 0028
Alectoris magna / 0030
Alophoixus flaveolus / 1015
Alophoixus pallidus / 1016
Amandava amandava / 1643
Amaurornis akool / 0362
Amaurornis phoenicurus / 0364
Anas acuta / 0144
Anas americana / 0137
Anas carolinensis / 0149
Anas clypeata / 0142
Anas crecca / 0148
Anas falcata / 0134
Anas formosa / 0147
Anas penelope / 0136
Anas platyrhynchos / 0138
Anas poecilorhyncha / 0140
Anas querquedula / 0146
Anas strepera / 0132
Anas zonorhyncha / 0141
Anastomus oscitans / 0191
Anser albifrons / 0110
Anser anser / 0108
Anser cygnoides / 0104
Anser erythropus / 0111
Anser fabalis / 0106
Anser indicus / 0112
Anthipes monileger / 1571
Anthracoceros albirostris / 0744
Anthreptes malacensis / 1596
Anthropoides virgo / 0382
Anthus campestris / 1678
Anthus cervinus / 1684
Anthus godlewskii / 1677
Anthus gustavi / 1682
Anthus hodgsoni / 1681
Anthus pratensis / 1679
Anthus richardi / 1674
Anthus roseatus / 1683
Anthus rubescens / 1685
Anthus rufulus / 1676
Anthus spinoletta / 1686
Anthus sylvanus / 1688
Anthus trivialis / 1680
Apus apus / 0703
Apus nipalensis / 0705
Apus pacificus / 0704
Aquila chrysaetos / 0320
Aquila clanga / 0314
Aquila fasciata / 0323
Aquila heliaca / 0318
Aquila nipalensis / 0316
Arachnothera longirostra / 1614
Arachnothera magna / 1616
Arborophila ardens / 0050
Arborophila brunneopectus / 0045
Arborophila chloropus / 0051
Arborophila crudigularis / 0044
Arborophila gingica / 0048
Arborophila rufipectus / 0046
Arborophila torqueola / 0043
Ardea alba / 0236
Ardea cinerea / 0230
Ardea purpurea / 0234
Ardeola bacchus / 0226
Arenaria interpres / 0480
Artamus fuscus / 0810
Asio flammeus / 0694
Asio otus / 0690
Athene noctua / 0684
Aviceda jerdoni / 0260
Aviceda leuphotes / 0261
Aythya baeri / 0153
Aythya ferina / 0152
Aythya fuligula / 0156
Aythya marila / 0157

Aythya nyroca / 0154

B >

Babax koslowi / 1204
Babax lanceolatus / 1200
Babax waddelli / 1202
Bambusicola fytchii / 0052
Bambusicola thoracicus / 0053
Blythipicus pyrrhotis / 0798
Bombycilla garrulus / 0924
Bombycilla japonica / 0926
Botaurus stellaris / 0208
Brachypteryx leucophris / 1452
Brachypteryx montana / 1454
Bradypterus alishanensis / 1139
Bradypterus davidi / 1137
Bradypterus luteoventris / 1138
Bradypterus mandelli / 1140
Bradypterus thoracicus / 1136
Branta ruficollis / 0115
Bubo bubo / 0668
Bubo scandiacus / 0666
Bubulcus coromandus / 0228
Bucanetes mongolicus / 1714
Bucephala clangula / 0162
Buceros bicornis / 0745
Bulweria bulwerii / 0182
Burhinus oedicnemus / 0400
Butastur indicus / 0302
Buteo hemilasius / 0308
Buteo japonicus / 0304
Buteo lagopus / 0310
Buteo rufinus / 0306
Butorides striata / 0224

C >

Cacomantis merulinus / 0635
Cacomantis sonneratii / 0634
Calandrella acutirostris / 0986
Calandrella brachydactyla / 0984
Calandrella cheleensis / 0987
Calcarius lapponicus / 1822
Calidris acuminata / 0492
Calidris alba / 0485
Calidris alpina / 0496
Calidris canutus / 0484
Calidris ferruginea / 0494
Calidris melanotos / 0491
Calidris minuta / 0488
Calidris ruficollis / 0486
Calidris subminuta / 0490
Calidris temminckii / 0489
Calidris tenuirostris / 0482
Calonectris leucomelas / 0180
Caprimulgus europaeus / 0698
Caprimulgus jotaka / 0696
Carduelis ambigua / 1702
Carduelis cannabina / 1710
Carduelis carduelis / 1704
Carduelis chloris / 1697
Carduelis flammea / 1706
Carduelis flavirostris / 1708
Carduelis sinica / 1698
Carduelis spinoides / 1700
Carduelis spinus / 1703
Carpodacus davidianus / 1724
Carpodacus dubius / 1740
Carpodacus edwardsii / 1732
Carpodacus eos / 1726
Carpodacus erythrinus / 1720
Carpodacus nipalensis / 1719
Carpodacus pulcherrimus / 1722
Carpodacus puniceus / 1748
Carpodacus rhodochlamys / 1742
Carpodacus rodochroa / 1728
Carpodacus rodopeplus / 1736
Carpodacus roseus / 1734
Carpodacus rubescens / 1718
Carpodacus rubicilloides / 1744
Carpodacus severtzovi / 1746
Carpodacus synoicus / 1733
Carpodacus thura / 1737
Carpodacus trifasciatus / 1735
Carpodacus verreauxii / 1738
Carpodacus vinaceus / 1730
Cecropis daurica / 1038
Cecropis striolata / 1040
Celeus brachyurus / 0784

Centropus bengalensis / 0624
Centropus sinensis / 0622
Cephalopyrus flammiceps / 0972
Cercotrichas galactotes / 1480
Certhia discolor / 1389
Certhia familiaris / 1384
Certhia himalayana / 1387
Certhia hodgsoni / 1386
Certhia nipalensis / 1388
Certhia tianquanensis / 1390
Ceryle rudis / 0730
Cettia acanthizoides / 1054
Cettia brunnifrons / 1056
Cettia canturians / 1050
Cettia cetti / 1057
Cettia flavolivacea / 1049
Cettia fortipes / 1052
Cettia pallidipes / 1048
Ceyx erithaca / 0722
Chaimarrornis leucocephalus / 1504
Chalcoparia singalensi / 1594*s*
Chalcophaps indica / 0602
Charadrius alexandrinus / 0428
Charadrius dubius / 0426
Charadrius hiaticula / 0423
Charadrius leschenaultii / 0430
Charadrius mongolus / 0431
Charadrius morinellus / 0434
Charadrius placidus / 0424
Charadrius veredus / 0432
Chelidorhynx hypoxantha / 0928
Chen caerulescens / 0114
Chlamydotis macqueenii / 0352
Chleuasicus atrosuperciliaris / 1340
Chlidonias hybrida / 0562
Chlidonias leucopterus / 0564
Chlidonias niger / 0566
Chloropsis aurifrons / 1583
Chloropsis cochinchinensis / 1582
Chloropsis hardwickii / 1584
Cholornis paradoxus / 1324
Cholornis unicolor / 1325
Chroicocephalus brunnicephalus / 0516
Chroicocephalus genei / 0514
Chroicocephalus ridibundus / 0518
Chroicocephalus saundersi / 0522
Chrysococcyx maculatus / 0632
Chrysococcyx xanthorhynchus / 0633
Chrysocolaptes lucidus / 0796
Chrysolophus amherstiae / 0098
Chrysolophus pictus / 0096
Chrysominla strigula / 1263
Chrysomma sinense / 1197
Ciconia boyciana / 0196
Ciconia episcopus / 0194
Ciconia nigra / 0192
Cinclus cinclus / 1578
Cinclus pallasii / 1580
Cinnyris asiaticus / 1598
Cinnyris jugularis / 1600
Circaetus gallicus / 0282
Circus aeruginosus / 0283
Circus cyaneus / 0286
Circus melanoleucos / 0288
Circus pygargus / 0285
Circus spilonotus / 0284
Cissa chinensis / 0893
Cisticola exilis / 1150
Cisticola juncidis / 1148
Clamator coromandus / 0627
Clamator jacobinus / 0628
Clangula hyemalis / 0161
Coccothraustes coccothraustes / 1766
Coloeus dauuricus / 0912
Coloeus monedula / 0910
Columba hodgsonii / 0586
Columba leuconota / 0581
Columba livia / 0578
Columba oenas / 0582
Columba palumbus / 0584
Columba pulchricollis / 0588
Columba rupestris / 0580
Conostoma oemodium / 1322
Copsychus malabaricus / 1482
Copsychus saularis / 1481
Coracias benghalensis / 0711
Coracias garrulus / 0712
Coracina macei / 0813

Coracina melaschistos / 0814
Corvus corax / 0922
Corvus corone / 0916
Corvus frugilegus / 0914
Corvus levaillantii / 0921
Corvus macrorhynchos / 0918
Corvus splendens / 0913
Corvus torquatus / 0920
Coturnix coturnix / 0042
Coturnix japonica / 0040
Crex crex / 0358
Crossoptilon auritum / 0086
Crossoptilon crossoptilon / 0080
Crossoptilon harmani / 0082
Crossoptilon mantchuricum / 0084
Cuculus canorus / 0646
Cuculus micropterus / 0629
Cuculus optatus / 0645
Cuculus poliocephalus / 0642
Cuculus saturatus / 0644
Culicicapa ceylonensis / 0929
Cutia nipalensis / 1262
Cyanistes cyanus / 0962
Cyanopica cyanus / 0882
Cyanoptila cyanomelana / 1564
Cygnus columbianus / 0120
Cygnus cygnus / 0122
Cygnus olor / 0116
Cyornis banyumas / 1568
Cyornis concretus / 1570
Cyornis hainanus / 1566
Cyornis rubeculoides / 1569
Cyornis unicolor / 1567

D >

Delichon dasypus / 1036
Delichon nipalense / 1037
Delichon urbicum / 1035
Dendrocitta formosae / 0894
Dendrocitta frontalis / 0896
Dendrocitta vagabunda / 0891
Dendrocopos atratus / 0773
Dendrocopos canicapillus / 0770
Dendrocopos cathpharius / 0774
Dendrocopos darjellensis / 0775
Dendrocopos hyperythrus / 0766
Dendrocopos kizuki / 0768
Dendrocopos leucopterus / 0778
Dendrocopos leucotos / 0776
Dendrocopos macei / 0772
Dendrocopos major / 0780
Dendrocopos minor / 0771
Dendrocygna javanica / 0102
Dendronanthus indicus / 1664
Dicaeum chrysorrheum / 1587
Dicaeum cruentatum / 1592
Dicaeum ignipectus / 1590
Dicaeum melanoxanthum / 1586
Dicaeum minullum / 1588
Dicrurus aeneus / 0863
Dicrurus annectans / 0862
Dicrurus hottentottus / 0866
Dicrurus leucophaeus / 0860
Dicrurus macrocercus / 0858
Dicrurus paradiseus / 0867
Dicrurus remifer / 0864
Dryocopus javensis / 0785
Dryocopus martius / 0786
Dryonastes berthemyi / 1219
Dryonastes caerulatus / 1218
Dryonastes chinensis / 1215
Dryonastes courtoisi / 1216
Dryonastes poecilorhynchus / 1220
Dryonastes ruficollis / 1214
Ducula aenea / 0612
Ducula badia / 0613
Dupetor flavicollis / 0218

E >

Egretta eulophotes / 0244
Egretta garzetta / 0240
Egretta intermedia / 0238
Egretta sacra / 0242
Elachura formosus / 1185
Elanus caeruleus / 0264
Emberiza aureola / 1806
Emberiza bruniceps / 1812
Emberiza buchanani / 1793

Emberiza chrysophrys / 1802
Emberiza cia / 1786
Emberiza cioides / 1790
Emberiza citrinella / 1784
Emberiza elegans / 1805
Emberiza fucata / 1798
Emberiza godlewskii / 1788
Emberiza hortulana / 1794
Emberiza jankowskii / 1792
Emberiza koslowi / 1810
Emberiza leucocephalos / 1785
Emberiza melanocephala / 1811
Emberiza pallasi / 1818
Emberiza pusilla / 1800
Emberiza rustica / 1804
Emberiza rutila / 1808
Emberiza schoeniclus / 1821
Emberiza spodocephala / 1816
Emberiza sulphurata / 1814
Emberiza tristrami / 1796
Emberiza yessoensis / 1820
Enicurus immaculatus / 1512
Enicurus leschenaulti / 1514
Enicurus maculatus / 1515
Enicurus schistaceus / 1513
Enicurus scouleri / 1510
Eophona migratoria / 1768
Eophona personata / 1770
Eremophila alpestris / 0994
Erithacus akahige / 1457
Erithacus rubecula / 1456
Erpornis zantholeuca / 0844
Esacus recurvirostris / 0401
Eudynamys scolopaceus / 0630
Eumyias thalassinus / 1565
Eurynorhynchus pygmeus / 0498
Eurystomus orientalis / 0714

F >

Falco amurensis / 0336
Falco cherrug / 0342
Falco columbarius / 0337
Falco naumanni / 0330
Falco pelegrinoides / 0348
Falco peregrinus / 0346
Falco severus / 0340
Falco subbuteo / 0338
Falco tinnunculus / 0332
Ficedula albicilla / 1558
Ficedula elisae / 1552
Ficedula hodgsonii / 1554
Ficedula hyperythra / 1559
Ficedula hypoleuca / 1547
Ficedula mugimaki / 1553
Ficedula narcissina / 1550
Ficedula parva / 1556
Ficedula strophiata / 1555
Ficedula superciliaris / 1562
Ficedula tricolor / 1563
Ficedula westermanni / 1560
Ficedula zanthopygia / 1548
Francolinus pintadeanus / 0031
Fregata minor / 0246
Fringilla coelebs / 1690
Fringilla montifringilla / 1692
Fulica atra / 0380
Fulvetta cinereiceps / 1284
Fulvetta formosana / 1286
Fulvetta ludlowi / 1288
Fulvetta ruficapilla / 1283
Fulvetta striaticollis / 1282
Fulvetta vinipectus / 1280

G >

Galerida cristata / 0988
Gallicrex cinerea / 0372
Gallinago gallinago / 0446
Gallinago megala / 0445
Gallinago nemoricola / 0448
Gallinago solitaria / 0442
Gallinago stenura / 0444
Gallinula chloropus / 0376
Gallirallus striatus / 0356
Gallus gallus / 0072
Gampsorhynchus rufulus / 1264
Garrulax albogularis / 1206
Garrulax leucolophus / 1208
Garrulax maesi / 1212

H >

I >

Luscinia pectoralis / 1462
Luscinia sibilans / 1468
Luscinia svecica / 1458
Lyrurus tetrix / 0008

M >

Macronus gularis / 1195
Macropygia tenuirostris / 0600
Macropygia unchall / 0598
Megaceryle lugubris / 0728
Megalaima asiatica / 0756
Megalaima australis / 0758
Megalaima faber / 0752
Megalaima franklinii / 0751
Megalaima haemacephala / 0759
Megalaima lineata / 0750
Megalaima nuchalis / 0754
Megalaima virens / 0748
Megalurus palustris / 1135
Melanitta americana / 0160
Melanitta deglandi / 0159
Melanochlora sultanea / 0966
Melanocorypha bimaculata / 0976
Melanocorypha calandra / 0977
Melanocorypha maxima / 0980
Melanocorypha mongolica / 0978
Melanocorypha yeltoniensis / 0982
Melophus lathami / 1778
Mergellus albellus / 0164
Mergus merganser / 0166
Mergus serrator / 0168
Mergus squamatus / 0170
Merops apiaster / 0741
Merops leschenaulti / 0740
Merops orientalis / 0734
Merops philippinus / 0736
Merops viridis / 0738
Mesia argentauris / 1258
Metopidius indicus / 0440
Microcarbo niger / 0252
Microhierax melanoleucos / 0328
Microscelis amaurotis / 1020
Miliaria calandra / 1782
Milvus migrans / 0266
Minla cyanouroptera / 1272
Minla ignotincta / 1274
Monticola gularis / 1536
Monticola rufiventris / 1534
Monticola saxatilis / 1530
Monticola solitarius / 1532
Montifringilla adamsi / 1634
Montifringilla henrici / 1633
Montifringilla nivalis / 1632
Motacilla alba / 1672
Motacilla cinerea / 1670
Motacilla citreola / 1668
Motacilla flava / 1665
Motacilla tschutschensis / 1666
Moupinia poecilotis / 1198
Muscicapa dauurica / 1544
Muscicapa ferruginea / 1546
Muscicapa griseisticta / 1542
Muscicapa muttui / 1539
Muscicapa sibirica / 1543
Muscicapa striata / 1540
Mycerobas affinis / 1771
Mycerobas carnipes / 1774
Mycerobas melanozanthos / 1772
Myiomela leucura / 1506
Myophonus caeruleus / 1416
Myophonus insularis / 1414
Myzornis pyrrhoura / 1346

N >

Napothera brevicaudata / 1179
Neosuthora davidiana / 1339
Netta rufina / 0150
Nettapus coromandelianus / 0130
Niltava davidi / 1572
Niltava grandis / 1575
Niltava macgrigoriae / 1576
Niltava sundara / 1573
Niltava vivida / 1574
Ninox scutulata / 0688
Nipponia nippon / 0198
Nisaetus nipalensis / 0326
Nucifraga caryocatactes / 0904
Numenius arquata / 0458

Numenius madagascariensis / 0460
Numenius minutus / 0455
Numenius phaeopus / 0456
Nycticorax nycticorax / 0222
Nyctyornis athertoni / 0732

O >

Oenanthe deserti / 1528
Oenanthe isabellina / 1522
Oenanthe oenanthe / 1524
Oenanthe pleschanka / 1526
Onychoprion aleuticus / 0539
Onychoprion anaethetus / 0554
Onychoprion fuscatus / 0556
Onychostruthus taczanowskii / 1636
Oriolus chinensis / 0853
Oriolus mellianus / 0857
Oriolus oriolus / 0850
Oriolus tenuirostris / 0852
Oriolus traillii / 0856
Oriolus xanthornus / 0854
Orthotomus atrogularis / 1162
Orthotomus sutorius / 1160
Otis tarda / 0350
Otus brucei / 0660
Otus elegans / 0664
Otus scops / 0661
Otus semitorques / 0658
Otus spilocephalus / 0656
Otus sunia / 0662
Oxyura leucocephala / 0172

P >

Pandion haliaetus / 0258
Panurus biarmicus / 0974
Paradoxornis guttaticollis / 1326
Paradoxornis heudei / 1328
Parus cinereus / 0952
Parus holsti / 0958
Parus major / 0948
Parus minor / 0950
Parus monticolus / 0954
Parus spilonotus / 0956
Parus xanthogenys / 0953
Passer ammodendri / 1618
Passer domesticus / 1620
Passer hispaniolensis / 1622
Passer montanus / 1626
Passer rutilans / 1624
Pastor roseus / 1410
Pelargopsis capensis / 0716
Pelecanus crispus / 0248
Pelecanus onocrotalus / 0247
Pellorneum albiventre / 1165
Pellorneum ruficeps / 1164
Perdix dauurica / 0034
Perdix hodgsoniae / 0036
Perdix perdix / 0032
Pericrocotus brevirostris / 0821
Pericrocotus cantonensis / 0816
Pericrocotus divaricatus / 0817
Pericrocotus ethologus / 0820
Pericrocotus flammeus / 0822
Pericrocotus roseus / 0815
Pericrocotus solaris / 0818
Periparus ater / 0942
Periparus rubidiventris / 0940
Periparus rufonuchalis / 0938
Periparus venustulus / 0944
Perisoreus infaustus / 0877
Perisoreus internigrans / 0878
Pernis ptilorhynchus / 0262
Petronia petronia / 1630
Phaenicophaeus tristis / 0626
Phaethon lepturus / 0190
Phalacrocorax capillatus / 0256
Phalacrocorax carbo / 0254
Phalacrocorax pelagicus / 0253
Phalaropus fulicarius / 0507
Phalaropus lobatus / 0506
Phasianus colchicus / 0092
Philomachus pugnax / 0504
Phodilus badius / 0654
Phoebastria albatrus / 0179
Phoebastria nigripes / 0178
Phoenicurus alaschanicus / 1484
Phoenicurus auroreus / 1494
Phoenicurus caeruleocephala / 1488

Phoenicurus erythrogastrus / 1496
Phoenicurus erythronotus / 1486
Phoenicurus frontalis / 1498
Phoenicurus hodgsoni / 1500
Phoenicurus ochruros / 1489
Phoenicurus phoenicurus / 1490
Phoenicurus schisticeps / 1492
Phyllergates cucullatus / 1062
Phylloscopus armandii / 1081
Phylloscopus borealis / 1094
Phylloscopus calciatilis / 1109
Phylloscopus cantator / 1108
Phylloscopus chloronotus / 1088
Phylloscopus claudiae / 1101
Phylloscopus collybita / 1075
Phylloscopus coronatus / 1099
Phylloscopus davisoni / 1105
Phylloscopus emeiensis / 1104
Phylloscopus forresti / 1087
Phylloscopus fuscatus / 1077
Phylloscopus goodsoni / 1102
Phylloscopus griseolus / 1080
Phylloscopus hainanus / 1107
Phylloscopus humei / 1092
Phylloscopus inornatus / 1090
Phylloscopus kansuensis / 1085
Phylloscopus maculipennis / 1084
Phylloscopus magnirostris / 1098
Phylloscopus occisinensis / 1078
Phylloscopus ogilviegranti / 1106
Phylloscopus plumbeitarsus / 1096
Phylloscopus proregulus / 1086
Phylloscopus pulcher / 1083
Phylloscopus reguloides / 1100
Phylloscopus ricketti / 1110
Phylloscopus schwarzi / 1082
Phylloscopus sindianus / 1076
Phylloscopus subaffinis / 1079
Phylloscopus tenellipes / 1097
Phylloscopus trochiloides / 1095
Phylloscopus trochilus / 1074
Phylloscopus xanthoschistos / 1111
Phylloscopus yunnanensis / 1089
Pica pica / 0898
Picoides tridactylus / 0782
Picumnus innominatus / 0764
Picus canus / 0792
Picus chlorolophus / 0788
Picus flavinucha / 0789
Picus squamatus / 0791
Picus xanthopygaeus / 0790
Pinicola enucleator / 1752
Pitta moluccensis / 0806
Pitta nympha / 0804
Pitta sordida / 0802
Platalea leucorodia / 0202
Platalea minor / 0204
Plectrophenax nivalis / 1823
Plegadis falcinellus / 0200
Ploceus philippinus / 1642
Pluvialis fulva / 0420
Pluvialis squatarola / 0422
Pnoepyga formosana / 1180
Pnoepyga pusilla / 1181
Podiceps auritus / 0188
Podiceps cristatus / 0186
Podiceps grisegena / 0183
Podiceps nigricollis / 0189
Podoces biddulphi / 0902
Podoces hendersoni / 0900
Poecile davidi / 0936
Poecile montanus / 0932
Poecile palustris / 0930
Poecile superciliosus / 0934
Poecile varius / 0937
Polyplectron bicalcaratum / 0101
Pomatorhinus erythrocnemis / 1166
Pomatorhinus ferruginosus / 1175
Pomatorhinus musicus / 1172
Pomatorhinus ochraceiceps / 1174
Pomatorhinus ruficollis / 1170
Pomatorhinus swinhoei / 1168
Porphyrio porphyrio / 0374
Porzana bicolor / 0367
Porzana fusca / 0370
Porzana parva / 0368
Porzana pusilla / 0369
Prinia crinigera / 1151

Prinia flaviventris / 1156
Prinia hodgsonii / 1154
Prinia inornata / 1158
Prinia rufescens / 1153
Prinia superciliaris / 1152
Propyrrhula subhimachala / 1754
Prunella atrogularis / 1660
Prunella collaris / 1650
Prunella fulvescens / 1659
Prunella himalayana / 1652
Prunella immaculata / 1663
Prunella koslowi / 1662
Prunella montanella / 1658
Prunella rubeculoides / 1654
Prunella strophiata / 1656
Psarisomus dalhousiae / 0800
Pseudominla castaneceps / 1279
Pseudominla cinerea / 1278
Pseudominla variegaticeps / 1277
Pseudopodoces humilis / 0960
Psittacula alexandri / 0620
Psittacula derbiana / 0618
Psittacula eupatria / 0614
Psittacula finschii / 0617
Psittacula himalayana / 0616
Psittacula krameri / 0615
Psittiparus bakeri / 1343
Psittiparus gularis / 1341
Psittiparus ruficeps / 1342
Pterocles orientalis / 0577
Pterorhinus davidi / 1221
Pterorhinus sannio / 1222
Pteruthius aeralatus / 0846
Pteruthius melanotis / 0849
Pteruthius rufiventer / 0845
Pteruthius xanthochlorus / 0848
Ptyonoprogne concolor / 1034
Ptyonoprogne rupestris / 1032
Pucrasia macrolopha / 0064
Puffinus tenuirostris / 0181
Pycnonotus atriceps / 1001
Pycnonotus aurigaster / 1012
Pycnonotus cafer / 1011
Pycnonotus flavescens / 1014
Pycnonotus flaviventris / 1002
Pycnonotus jocosus / 1003
Pycnonotus leucogenys / 1010
Pycnonotus sinensis / 1006
Pycnonotus striatus / 1000
Pycnonotus taivanus / 1008
Pycnonotus xanthorrhous / 1004
Pyrgilauda blanfordi / 1640
Pyrgilauda ruficollis / 1638
Pyrrhocorax graculus / 0908
Pyrrhocorax pyrrhocorax / 0906
Pyrrhoplectes epauletta / 1776
Pyrrhula erythaca / 1762
Pyrrhula erythrocephala / 1759
Pyrrhula nipalensis / 1760
Pyrrhula pyrrhula / 1764

R >

Rallina eurizonoides / 0354
Rallus aquaticus / 0359
Rallus indicus / 0360
Recurvirostra avosetta / 0408
Regulus goodfellowi / 1364
Regulus regulus / 1366
Remiz consobrinus / 0970
Remiz coronatus / 0968
Rhinomyias brunneatus / 1538
Rhipidura albicollis / 0868
Rhodospiza obsoleta / 1715
Rhopophilus pekinensis / 1344
Rhyacornis fuliginosa / 1502
Rhyticeros undulatus / 0747
Rimator malacoptilus / 1177
Riparia diluta / 1028
Riparia riparia / 1026
Rissa tridactyla / 0513
Rostratula benghalensis / 0436

S >

Saroglossa spiloptera / 1402
Sasia ochracea / 0763
Saxicola caprata / 1518
Saxicola ferreus / 1520
Saxicola insignis / 1516

Saxicola maurus / 1517
Schoeniparus brunneus / 1290
Schoeniparus dubius / 1292
Scolopax rusticola / 0441
Seicercus affinis / 1112
Seicercus burkii / 1114
Seicercus castaniceps / 1120
Seicercus poliogenys / 1119
Seicercus soror / 1118
Seicercus tephrocephalus / 1115
Seicercus valentini / 1117
Seicercus whistleri / 1116
Serilophus lunatus / 0801
Serinus pusillus / 1694
Serinus thibetanus / 1696
Sinosuthora alphonsiana / 1332
Sinosuthora brunnea / 1333
Sinosuthora conspicillata / 1330
Sinosuthora przewalskii / 1335
Sinosuthora webbiana / 1331
Sinosuthora zappeyi / 1334
Sitta cinnamoventris / 1372
Sitta europaea / 1368
Sitta frontalis / 1379
Sitta himalayensis / 1373
Sitta magna / 1381
Sitta nagaensis / 1370
Sitta przewalskii / 1378
Sitta solangiae / 1380
Sitta villosa / 1376
Sitta yunnanensis / 1374
Spelaeornis caudatus / 1184
Spelaeornis reptatus / 1183
Spelaeornis troglodytoides / 1182
Spilopelia chinensis / 0596
Spilopelia senegalensis / 0597
Spilornis cheela / 0280
Spizixos canifrons / 0996
Spizixos semitorques / 0998
Spodiopsar cineraceus / 1400
Spodiopsar sericeus / 1396
Stachyridopsis chrysaea / 1189
Stachyridopsis pyrrhops / 1188
Stachyridopsis ruficeps / 1186
Stachyris nigriceps / 1192
Stachyris nonggangensis / 1190
Stachyris striolata / 1194
Staphida castaniceps / 1308
Staphida torqueola / 1309
Stercorarius longicaudus / 0569
Stercorarius parasiticus / 0568
Stercorarius pomarinus / 0567
Sterna aurantia / 0557
Sterna dougallii / 0558
Sterna hirundo / 0560
Sterna sumatrana / 0559
Sternula albifrons / 0552
Streptopelia decaocto / 0592
Streptopelia orientalis / 0590
Streptopelia tranquebarica / 0594
Streptopelia turtur / 0589
Strix leptogrammica / 0672
Strix nebulosa / 0676
Strix nivicolum / 0674
Strix uralensis / 0675
Strophocincla imbriacata / 1236
Strophocincla lineata / 1234
Sturnia malabarica / 1398
Sturnia sinensis / 1409
Sturnus vulgaris / 1412
Sula dactylatra / 0250
Sula leucogaster / 0251
Surnia ulula / 0678
Surniculus dicruroides / 0636
Suthora fulvifrons / 1336
Suthora nipalensis / 1337
Suthora verreauxi / 1338
Sylvia althaea / 1351
Sylvia communis / 1354
Sylvia curruca / 1349
Sylvia minula / 1350
Sylvia nana / 1352
Sylvia nisoria / 1348
Sylviparus modestus / 0964
Synthliboramphus antiquus / 0570
Synthliboramphus wumizusume / 0571
Syrmaticus ellioti / 0087
Syrmaticus mikado / 0088

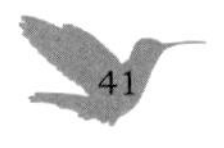

Syrmaticus reevesii / 0090
Syrrhaptes paradoxus / 0574
Syrrhaptes tibetanus / 0572

T >

Tachybaptus ruficollis / 0184
Tadorna ferruginea / 0126
Tadorna tadorna / 0124
Tarsiger chrysaeus / 1479
Tarsiger cyanurus / 1476
Tarsiger hyperythrus / 1473
Tarsiger indicus / 1472
Tarsiger johnstoniae / 1474
Tarsiger rufilatus / 1478
Temnurus temnurus / 0897
Tephrodornis virgatus / 0809
Terpsiphone atrocaudata / 0876
Terpsiphone paradisi / 0872
Tesia castaneocoronata / 1046
Tesia cyaniventer / 1044
Tesia olivea / 1042
Tetrao parvirostris / 0007
Tetrao urogallus / 0006
Tetraogallus altaicus / 0026
Tetraogallus himalayensis / 0022
Tetraogallus tibetanus / 0024
Tetraophasis obscurus / 0017
Tetraophasis szechenyii / 0018
Tetrastes bonasia / 0002
Tetrastes sewerzowi / 0004
Thalasseus bengalensis / 0548
Thalasseus bergii / 0544
Thalasseus bernsteini / 0550
Tichodroma muraria / 1382
Timalia pileata / 1196
Tragopan caboti / 0061
Tragopan satyra / 0058
Tragopan temminckii / 0060
Treron apicauda / 0607
Treron bicinctus / 0603
Treron curvirostra / 0605
Treron formosae / 0610
Treron phayrei / 0604
Treron phoenicopterus / 0606
Treron sieboldii / 0609
Treron sphenurus / 0608
Tringa brevipes / 0471
Tringa erythropus / 0462
Tringa glareola / 0474
Tringa guttifer / 0470
Tringa nebularia / 0468
Tringa ochropus / 0472
Tringa stagnatilis / 0466
Tringa totanus / 0464
Trochalopteron affine / 1244
Trochalopteron elliotii / 1239
Trochalopteron erythrocephalum / 1248
Trochalopteron formosum / 1249
Trochalopteron henrici / 1242
Trochalopteron milnei / 1250
Trochalopteron morrisonianum / 1246
Trochalopteron squamatum / 1237
Trochalopteron subunicolor / 1238
Trochalopteron variegatum / 1240
Troglodytes troglodytes / 1367
Turdus albocinctus / 1429
Turdus atrogularis / 1440
Turdus boulboul / 1430
Turdus cardis / 1428
Turdus chrysolaus / 1439
Turdus dissimilis / 1427
Turdus eunomus / 1443
Turdus feae / 1436
Turdus hortulorum / 1425
Turdus iliacus / 1446
Turdus kessleri / 1435
Turdus merula / 1431
Turdus mupinensis / 1448
Turdus naumanni / 1442
Turdus obscurus / 1437
Turdus pallidus / 1438
Turdus philomelos / 1447
Turdus pilaris / 1444
Turdus poliocephalus / 1432
Turdus rubrocanus / 1434
Turdus ruficollis / 1441
Turdus unicolor / 1426
Turdus viscivorus / 1450

如何使用本书 /

本书所采用的鸟类分类系统是由国内观鸟人在参考国际鸟类学委员会（International Ornithological Committee）的世界鸟类名录基础上，对我国鸟类名录进行系统地整理，紧跟国内外鸟类分类学研究的最新成果。

本书条目标明每种鸟类的目、科学名和中文名，每个种类的学名（拉丁名）、英文名和中文名。读者可以通过目录查看到具体的鸟种页码，进而查阅到具体鸟种的特征描述、生态习性和分布；也可以通过索引条目来查阅本图鉴。

中文科名
英文目名
英文科名
学名
中文目名
鸡形目 > 雉科 | GALLIFORMES > Phasianidae > Lophura nycthemera
常用中文名
白鹇
常用英文名
Silver Pheasant
鸟种信息栏
保护级别：国家II级
体长：70-115厘米
居留类型：留鸟
特征描述/
详细介绍鸟种外形
特征描述：大型雉类。雄鸟主要由黑白两色组成，上体白色并具有黑色横纹，下体黑色，头上具黑色羽冠，易于辨认。雌鸟个体较小，通体橄榄褐色，下体具白色或皮黄色条纹。
虹膜橙褐色，眼周裸皮红色；喙黄褐色；脚橘红色。
生态习性/
鸟种生活的环境以及习性
生态习性：栖息于海拔1000-3000米的常绿阔叶林、竹林和针阔混交林中，常成对或者以家族群活动，冬季可结成大群体。在林下觅食种子、果实、昆虫等。
分布/
鸟种的地理分布范围
分布：中国分布于长江以南多个省区，包括华南、华中及西南地区。国外见于中南半岛中西部、印度北部、尼泊尔、缅甸和泰国。
幼雄，尾羽已经呈现出成鸟的特征/福建/张明
图片注释
雄鸟/福建福州/肖克坚
0076
拍摄地点
拍摄作者

花尾榛鸡

Hazel Grouse

保护级别：国家II级
体长：36厘米
居留类型：留鸟

特征描述：小型松鸡科鸟类。雄性具有明显的黑色喉部，并带有白色的宽边延伸到眼先，眼前有一细黑纹，眼后具一短白色斑，羽冠显著。通体褐色，密布虫蠹状斑，胸和腹部无黑色斑。两翼杂黑褐色斑。在肩羽及翼上覆羽处有白色条带；尾羽褐色，外侧尾羽有黑色次端斑和白色端斑。雌性较雄性暗淡，喉部颜色较浅。

虹膜深褐色；喙黑色；脚角质色。

生态习性：常单个、成对或结家族群活动于森林之中，喜食桦木等阔叶树的嫩芽。雄性在繁殖期有悠长的求偶炫耀哨音。

分布：中国分布于东北三省、内蒙古东北部、新疆西北部阿尔泰山脉，栖息于中低海拔针叶林、针阔混交林中以及有森林覆盖的平原地区。国外见于欧亚大陆北部的泰加林区。

雄鸟/新疆阿勒泰/张国强

雌鸟/新疆阿勒泰/张国强

黑龙江/张永

雄鸟/新疆阿勒泰/张国强

榛鸡常在路边灌丛觅食，为拍摄者提供了很多机会/雄鸟/黑龙江牡丹江/沈越

斑尾榛鸡

Chinese Grouse

保护级别：国家I级　IUCN：近危　体长：33厘米　居留类型：留鸟

特征描述：小型松鸡科鸟类。雄性具有显眼的黑色喉部，并带有白色的宽边延伸到眼先，眼后具一细长白纹延伸到枕部，羽冠明显。整体似花尾榛鸡，但是体色明显比花尾榛鸡深。胸部褐色，下体白色区域较多，具有黑褐色的横斑，胁部具褐色斑。肩羽及翼上覆羽具有白色羽缘；尾羽褐色，外侧尾羽有黑色次端斑和白色端斑。雌性较雄性暗淡，喉部浅褐色。

虹膜褐色；喙黑色；脚灰色。

生态习性：类似于花尾榛鸡，但是不善鸣叫。喜在针阔叶混交林中活动，常出没于柳树灌丛。

分布：中国鸟类特有种，分布于甘肃中南部、青海东南部、四川西北部和西藏东部中高海拔的针叶林和灌丛中。

斑尾榛鸡自雏鸟时代起即有显著羽冠，紧张时竖起/雏鸟/甘肃/宋晔

雌鸟/青海班玛/张浩

雄鸟/甘肃/宋晔

斑尾榛鸡的食物为植物的嫩芽，其实更常见于柳灌丛/甘肃莲花山/董磊

西方松鸡

Western Capercaillie

保护级别：国家II级　体长：65-97厘米　居留类型：留鸟

特征描述：大型的松鸡科鸟类。雄鸟上体灰黑色，胸部辉绿色，下体白色，翅褐色，尾羽灰黑色，求偶时尾可以竖起如扇形，眼周有红色裸区。雌鸟颜色暗淡，胸棕色。两性的喉部羽毛受惊时可竖起成胡须状。

虹膜深褐色；喙牙白色；脚灰色，跗蹠被羽到脚趾。

生态习性：是北方泰加林代表种类，多在林间空地或林缘活动。春季繁殖早期，雄性会在固定的求偶场进行吸引异性的求偶炫耀。

分布：中国仅分布于新疆阿尔泰地区。国外分布于欧洲北部、中部的阿尔卑斯山区和巴尔干半岛及苏格兰。

雌鸟/新疆阿勒泰/吴世普

雄鸟/新疆阿勒泰/张国强

雄鸟在春季的求偶场/新疆阿勒泰/张国强

黑嘴松鸡

Black-billed Capercaillie

保护级别：国家Ⅰ级　体长：61–91厘米　居留类型：留鸟

特征描述：大型松鸡科鸟类。雄鸟通体黑色，翅和下腹褐色，翅上覆羽具白色尖端。尾上覆羽较长，具有白色的羽端，求偶时尾羽可以竖起呈扇形。雌鸟上体棕褐色，具褐色、黑色横斑和白色的羽缘。两性的喉部羽毛受惊时可竖起成胡须状。

虹膜深褐色；喙黑色；脚灰黑色，跗蹠被羽到脚趾。

生态习性：类似于西方松鸡。

分布：中国仅分布于东北大兴安岭地区。国外分布于西伯利亚东部至堪察加半岛。

成年松鸡均在高树夜宿，雄鸟清晨喜鸣，往往因此暴露行迹/雄鸟/内蒙古/张明

虽然常在路边被拍到，松鸡更喜欢连片分布、林下开阔的针叶林环境/雄鸟/内蒙古/张明

雌鸟/黑龙江/张永

黑琴鸡

Black Grouse

保护级别：国家II级
体长：44-61厘米
居留类型：留鸟

特征描述：雄鸟全身辉黑色，翼上覆羽端部有明显的白色翼斑，尾呈深叉状，外侧尾羽向外弯曲，尾下覆羽白色。求偶时尾羽可以竖起呈扇形。雌鸟上体棕褐色，具褐色、黑色横斑和白色的羽缘，但体型明显小于其他松鸡。

虹膜褐色，眼上具红色的裸皮；喙黑色；脚灰褐色。

生态习性：栖息于针叶林、阔叶林和林缘地带。常结群活动，繁殖期多只雄性在开阔地带的固定求偶场炫耀，沿着树木走动或者小跑，即所谓的“跑圈”行为，并频繁发生鸣叫。雌性在附近的树上和地上观看，并选择配偶。

分布：在中国分布于黑龙江、吉林、辽宁、河北东北部、内蒙古东北部、新疆北部等地的林区。国外分布于从斯堪的纳维亚到堪察加半岛，苏格兰，蒙古和朝鲜半岛。

雌鸟/内蒙古/张永

雄鸟/内蒙古/张明

相比榛鸡与松鸡，黑琴鸡更喜林缘开阔生境/雄鸟/新疆阿勒泰/张国强

非繁殖季集群/新疆阿勒泰/邢睿

雌鸟/内蒙古/张永

求偶炫耀的雄鸟/内蒙古/陈久桐

求偶炫耀的雄鸟/内蒙古/张明

岩雷鸟
Rock Ptarmigan

保护级别：国家II级
体长：36-39厘米
居留类型：留鸟

特征描述：小型松鸡。全身羽色会随季节变化。冬季雄雌均白色，仅眼上有红色裸皮，是很好的保护色。夏季雄性上体灰色而缀以暗色斑，雌雄同体棕褐色，具褐色、黑色横斑，翅和下体白色。

虹膜深褐色；喙黑色；脚黑色。

生态习性：栖息于高山针叶林、高山草甸、苔原和雪线以下的灌丛。夏季繁殖时，雄性眼上的裸皮膨大，并常在领域内鸣叫和飞行。

分布：在中国仅分布于西北部的阿尔泰山。国外分布于北半球高海拔的苔原地带，阿尔卑斯山，比利牛斯山，苏格兰和日本。

新疆阿勒泰/张国强

新疆/王尧天

处在换羽中期的个体/新疆阿勒泰/张国强

新疆阿勒泰/张国强

柳雷鸟

Willow Ptarmigan

保护级别：国家II级　体长：38厘米　居留类型：留鸟

特征描述：体型中等、矮壮敦实的松鸡。雄鸟有显著的红色眉瘤，冬夏羽色不同，具有保护色的功能，冬羽几乎全白色，仅尾黑色，但通常为白色尾上覆羽覆盖，只有飞行时才显现，夏季体羽黄褐色，遍布黑色斑点，仅翼上覆羽、腹部和尾羽端白色；尾羽黑色并被褐色的尾上覆羽遮盖。

虹膜深褐色；喙角质色至黑色；脚着白色细羽。

生态习性：栖息于寒温带针叶林缘或高寒苔原，喜灌丛、苔原生境。春季雄鸟于晚间做求偶炫耀，鸣叫并跳至空中。

分布：中国仅见于新疆西北部的阿尔泰山地区。国外广布于北美洲的北部以及欧亚大陆极北部的北极圈内，在法国北部、意大利北部、蒙古北部、俄罗斯东部以及日本中部等地也有零星分布。

新疆/王尧天

新疆/王尧天

雪鹑

Snow Partridge

体长：34-40厘米
居留类型：留鸟

特征描述：中型鸡类。上体具黑白色或者黑棕色的细条纹，下体栗色并具条纹，在野外较易识别。

虹膜红色；喙珊瑚红色；脚橙红色。

生态习性：栖息于高海拔林线以上和雪线附近，非繁殖期结成大群，并有垂直迁移行为。

分布：在中国分布于西藏南部，云南西北部，四川西部和北部，甘肃南部。国外分布于巴基斯坦，印度，尼泊尔等国的环喜马拉雅山区。

四川/张永

四川/张永

雉鹑

Chestnut-throated Monal Partridge

保护级别：国家I级　体长：45-54厘米　居留类型：留鸟

特征描述：中型鸡类。上体灰褐色，胸部具有黑褐色的纵纹，腹部、两胁及尾下覆羽具栗红色，翅上覆羽具浅色的端斑，喉部栗红色。

虹膜栗色；喙珊瑚红色；脚褐色。

生态习性：栖息于高海拔针叶林的林缘和林线之上的杜鹃花灌丛中，常成对或结群活动，以植物的籽实和小型无脊椎动物为食物。

分布：中国鸟类特有种，仅分布于四川北部和中部、青海东部、甘肃西部和北部。

四川青川/董磊

黄喉雉鹑生活在林线以上/四川/张明

黄喉雉鹑

Buff-throated Monal Partridge

保护级别：国家I级
体长：43-49厘米
居留类型：留鸟

特征描述：中型鸡类。形态和雉鹑相似，但是体型略小，与雉鹑的区别在于喉部呈皮黄色。

虹膜栗色；喙珊瑚红色；脚褐色。

生态习性：似雉鹑。活动于中海拔高山栎林或松林中。

分布：中国主要分布于四川西部、青海南部和西藏东南部。

四川/张永

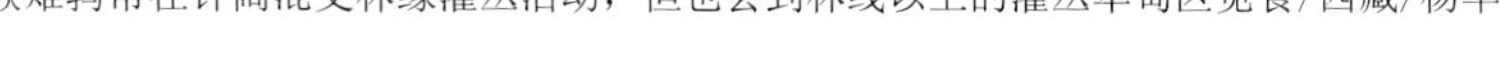

黄喉雉鹑常在针阔混交林缘灌丛活动，但也会到林线以上的灌丛草甸区觅食/西藏/杨华

四川甘孜州/董磊

与许多大型鹑鸡类一样，黄喉雉鹑也要至高处夜栖/四川甘孜州/董磊

四川/陈久桐

四川雅江/沈越

暗腹雪鸡

Himalayan Snowcock

保护级别：国家II级
体长：52-60厘米
居留类型：留鸟

特征描述：大型鸡类。体灰色，脸部和颈部白色并被栗色的线分开是本种最显著的特征。外侧飞羽白色，翅上覆羽具有红褐色的斑纹。尾下覆羽白色。

虹膜和喙角褐色；脚橘红色。

生态习性：栖息于中高海拔的亚高山和高山苔原及裸岩地区，几乎接近雪线，是分布海拔最高的鸟类之一，喜结群活动，遇危险可从一个山头飞向另一个山头。

分布：中国分布于新疆阿尔泰山、天山，帕米尔高原，青海和甘肃的祁连山脉，西藏喜马拉雅山西段。国外分布于和上述山地相邻的国家。

新疆阿勒泰/张国强

新疆乌鲁木齐/王昌大

林线以上多裸岩的草甸、苔原地带是雪鸡类的典型栖息环境/新疆阿勒泰/张国强

藏雪鸡

Tibetan Snowcock

保护级别：国家II级
体长：49-64厘米
居留类型：留鸟

特征描述：大型鸡类。头和颈部灰色，前额和喉部白色，耳羽皮黄色。上体棕褐色，下体白色，具黑色的纵纹。外侧的次级飞羽边缘白色。

虹膜褐色；喙黄色；脚橘红色。

生态习性：似暗腹雪鸡。

分布：中国分布于新疆帕米尔高原，青海和甘肃的祁连山脉，西藏，四川西部和北部。国外分布于环喜马拉雅山脉的国家。

西藏/杨华

西藏/陈久桐

亚成鸟，头胸部尚保留幼年时代的斑驳羽色/西藏/陈久桐

藏雪鸡可能是栖息海拔最高的雉鸡类/西藏/张明

阿尔泰雪鸡

Altai Snowcock

保护级别：国家II级
体长：58厘米
居留类型：留鸟

特征描述：大型鸡类。上体灰褐色，前额和喉部白色，耳羽皮黄色。下胸和腹部白色，下腹部黑色，尾下覆羽白色。翅上覆羽具有白色斑。

虹膜褐色；喙角褐色；脚橘红色。

生态习性：栖息于海拔2500-3000米的亚高山和高山地带，行走时常上下摆动尾部。

分布：中国仅记录于新疆阿尔泰山。国外见于俄罗斯和蒙古的阿尔泰山地区。

新疆阿勒泰/张国强

带雏鸟的成鸟/新疆阿勒泰/张国强

雄鸟/新疆阿勒泰/张国强

石鸡
Chuckar

体长：38厘米
居留类型：留鸟

特征描述：中等体型鸡类。脸侧连同喉部具有一道较宽的黑色领圈，两胁具10余条黑色夹杂栗色的斑纹，利用这两个特征可以较容易地识别这种鸟。雌雄羽色相同。

虹膜栗褐色，眼周裸区红色；喙红色；脚红色。

生态习性：雄鸟常发出一串“嘎-嘎”声，声调逐渐升高。成对或集群活动于开阔山区、草原或荒漠原野，觅食植物的茎、叶、果实、种子及昆虫。

分布：中国广布于北方地区。国外广布于欧亚大陆。

新疆/张永

新疆/白文胜

新疆阿勒泰/张国强

内蒙古/张明

栖息在高地的个体每天需至溪谷饮水，为拍摄者提供了机会/新疆阿勒泰/张国强

大石鸡

Rusty-necklaced Partridge

体长：40厘米
居留类型：留鸟

特征描述：中等体型鸡类。形态与石鸡相似但是体型较大，脸侧连同喉部的黑色领圈外侧还有一层栗褐色的边，且胁部的横纹数目更多，以此与石鸡相区别。

虹膜栗褐色，眼周裸区红色；喙红色；脚红色。

生态习性：雄鸟叫声与石鸡不同，栖息生境与前者类似，但倾向于植被更少、更加干旱的地区。

分布：中国鸟类特有种，分布于宁夏、青海和甘肃。

头、胸部纹样显著区别于石鸡/青海共和/林剑声

青海共和/林剑声

中华鹧鸪

Chinese Francolin

体长：28-35厘米
居留类型：留鸟

求偶阶段正在鸣叫的雄性/福建福州/白文胜

特征描述：小型鸡类。头顶黑褐色，眉纹栗色，白色脸颊和喉部被黑色的颊纹隔开。全身黑色并具白色斑点，肩羽和尾下覆羽栗色。雌性体色较雄性浅，以棕黄色为底色。

虹膜暗褐色；喙黑色；脚橙黄色。

生态习性：栖息于低山丘陵地带的灌丛和荒草地，有时也在农耕地和竹林出现。常单独或者成对活动。

分布：中国分布于长江以南的东南各省和西南地区、海南岛。国外分布于中南半岛并延伸至印度尼西亚。

中华鹧鸪多在地面活动，甚至会在地面过夜，仅雄鸟在宣示领域时才多至高处啼鸣/香港/李锦昌

灰山鹑

Grey Partridge

体长：29-31厘米　居留类型：留鸟

特征描述：小型鸡类。头侧、颏、喉棕黄色，胸部灰色，雄鸟腹部白色并具有一栗色的马蹄形斑，雌性阙如。两胁具栗色的横斑。受惊飞起时可见砖红色尾羽。

虹膜暗褐色；喙铅褐色；脚近黄色。

生态习性：栖息于低山丘陵、山脚和平原地带的灌丛、荒草地和田野，常成对或者结群活动。受惊后贴地面飞行，能听到振翅的声音。

分布：中国分布于新疆西部和北部地区。国外广布于欧洲大陆和英国。

雌鸟/新疆阿勒泰/张国强

雄鸟/新疆阿勒泰/张国强

新疆/王尧天

斑翅山鹑

Daurian Partridge

体长：24-32厘米　居留类型：留鸟

特征描述：小型鸡类。形态与灰山鹑相似。区别在于雄鸟胸部的马蹄斑呈黑褐色，喉部的羽毛延长呈胡须状。虹膜暗褐色；喙铅褐色；脚近黄色。

生态习性：同灰山鹑。

分布：中国分布于北方大部分地区。国外见于西伯利亚南部、蒙古至俄罗斯远东地区。

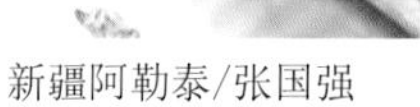

新疆阿勒泰/张国强

内蒙古/张永

新疆乌鲁木齐/邢睿

在华北地区，斑翅山鹑常见结群活动于收割后的田野/黑龙江/张明

内蒙古/宋晔

西藏/肖克坚

高原山鹑

Tibetan Partridge

体长：23-32厘米
居留类型：留鸟

特征描述：小型鸡类。上体黑褐色，密被黑褐色的横斑。脸部白色，眼下具有显著的黑色斑，眉纹白色，颈环棕色，在野外容易识别。

虹膜红棕色；喙和脚角绿色。

生态习性：栖息于中高海拔的高山裸岩、亚高山草甸及草原间的灌丛地区。繁殖期成对活动，非繁殖期常结小群活动。

分布：中国分布于甘肃、青海、四川和西藏。国外见于印度、尼泊尔和巴基斯坦临近喜马拉雅山的地区。

西藏/张明

西藏/张永

西藏/张永

西藏/肖克坚

西藏/张明

鹌鹑

Japanese Quail

体长：14-20厘米
居留类型：夏候鸟、旅鸟、冬候鸟

特征描述：小型鹑类。与西鹌鹑形态相似，但是脸部栗褐色，颏部和喉部冬季的羽毛会变长，且叫声与西鹌鹑不同，在野外容易识别。

虹膜深褐色；喙蓝灰色；脚肉色。

生态习性：同西鹌鹑。

分布：夏季繁殖于中国东北、内蒙古和华北西北部地区，迁徙越冬时经过中国的东南部地区。国外分布于俄罗斯的远东地区。

雄鸟/辽宁/张明

芦苇地和农田是鹌鹑迁徙停留期间最常选择的环境/雌鸟（左）雄鸟（右）/辽宁/张明

江西沙湖山/林剑声

河北邢台/柴江辉

西鹌鹑

Common Quail

保护级别：IUCN：近危　体长：16-22厘米　居留类型：夏候鸟、冬候鸟

特征描述：小型鹑类。上体黑褐色，密被黑褐色的横斑和皮黄色的纵纹。颏、喉和上颈黄褐色，眼下具有显著的黑色斑，白色眉纹明显，在野外容易识别。

虹膜深褐色；喙蓝灰色；脚肉色。

生态习性：栖息于农田、草地和半荒漠地区。性隐蔽，可以在草丛中潜行，受惊贴地面飞行一段距离后降落到草地中。雄性求偶时白天和夜晚均发出鸣叫声。

分布：夏季繁殖于中国新疆，可能在西藏南部越冬。国外广布于欧亚大陆、西亚、北非和大西洋的一些岛屿上。

新疆阿勒泰/张国强

环颈山鹧鸪

Common Hill Partridge

西藏山南/李锦昌

体长：26-29厘米
居留类型：留鸟

特征描述：小型鸡类。头顶栗色，具窄的白色眉纹和颚纹，喉部黑色，前颈与胸之间有一白色条带，耳羽栗色。灰色胁部具醒目的栗色和白色纵纹。

虹膜黑色；喙黑褐色；脚棕色。

生态习性：栖息于中海拔的常绿阔叶林中，喜欢栖息于林下植被丰富的森林中。常成对活动。繁殖期雄鸟发出哀怨的哨音，并且越叫音调越高。

分布：繁殖于中国西藏东南部、云南西南部和四川西南部。国外见于印度、缅甸和越南。

与很多丛林鹑类的情况类似，往往仅在其通过道路时才有机会为环颈山鹧鸪留影/西藏山南/李锦昌

台湾山鹧鸪
Taiwan Partridge

保护级别：IUCN：近危
体长：22-24厘米
居留类型：留鸟

特征描述：小型鸡类。眼周黑色，颏部及喉部白色并一直延伸到耳羽下方，亦具较宽的白色眉纹，颈侧棕色具黑色纵纹，胸部灰色。

虹膜褐色；喙黑褐色；脚橙红色。

生态习性：繁殖可至海拔2500米的中山带，习性类似于其他山鹧鸪。

分布：中国鸟类特有种，仅分布于台湾岛。

台湾/陈世明

台湾/吴崇汉

褐胸山鹧鸪

Bar-backed Partridge

体长：22-27厘米　居留类型：留鸟

特征描述：小型鸡类。眼周黑色，延伸为过眼纹和喉部黑色区域在颈侧相接。颏部、喉部及眉纹皮黄色，头顶及前胸棕褐色，背部具黑色横纹。

虹膜褐色；喙黑褐色；脚粉橙色。

生态习性：栖息于低山常绿阔叶林和山脚竹林中，习性类似于其他山鹧鸪。

分布：中国分布于云南东南部及广西西南部。国外见于缅甸、老挝、越南和泰国。

上树夜栖是林栖型鹑鸡类的共同习性，虽然使其免于地面食肉动物的侵扰，却仍为猎人提供了机会/云南西双版纳/董磊

四川山鹧鸪
Sichuan Partridge

保护级别：国家I级　IUCN：易危　体长：28-32厘米　居留类型：留鸟

特征描述：小型鸡类。但在山鹧鸪属内其体型较大。头顶、眼周和颊纹黑色。耳羽栗色，颏部、喉部白色具黑色纵纹，窄眉纹皮黄色，上胸具栗褐色胸带。头部的特征和明显的胸带与其他山鹧鸪相区分。

虹膜灰褐色；喙黑褐色；脚褐色。

生态习性：栖息于1000-2000米的原始阔叶林中，特别是林下植被丰富的林中，其他习性类似于其他山鹧鸪。

分布：中国鸟类特有种，仅分布于四川屏山东南部至云南东北部的狭长地带。

隐蔽于石缝中的幼鸟/四川老君山保护区/戴波

夜栖树上的雌鸟/四川老君山保护区/戴波

四川/张永

成年雄鸟/四川老君山保护区/戴波

白眉山鹧鸪

White-necklaced Partridge

保护级别：IUCN：易危
体长：30厘米
居留类型：留鸟

特征描述：小型鸡类。头顶栗色，前额白色（指名亚种gingica）或栗色（瑶山亚种guangxinensis），颊部和喉部黄褐色，颈侧有黑色纵纹，黑色和栗色的胸带被白色的狭窄胸带分开。头部和胸部的特点与其他山鹧鸪相区分。

虹膜灰褐色；喙黑褐色；脚橙红色。

生态习性：类似于其他山鹧鸪。

分布：中国鸟类特有种，仅分布于浙江南部、福建西北部和中部、广东北部及广西瑶山。

福建厦门/王常松

福建/黄淦

小家族群是山鹧鸪的典型活动单元，它们喜欢落叶层丰厚的阔叶林生境/福建厦门/王常松

海南山鹧鸪

Hainan Partridge

保护级别：国家I级　IUCN：易危　体长：23-30厘米　居留类型：留鸟

特征描述：小型鸡类。头顶、脸部、颏部和喉部黑色，在颈侧有白色的卵状斑，具白色窄眉纹，头部的特点与其他山鹧鸪相区分。

虹膜褐色；喙黑褐色；脚橙红色。

生态习性：类似于其他山鹧鸪。

分布：中国鸟类特有种，仅分布于海南岛中部和南部。

海南/史海涛

绿脚山鹧鸪

Green-legged Partridge

体长：25-30厘米　居留类型：留鸟

特征描述：小型鸡类。上体与前胸棕褐色或橄榄绿色，杂以黑色纹。颈部和上胸锈黄色，被棕褐色的“项圈”分开，不似其他山鹧鸪斑具有显著的头部特征。

虹膜褐色；喙角褐色；脚绿色。

生态习性：类似于其他山鹧鸪。

分布：中国分布于广西西南部和云南东南部。国外见于缅甸、老挝和泰国。

眼周浅色，使绿脚山鹧鸪在外形上明显有别于其他山鹧鸪/云南西双版纳/董磊

棕胸竹鸡

Mountain Bamboo Partridge

体长：30-36厘米
居留类型：留鸟

特征描述：小型鸡类。体羽棕色，眉纹皮黄色，雄鸟眼后有一道粗的黑色条纹，雌鸟眼后条纹色浅或染棕色。颈部至胸部褐色，与下体的浅色形成对比，腹部和两胁具粗大的黑色矛状或心形纹。

虹膜棕色；喙角褐色；脚灰绿色。

生态习性：喜低山和丘陵地带的森林、灌丛和竹林。繁殖期叫声响亮。

分布：中国分布于云南、四川西南和贵州西部。国外见于缅甸、印度东北部和越南北部。

雄鸟/云南盈江/肖克坚

棕胸竹鸡常在茂密幼林及其边缘活动/雄鸟/云南盈江/肖克坚

灰胸竹鸡

Chinese Bamboo Partridge

体长：24-37厘米　居留类型：留鸟

特征描述：小型鸡类。具灰蓝色的长眉纹和颈部“项圈”，与脸侧的栗棕色形成鲜明对比，浅黄色下体具有粗大的深色三角状斑，在野外较易识别。

虹膜浅褐色；喙黑色；脚灰绿色。

生态习性：繁殖期叫声婉转而洪亮，似“people pray”。常以家族群活动，栖息于竹林、灌丛等生境。

分布：中国鸟类特有种，见于长江以南的南方地区，台湾岛普遍分布。引入种群见于日本。

幼鸟/福建福州/曲利明

灰胸竹鸡在繁殖期的叫声响亮/福建福州/曲利明

灰胸竹鸡常成对或结家族群活动/福建福州/姜克红

血雉

Blood Pheasant

保护级别：国家II级
体长：37–47厘米
居留类型：留鸟

特征描述：中型鸡类。头顶具明显的羽冠，雄鸟体羽乌灰色，蓬松细长，呈披针形。次级飞羽及尾羽具砖红色的羽缘，下体沾绿色，各个亚种之间体羽颜色变化较大。雌鸟暗褐色为主。

虹膜褐色，眼周有红色或者橙黄色的裸皮；喙黑色；脚橙红色，雄性腿上具有两个距。

生态习性：栖息于高海拔雪线至林线之间的针叶林、混交林和灌丛中，非繁殖期常呈大群活动。

分布：中国主要分布在西藏、四川、云南西北部和东北部、青海、甘肃和陕西秦岭。国外分布于环喜马拉雅山地区的尼泊尔和印度及缅甸东北部。

产于西藏至云南西部的个体，雄鸟眼周黄色而前胸多染红色/雄鸟/西藏/张永

雌鸟/西藏/肖克坚

产于四川的个体羽冠更发达，而雄鸟前胸不染红色/雄鸟/四川/张明

雄鸟/四川/张明

育幼行为/四川卧龙/董磊

雌鸟/四川/陈久桐

雄鸟/四川雅江/沈越

红胸角雉

Satyr Tragopan

保护级别：国家I级　IUCN：近危　体长：55-79厘米　居留类型：留鸟

特征描述：大型鸡类。头和喉黑色，体羽绯红色缀以具有黑色边缘的白色圆点，两翼及尾具褐色。眼周裸皮、肉质角蓝色，颈部肉裾亦蓝色，雄鸟炫耀时张开可见其上的绿色及红色斑块。雌鸟色暗淡，体羽上多具虫蠹斑。

虹膜褐色；喙黑褐色；脚粉红色。

生态习性：栖息于海拔3000-4000米的山地森林中，也到林缘开阔地活动。繁殖期雄鸟竖起肉质角并打开颈部肉裾向雌性炫耀。在树上营巢繁殖。

分布：中国仅在西藏南部的樟木有过记录。国外分布于尼泊尔、不丹和印度北部。

林下的杜鹃花灌丛或竹丛是红胸角雉及其近亲红腹角雉的典型栖息环境/雄鸟/西藏日喀则/顾莹

雄鸟/西藏亚东/肖克坚

雌鸟/西藏日喀则/顾莹

红腹角雉

Temminck's Tragopan

保护级别：国家II级　体长：66-70厘米　居留类型：留鸟

特征描述：雄鸟通体绯红色，脸部裸露皮肤蓝色，上体满布灰色而具黑色边缘的点斑，下体具大块的浅灰色鳞状斑而与红胸角雉相区别。

虹膜褐色；喙黑褐色；脚粉红色。

生态习性：栖息于海拔1000-3900米的针阔混交林内，单独或成家族群活动，在地面活动取食植物叶芽、果实等，也吃昆虫。炫耀习性同其他角雉。

分布：中国分布于西南及中南部分地区。国外见于印度和缅甸东北部。

四川瓦屋山/朱磊

四川唐家河国家级自然保护区/黄徐

由于其生境的隐蔽性，在野外观察角雉往往只得惊鸿一瞥/雌鸟/四川卧龙/董磊

黄腹角雉

Cabot's Tragopan

雌鸟/福建武夷山/林剑声

保护级别：国家I级　IUCN：易危
体长：61-68厘米
居留类型：留鸟

特征描述：雄鸟下体皮黄色，上体具黄色点状斑，脸颊裸皮、喉垂及肉质角橘黄色，肉裾膨胀时呈蓝色。

虹膜褐色；喙灰色；脚粉红色。

生态习性：栖息于海拔800-1400米的亚热带常绿阔叶林内。繁殖求偶行为似其他角雉。单独或成家族群活动，在地面活动取食植物叶芽、果实等，也吃昆虫。在树上营巢繁殖。炫耀行为和习性同其他角雉。

分布：中国鸟类特有种，见于东南地区，包括浙江西部及南部、福建武夷山区和江西井冈山区、广东和湖南交界的南岭、广西东北部。

黄腹角雉常上树，也在树上营巢孵化/雄鸟/福建武夷山/林剑声

雄鸟/福建武夷山/张浩

福建武夷山/林剑声

黄腹角雉是中国东南地区栖息海拔最高的雉类，它们冬季必须在冰雪中觅食/雌鸟/福建武夷山/林剑声

勺鸡

Koklass Pheasant

保护级别：国家II级
体长：40-60厘米
居留类型：留鸟

特征描述：雄性具有长而飘逸的棕黑色羽冠，头呈金属绿色，颈侧具一白色斑。上体具披针形的羽毛，在野外极易识别。雌鸟体型较小，羽冠较短。

虹膜褐色；喙黑褐色；脚灰褐色。

生态习性：栖息于海拔1000-4000米湿润的阔叶林、针阔混交林和针叶林中，尤其喜欢林下植被发达的、地势崎岖的生境。常单独或成对活动，叫声响亮、粗犷。雄鸟炫耀时羽冠竖起。

分布：广布于中国多数省区，自西藏南部至辽宁和河北。国外分布于尼泊尔、不丹、印度、巴基斯坦和阿富汗。

雌鸟/福建泰宁/郑建平

雄鸟/四川甘孜州/董磊

勺鸡分布虽广，但在开阔平缓地带遇见它们的几率极小/雄鸟/四川/张永

雌鸟/北京/刘曙海

棕尾虹雉活动地段的海拔较其他虹雉低，它们常至灌丛或林线以下活动/雄鸟/西藏/肖克坚

棕尾虹雉

Himalayan Monal

保护级别：国家I级
体长：70厘米
居留类型：留鸟

特征描述：颜色绚丽的大型雉类。雄鸟上头部具有如孔雀般的绿色羽束。体色以辉绿色为主，颈侧栗红色，背部羽毛白色，腹部暗绿色，尾羽栗红色。雌鸟较小，全身呈棕褐色，背部羽毛和其余部分的羽色相同。

虹膜褐色，眼周蓝色；喙角褐色；脚暗绿色。

生态习性：栖息于海拔3000-4500米的森林和高山草甸中，主要刨取植物的块茎和根部为食。求偶的时候从陡坡俯冲飞下，尾羽打开，在空中盘旋。

分布：中国分布于西藏的南部、东南部。国外分布于阿富汗、巴基斯坦、尼泊尔、印度和缅甸东北部的环喜马拉雅山区。

雌鸟/西藏/肖克坚

雄鸟/西藏/肖克坚

白尾梢虹雉

Sclater's Monal

保护级别：国家I级　IUCN：易危
体长：58-68厘米
居留类型：留鸟

特征描述：雄鸟不具有羽冠，体色以辉蓝黑色为主，下背至尾上覆羽白色，尾羽栗红色，端部白色。雌鸟尾上覆羽和尾端浅褐色有细褐色斑，和其他虹雉种类相区别。

虹膜褐色，眼周蓝色；喙角褐色；脚暗绿色。

生态习性：栖息于海拔2500-4000米的高山森林、亚高山竹林、林线以上杜鹃花灌丛。习性与其他虹雉类似。

分布：中国分布于西藏东南部、云南怒江西部。国外分布于缅甸东北部和印度东北部。

雄鸟/西藏/张永

雄鸟/西藏/张永

虹雉是栖息在高海拔林线以上的大型雉类，在与棕尾虹雉同域分布的西藏东南地区，白尾梢虹雉活动于更高海拔地带/西藏/张永

绿尾虹雉

Chinese Monal

保护级别：国家I级　IUCN：易危　体长：75-81厘米　居留类型：留鸟

特征描述：雄鸟具紫色的羽冠，下背白色，尾羽蓝绿色，区别于其他虹雉。雌鸟下背到尾上覆羽和尾端浅白色，和其他虹雉种类相区别。

虹膜褐色，眼周蓝色；喙角褐色；脚暗绿色。

生态习性：栖息于海拔3000-5000米高山草甸的杜鹃花灌丛中。习性与其他虹雉类似。

分布：中国鸟类特有种，分布于四川北部和西部、甘肃南部、青海东部、云南西北部。

雄鸟/四川唐家河国家级自然保护区/邓建新

雌鸟/四川唐家河国家级自然保护区/邓建新

雄鸟/四川唐家河国家级自然保护区/董磊

林线以上的草甸是绿尾虹雉最主要的觅食场所/雌鸟/四川唐家河国家级自然保护区/董磊

绿尾虹雉飞翔能力不弱，时常在栖息地上空作鹰样滑翔及盘旋/雄鸟/四川唐家河国家级自然保护区/张铭

红原鸡

Red Junglefowl

保护级别：国家II级
体长：42-71厘米
居留类型：留鸟

特征描述：外形和家鸡相似，但是很瘦削。肉垂和鸡冠红色；尾长，中央尾羽镰刀状。雌鸟棕褐色，在野外容易识别。

虹膜红褐色，眼周有裸皮；喙黄色；脚铅灰色，雄性具有长距。

生态习性：栖息于低山热带雨林边缘、丘陵或者平原稀树中。常结成小群，受惊吓后快速潜逃。

分布：中国分布于云南西部和南部、广西南部、广东、海南岛。国外分布于印度、中南半岛和印尼苏门答腊、爪哇。

云南/杨华

西藏东南部/李锦昌

分布在云南红河以西地区的红原鸡耳部肉垂无白色/雄鸟/云南/杨华

红原鸡似缩小的家鸡，但身姿更丰，外形更纤巧精瘦，雌鸟几无肉冠/雄鸟/云南/杨华

黑鹇

Kalij Pheasant

保护级别：国家II级
体长：56-60厘米
居留类型：留鸟

特征描述：大型鸡类。雄型通体蓝黑色，仅下背、腰和尾上覆羽具白色羽端；头上具有长而直立的羽冠。雌鸟棕褐色，羽缘浅灰色，在野外容易识别。

虹膜橙褐色，眼周裸皮红色；喙黄褐色；脚铅灰色。

生态习性：栖息于海拔1000-3000米的森林、竹林中和林缘空地上，常成对或者以家族群活动。

分布：中国分布于云南极西部、西藏东南部。国外见于印度北部、尼泊尔、缅甸和泰国。

雌鸟/西藏/张明

雄鸟（左）雌鸟（右）/西藏/张明

每次穿越公路对黑鹇而言都是危险的挑战/雄鸟/西藏/张明

横穿马路是一种冒险的尝试/西藏樟木/肖克坚

白鹇

Silver Pheasant

保护级别：国家II级
体长：70-115厘米
居留类型：留鸟

特征描述：大型雉类。雄鸟主要由黑白两色组成，上体白色并具有黑色横纹，下体黑色，头上具黑色羽冠，易于辨认。雌鸟个体较小，通体橄榄褐色，下体具白色或皮黄色条纹。

虹膜橙褐色，眼周裸皮红色；喙黄褐色；脚橘红色。

生态习性：栖息于海拔1000-3000米的常绿阔叶林、竹林和针阔混交林中，常成对或者以家族群活动，冬季可结成大群体。在林下觅食种子、果实、昆虫等。

分布：中国分布于长江以南多个省区，包括华南、华中及西南地区。国外见于中南半岛中西部、印度北部、尼泊尔、缅甸和泰国。

幼雄，尾羽已经呈现出成鸟的特征/福建/张明

雄鸟/福建福州/肖克坚

雌鸟/福建三明/张浩

白鹇常以一雄多雌的形式组建家庭/雄鸟和亚成鸟/福建三明/张明

蓝腹鹇

Swinhoe's Pheasant

保护级别：国家I级　IUCN：近危
体长：50-80厘米
居留类型：留鸟

特征描述：大型艳丽的雉类。雄鸟上体蓝黑色，头有羽冠，上背和中央尾羽白色，肩羽红褐色，翅膀羽毛蓝绿色，具金属光泽。雌鸟个体较小，通体红褐色，次级飞羽和尾羽具横斑，和其他鹇类相区别。

虹膜橙褐色；喙黄色；脚橘红色。

生态习性：栖息于海拔2700米以下的原始阔叶林和次生林中。

分布：中国鸟类特有种，仅分布于台湾岛。

雄鸟/台湾/陈世明

雌鸟/台湾/吴崇汉

雌鸟/台湾/陈世明

雄鸟兴奋的状态/台湾/吴崇汉

白马鸡

White Eared Pheasant

保护级别：国家II级　IUCN：近危
体长：80-100厘米
居留类型：留鸟

特征描述：大型白色或灰白色马鸡。尾端黑色，脸上有红色的裸露皮肤，头顶黑色，耳羽簇短，尾羽披散下垂，在野外易于辨认。

虹膜黄色；喙粉红色；脚红色。

生态习性：常集小群活动，栖息于海拔3000-4000米的针阔混交林、高山灌丛及草甸中。不善飞行，受到惊吓即钻入附近灌丛中隐藏躲避。

分布：中国鸟类特有种，分布于西藏东南部、云南西北部、四川西部和北部、青海南部。

白马鸡清晨会发出嘹亮的啼叫/四川甘孜州/董磊

四川稻城/肖克坚

事实上白马鸡一生中的大部分时间都在相当大的群体中度过/四川稻城/肖克坚

藏马鸡

Tibetan Eared Pheasant

保护级别：国家II级　IUCN：近危
体长：80-86厘米
居留类型：留鸟

特征描述：大型灰蓝色马鸡。颏、喉、耳羽簇、上颈及下腹白色，耳羽簇短，尾上覆羽银白色，尾羽披散下垂。

虹膜褐色到橙褐色；喙粉红色；脚红色。

生态习性：类似于白马鸡，但更多地栖息于高山灌丛中。

分布：中国鸟类特有种，分布于西藏南部和东南部以及临近的地区。

西藏拉萨/董磊

西藏的一些佛寺周围是观察藏马鸡的绝佳地点/雄鸟/西藏/张明

西藏/张明

西藏/张永

褐马鸡

Brown Eared Pheasant

保护级别：国家I级　IUCN：易危
体长：83-100厘米
居留类型：留鸟

特征描述：大型深褐色马鸡。颊部和耳羽白色，耳羽簇长而硬，突出于头侧，形似一对角；腰和尾上覆羽白色，尾羽翘起，在野外易于辨认。

虹膜黄色；喙粉红色；脚红色。

生态习性：主要栖息于海拔2500米以下的针叶林、针阔混交林中。冬季则下迁到低海拔的森林和林缘灌丛中。除繁殖期外，常成群活动。求偶期雄鸟之间有激烈争斗。

分布：中国鸟类特有种，分布于山西吕梁山脉、河北小五台山和附近地区、北京门头沟和房山区以及陕西的黄龙山林区。

山西交城/肖克坚

山西/冯威

褐马鸡在古代是勇士的象征/山西交城/肖克坚

蓝马鸡

Blue Eared Pheasant

保护级别：国家II级
体长：75-100厘米
居留类型：留鸟

特征描述：大型蓝灰色马鸡。仅颊部、耳羽和外侧尾羽白色，耳羽簇长而硬，突出于头侧，尾羽翘起，易于与其他马鸡相区别。

虹膜黄色；喙粉红色；脚红色。

生态习性：主要栖息于海拔2000-4000米的针叶林、阔叶林和针阔混交林中，繁殖期也可到高山草甸地带活动。习性类似于其他马鸡。

分布：中国鸟类特有种，仅分布于青海东部和东北部、甘肃南部和西北部、四川北部及宁夏的贺兰山区。

四川平武/肖克坚

四川平武/肖克坚

白颈长尾雉

Elliot's Pheasant

保护级别：国家1级　IUCN：近危　体长：45-81厘米　居留类型：留鸟

特征描述：大型华丽的雉鸡。雌雄两型，雄鸟头顶到颈侧灰白色，颏部、喉部黑色，脸部裸皮红色，上背、胸和翅栗色，上背和翅上各具一道和两道白色斑，白色的腹部，尾羽具栗色和银灰色的横带。雌鸟喉及前颈深色，以此与其他长尾雉雌鸟相区别。

虹膜黄褐色；喙黄色；脚蓝灰色，雄鸟具明显的距。

生态习性：主要栖息于海拔1000米以下的针叶林、针阔混交林和竹林中，喜植被茂密和地形复杂的生境，性机警，受惊吓后快速潜逃或利用地势起飞。晚上栖息于树上。

分布：中国鸟类特有种，仅分布于安徽南部、浙江、福建、江西、贵州、广东和广西等省区的山区。

福建峨眉峰/林剑声

雄鸟/福建龙栖山/朱小元

福建峨眉峰/林剑声

黑长尾雉
Mikado Pheasant

保护级别：国家I级　IUCN：近危
体长：53-88厘米
居留类型：留鸟

特征描述：大型深色雉鸡。雌雄两型，雄鸟通体紫蓝色，仅脸部裸皮鲜红色，翅上具一道明显的白色斑，次级和内侧飞羽外缘白色，尾羽长，亦呈紫蓝色，具窄的白色横斑。雌鸟棕褐色，背上密布灰白色的纵纹，翅上具棕褐色的横斑，以此与其他长尾雉雌鸟相区别。

虹膜黄褐色；喙角黄色；脚铅灰色，雄鸟具明显的距。

生态习性：主要栖息于海拔1700-3800米的山地，习性同其他长尾雉。

分布：中国鸟类特有种，仅分布于台湾岛。

雌鸟/台湾/吴崇汉

雄鸟/台湾/吴崇汉

雉类结对活动时，雄鸟常担任警卫的角色，让雌鸟有更多时间放心觅食/雌鸟（左）雄鸟（右）/台湾/张永

黑长尾雉常成对活动/台湾/吴崇汉

白冠长尾稚用鼓翅拍打的声响进行求偶炫耀/河南董寨/沈越

白冠长尾雉

Reeves's Pheasant

保护级别：国家II级　IUCN：易危
体长：45-81厘米
居留类型：留鸟

特征描述：大型华美的雉鸡。头部黑白色相间，周身羽毛黄色，边缘黑色，形成鱼鳞状的黑色斑纹，雄鸟尾羽长度可达180厘米，且具黑色斑，很好辨认。雌鸟较小，尾羽较短，羽色以褐色为主并具有斑纹，脸侧浅黄色，眼后耳羽处具较大的深色斑块是其较容易识别的特征，飞起后外侧尾羽白色很明显。

虹膜黄色、浅褐色；喙黄绿色；脚灰褐色，雄鸟具明显的距。

生态习性：栖息于海拔200-2000米的林区，特别喜欢林相茂密、林下植被稀疏、地形复杂的生境，成对或集小群活动。繁殖期雄鸟会鼓翅发出声音来招引雌性。

分布：中国鸟类特有种，见于陕西秦岭南麓，河南、安徽、湖北间的大别山区，湖北的神农架林区；西部的种群仅限于四川东南部、重庆和贵州的部分山区。

雌鸟/河南/张明

雄鸟/河南董寨/沈越

雉鸡

Common Pheasant

体长：58-90厘米
居留类型：留鸟

特征描述：是中国最常见的一种大型雉类。雄鸟具有红、黄、栗等多种艳丽的羽色，颈部多有白色环，尾羽长并具有横斑，很容易辨认，亚种较多且羽色变异很大。东部的诸多亚种腰羽灰色，颈部的白色"颈圈"从很宽到无。新疆北部准噶尔亚种（mongolicus）和南部的莎车亚种（shawii）腰羽为铜红色，翅上覆羽白色。雌鸟稍小，体色暗淡，周身土褐色而密布有深色的斑纹，形成很好的保护色，隐藏在灌丛中很难被发现。

虹膜棕褐色；喙黄白色；脚灰色。

生态习性：生境类型十分多样，山林、灌丛、农田、草地、半荒漠、沙漠绿洲均有其活动。分布海拔从沿海滩涂可到3000米的高度。隐蔽性很强，通常人走至跟前才突然惊飞，并伴有急速的惊叫声。雄鸟发情期内常发出响亮的"叩-叩"声，两声一度，并伴有急速的抖翅声，在远距离就能听到。

分布：中国几乎遍及除西藏羌塘高原地区和海南岛之外的全国各地。国外分布于土耳其、高加索地区、中亚、俄罗斯、蒙古、朝鲜半岛等。现在已被人工引入到欧洲、北美和大洋洲等多个国家和地区，并形成了野生种群。

雌鸟/江西婺源/林剑声

中国东部的雉鸡，其雄性个体常有显著的白色颈环，西部个体则付之阙如/雄鸟/江西婺源/林剑声

雌鸟（左）雄鸟（右）/福建永泰/郑建平

环颈雉鸡求偶炫耀/辽宁/张明

雄鸟/江西婺源/曲利明

莎车亚种/新疆喀什/雷进宇

雄鸟/河北邢台/柴江辉

秦岭南坡的雉鸡几无颈环，颜色也较深/雄鸟/陕西洋县/沈越

红腹锦鸡

Golden Pheasant

保护级别：国家II级　体长：59-110厘米　居留类型：留鸟

特征描述：大型颜色炫目的雉类。雄鸟羽色以耀眼的金黄色为主，枕部至后颈的羽毛金色具黑色条纹，下接辉绿色的上背形成披肩状，下体绯红色，翅金属蓝色。雌鸟较小，周身黄褐色而具有深色杂斑。

虹膜黄褐色，雄鸟眼周裸皮黄色并具一小肉垂；喙黄绿色；脚角黄色。

生态习性：单独或小群活动于次生的山地林区或者林缘灌丛地带，常见于海拔800-1600米地带。

分布：中国鸟类特有种，分布于中部地区的山地，包括陕西、甘肃、四川、重庆、河南、湖北、湖南、贵州、山西等省市。

雌鸟/陕西洋县/郑建平

贵州宽阔水/杨灿朝

雄鸟/陕西洋县/张代富

雄鸟/陕西/陈久桐

雌鸟/陕西/陈久桐

白腹锦鸡

Lady Amherst's Pheasant

保护级别：国家II级
体长：53-145厘米
居留类型：留鸟

特征描述：以银白色为主的大型雉鸡。雄鸟的头顶、喉、胸和肩羽金属绿色，上枕部绯红色，枕部具有黑白色相间的披肩，翅辉蓝色，下背和腰黄色并逐渐转为红色，腹白色，雄鸟的尾羽可以超过体长的三分之二而下弯，除了具有黑色粗横纹外，还有黑白色相间的云纹。雌鸟较小，周身黄褐色具黑色斑，头后也有近白色带有黑边的羽毛，但不似雄鸟明显。

虹膜黄褐色，雄鸟眼周裸皮蓝白色；喙蓝灰色；脚青灰色。

生态习性：单独或小群活动于海拔1500-4000米的山地林区或者林缘灌丛地带。繁殖期雄鸟眼周的蓝色裸皮充血膨胀，白色披肩打开呈扇形，不断地围绕着雌鸟进行求偶炫耀。

分布：中国见于云南大部、西藏东南部、四川中部和西南部、贵州西部、广西西部。国外分布在缅甸东北部。

雌鸟/四川/张明

雄鸟/四川/陈久桐

雄鸟紧张或兴奋时，颈部翎羽膨起如扇，面部浅色肉垂亦充血膨大，红腹锦鸡亦如是/雄鸟/四川康定/肖克坚

雌鸟紧张时枕部羽毛竖起/雌鸟/四川/陈久桐

雌鸟/四川康定/肖克坚

雄鸟/四川康定/肖克坚

灰孔雀雉

Grey Peacock Pheasant

保护级别：国家I级　体长：50-76厘米　居留类型：留鸟

特征描述：灰褐色为主的雉类。身体上密布白色细小的斑点，雄鸟头顶的羽毛松散呈冠状，上背、肩、翅上和尾上具有金属光泽绿紫色的眼状斑非常醒目。雌性个体较小，羽色暗淡。

虹膜灰色，眼周裸皮肉色；喙黑色；脚灰绿色，雄鸟有两个距。

生态习性：常单独栖息于海拔低于1500米山地的热带雨林和季雨林中，偏好林下灌丛茂密、潮湿的林区，性胆怯，机警。求偶炫耀时，雄性降低身体，以尾羽向雌鸟展示。

分布：中国分布于云南西部和西南部。国外见于印度东北部和中南半岛。

因栖于热带雨林幽暗的环境，灰孔雀雉难得一见，与所有雉类一样，灰孔雀雉夜晚视力极弱，被灯光照射亦不惊飞，极易被猎杀/云南西双版纳国家级自然保护区/罗爱东

栗树鸭

Lesser Whistling Duck

体长：40厘米　居留类型：夏候鸟、留鸟

特征描述：体型小纯栗褐色树鸭。雌雄羽色相似，头顶沿后颈至上背栗褐色且具扇形斑纹，具金黄色眼圈，颏、喉乳白色，肩羽红褐色，头、颈和下体浅栗色，尾下覆羽乳白色。

虹膜暗褐色；喙灰黑色；脚灰黑色。

生态习性：多栖息于水生植物茂盛的水塘、沼泽、湖泊和水库，多以水生植物为食，常结群活动，有时能集上千只的大群。

分布：中国见于云南、广西南部、台湾岛和海南岛。国外分布于南亚、东南亚、大巽他群岛西部。

海南东方/肖克坚

海南/陈久桐

目前在中国栗树鸭最大的野生群体见于海南，其余分布区内极罕见/海南东方/肖克坚

鸿雁

Swan Goose

保护级别：IUCN：易危
体长：88厘米
居留类型：夏候鸟、冬候鸟、旅鸟

特征描述：大型浅褐色雁类。雌雄颜色相似，喙长且上喙与头顶成一直线，喙基疣状突不显且与额基之间有一条棕白色细纹，头顶至后颈到上背棕褐色，下颊和前颈近白色，体羽浅棕褐色而具白色横纹，臀及尾下覆羽白色。

虹膜红褐色或金黄色；喙黑色；脚橙黄色或橙红色。

生态习性：以植物性食物为食，非繁殖期主要集群栖息于开阔的湖泊、河流、水库、沼泽、农田和海滨、河口以及浅海湾等水域，常与其他大型雁类混群，是亚洲家鹅的祖先。

分布：中国主要繁殖于黑龙江、吉林和内蒙古，越冬于长江中下游以及华北至华南的沿海，罕见越冬于台湾岛。国外繁殖于中亚、蒙古和西伯利亚南部，越冬于东亚。

世界上的大部分鸿雁冬季均集中至鄱阳湖/江西鄱阳湖/王揽华

鸿雁是亚洲家鹅的祖先之一，一些家鹅甚似鸿雁，但喙部的鹅瘤发达而臀部更饱满/江西南昌/林剑声

与其他雁类一样，鸿雁夫妇一同承担抚育后代的任务，见于江苏的繁殖个体恐混有家鹅血统/黑龙江齐齐哈尔/孙华金

闽江口是鸿雁越冬的南限，鸿雁这一东亚特色雁类正逐步由常见走向濒危/福建福州/沈越

豆雁

Taiga Bean Goose

体长：80厘米
居留类型：冬候鸟、旅鸟

特征描述：大型灰褐色雁类。雌雄羽色相似，通体灰褐色而具白色和黑色横纹，腰和尾下覆羽白色，颏喉和胸腹颜色较浅。

虹膜红褐色；喙黑色而前端橘黄色，尖端黑色；脚橘红色。

生态习性：繁殖期栖息于接近北极地区的泰加林或者森林沼泽区域，非繁殖期多集群见于农田、湖泊、潟湖、沼泽、河流、水库等水域，常与其他大型雁类混群生活。

分布：中国非繁殖期见于西北新疆、东北、四川盆地、长江中下游和东南沿海，罕见越冬于台湾岛。国外繁殖于北欧、西伯利亚从西至东接近北极地区，越冬于西欧和中南欧、中东、中亚和东亚。

湖南/张永

冬季豆雁常至农田觅食/云南会泽/肖克坚

目前，越来越多的豆雁在黄河以北越冬/辽宁沈阳/沈越

江苏盐城/孙华金

灰雁

Greylag Goose

体长：80厘米

居留类型：夏候鸟、冬候鸟、旅鸟

特征描述：大型灰褐色雁类。雌雄颜色相似，通体灰褐色并具白色和黑褐色细纹，颈具深色细条纹，头、胸和下腹颜色较浅，下腹无黑色斑，臀及尾下覆羽白色。

虹膜黑褐色；喙粉红色；脚粉红色。

生态习性：主要栖息于多水生植物的淡水水域，非繁殖期集成数只到上千只的群体栖息于草地上，以及湖泊、河流、沼泽、农田、水库中，觅食于浅水区，较少与其他雁鸭类混群，是欧洲家鹅的祖先。

分布：中国繁殖于北方大部分地区，包括黑龙江、内蒙古、新疆、甘肃、青海以及四川北部，越冬于整个南方的适宜水域，罕见越冬于台湾岛。国外繁殖于欧亚大陆的温带区域以及喜马拉雅山的边缘地区，越冬于分布区的南部。

新疆阿勒泰/张国强

冬季，少量灰雁（左一、左二、左三、左四、右一、右二）见于长江中下游的河湖湿地，常见与其他雁类（如白鹅雁右三）和鸭类（如斑嘴鸭，图中较小者）混群/江西南昌/王揽华

新疆阿勒泰/张国强

相比于鸿雁，灰雁在中国更常见于高寒地带的矮草湿地/雄鸟（左）雌鸟（右）/新疆阿勒泰/张国强

白额雁

Greater White-fronted Goose

保护级别：国家II级　体长：75厘米　居留类型：冬候鸟、旅鸟

特征描述：大型棕褐色雁类。雌雄体色相似，通体棕褐色而具白色和黑色横斑，腹部具多少不一的黑色粗条斑，臀及尾下覆羽白色，喙基至前额具白色条斑。

虹膜黑褐色；喙粉红色；脚橘红色。

生态习性：与其他雁类一样，以植物性食物为食。非繁殖期多栖息于多水草的开阔农田、沼泽、平原、湖泊、水库和河流等生境中，多与其他雁类混群。

分布：中国迁徙期见于东北至西南的大部分适宜水域，越冬期大部分见于长江中下游和东南沿海，也见于东北和东部、西南以及台湾岛。国外繁殖于全北界的寒带苔原和冻原，越冬于北美和亚欧大陆的中部和南部。

白额雁的小型个体时常被误认为小白额雁/北京沙河/沈越

白额雁成体腹部有不规则黑色斑，亚成体则付之阙如/辽宁/张明

辽宁/张明

小白额雁

Lesser White-fronted Goose

北京沙河/沈越

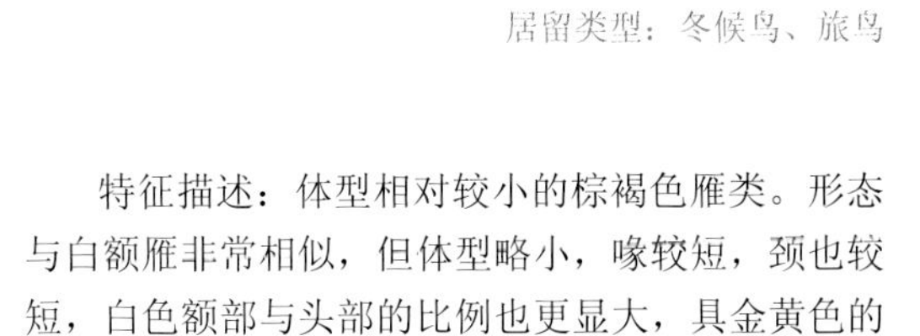

保护级别：IUCN：易危
体长：60厘米
居留类型：冬候鸟、旅鸟

特征描述：体型相对较小的棕褐色雁类。形态与白额雁非常相似，但体型略小，喙较短，颈也较短，白色额部与头部的比例也更显大，具金黄色的眼圈。

虹膜黑褐色；喙粉红色；脚橘红色。

生态习性：非繁殖期主要集群活动于开阔盐碱平原、半干旱草原上和沼泽、水库、湖泊、河流、农田里。多于其他大型鸭雁类特别是白额雁混群。

分布：中国过境见于东北、华北、华中和华东，越冬于长江中下游及华南水域，迷鸟见于四川和台湾岛。国外繁殖于欧亚大陆的极地苔原和冻原带，越冬于巴尔干半岛、中东和东亚南部。

小白额雁较其他雁显短而粗，鸣声更尖利。另外，白额雁也有些个体有金黄色眼圈，但颈较小白额雁明显长/辽宁/张明

斑头雁

Bar-headed Goose

体长：70厘米　居留类型：夏候鸟、冬候鸟、旅鸟、迷鸟

特征描述：体型小至中等体型的灰白色雁类。雌雄体羽相似，头白而枕后具两道黑色条纹，喉部白色且延伸至颈侧，前颈和后颈黑色至深灰色，背和胸腹灰色而具白色和黑色横纹，臀及尾下覆羽白色。

虹膜褐色；喙橘黄色而尖端黑色；脚橙红色。

生态习性：栖息于高原的咸水及淡水水域，非繁殖期集群活动于淡水湖泊、河流、水库等水域，中国多见于高原湖泊，迷鸟见于华北、华东和长江下游。

分布：中国繁殖于内蒙古极东北部、新疆、西藏、青海以及甘肃、四川等地的高原湖泊，迁徙见于西南适宜水域，越冬于西藏中南部至整个西南水域。国外繁殖于亚洲中部，越冬于南亚。

青海青海湖/高川

云南会泽/肖克坚

斑头雁冬季常见于西藏的农耕区，主要在农田觅食/西藏/张明

斑头雁是分布海拔最高的雁类/西藏/张明

繁殖季节斑头雁亲鸟脸部染黄色/云南会泽/肖克坚

雪雁

Snow Goose

体长：70厘米
居留类型：冬候鸟

特征描述：雪白色或蓝灰色小型雁类。白色型通体雪白而仅初级飞羽黑色，蓝色型头颈雪白，而身体蓝黑色，肩部具蓝灰色块斑。

虹膜黑褐色；喙粉红色；脚粉红色。

生态习性：非繁殖期多见于和其他雁类混群，活动于沿海的农田、浅滩、湖泊和水库等生境。

分布：中国罕见冬候鸟于黑龙江、吉林、河北、天津、江苏和江西。国外繁殖于北美环北极地区和西伯利亚东北部，越冬于北美、西伯利亚东部、日本。

江苏盐城/孙华金

雪雁偶见与其他雁混群越冬于中国东部/江苏盐城/孙华金

红胸黑雁

Red-breasted Goose

保护级别：国家II级　体长：55厘米　居留类型：迷鸟

特征描述：体色艳丽的小型雁类。喙短而头圆，颈粗短，喙基和前颊白色，后颊、前颈和前胸栗红色，臀、尾基部及尾下覆羽白色，其余部分黑色，但各色斑之间有白色线条相隔。

虹膜暗褐色；喙灰黑色；脚灰黑色。

生态习性：以植物的芽叶、根茎和种子为食，冬季多和其他雁类或大型鸭类如赤麻鸭混群，栖息于湖泊和宽阔河道等水域。

分布：中国迷鸟记录见于辽宁、河北、山东、河南、安徽、江西、湖北、湖南、四川等省以及广西。国外繁殖于西伯利亚北部极地冻原带，越冬于东南欧和中东，迷鸟见于西欧和东亚。

四川广汉/肖克坚

四川广汉/肖克坚

四川广汉/肖克坚

疣鼻天鹅

Mute Swan

保护级别：国家II级
体长：150厘米
居留类型：夏候鸟、冬候鸟、旅鸟

特征描述：大型形态优雅的天鹅。雄鸟前额具明显黑色疣状突，通体雪白色。雌鸟似雄鸟但无疣状突或较小，体型也较小。

虹膜褐色；喙橘红色；脚黑色。

生态习性：主要栖息于水草或芦苇丰茂的湖泊、水塘、沼泽和河流等水域。安静而优雅，常以家庭为单位活动，也有混群于其他天鹅和雁鸭类中。

分布：中国繁殖于新疆、青海、内蒙古、甘肃和四川北部的草原湖泊，越冬于华东和东南沿海，迷鸟至台湾岛。国外繁殖于中亚，做短距离或中长距离迁徙。

新疆伊宁/郭天成

新疆伊宁/郭天成

繁殖季节中的疣鼻天鹅亲鸟极具领域性和攻击性，张翅低首是一种警戒姿态，幼鸟（左二、左三、左四、左五）至第三年才与成鸟同色/内蒙古乌梁素海/沈越

新疆伊宁/郭天成

天鹅结家族群迁徙，亚成鸟（右一、右二）将从父母处习得关于迁徙路线的知识/新疆伊宁/郭天成

新疆阿勒泰/张国强

小天鹅
Tundra Swan

保护级别：国家II级
体长：130厘米
居留类型：冬候鸟、旅鸟

特征描述：大型白色天鹅。雌雄体色相似，全身雪白色，形态似大天鹅而较小，喙基部黄色区域较大天鹅为小，上喙侧黄色不超过鼻孔且前缘不显尖长，喙锋为黑色。

虹膜褐色；喙黑色而具黄色喙基；脚黑色。

生态习性：非繁殖期多集群活动于芦苇、水草等多水生植物的湖泊、水库、沼泽、河口和宽阔河流，有时也会与大天鹅混群。

分布：中国越冬于长江中下游和东南沿海，罕见越冬于西南的大型河流和湖泊地带，迷鸟至台湾岛。国外繁殖于全北界环北极苔原带，越冬于分布区的南部。

江西鄱阳湖/王揽华

冬季在鄱阳湖可以见到中国最大群的小天鹅/江西鄱阳湖/曲利明

江西鄱阳湖/曲利明

大天鹅

Whooper Swan

保护级别：国家II级　体长：150厘米　居留类型：冬候鸟、旅鸟

特征描述：大型白色天鹅。雌雄体色相似，通体雪白色，喙基具大片黄色斑，黄色向上延至喙锋且侧缘前部成尖三角状，体型较小天鹅为大。

虹膜褐色；喙黑色而基部黄色；脚黑色。

生态习性：喜栖息于开阔且水生植物丰富的浅水水域，冬季集群活动于水生植物丰富的湖泊、河流、沼泽、水库以及农田地带，有时与其他天鹅及雁鸭类混群。

分布：中国繁殖于新疆、内蒙古和东北，越冬于黄河和长江中下游流域，迁徙时经过华北、华东及东南沿海，迷鸟至台湾岛。国外繁殖于格陵兰和欧亚大陆北部，越冬于中欧、中亚和东亚。

山东/曲利明

大天鹅巢与卵/新疆巴音布鲁克/马鸣

新疆/张永

大天鹅的起飞需要开阔的水面进行长距离助跑/新疆阿勒泰/张国强

成鸟（左三和右三）与亚成鸟/山东/曲利明

翘鼻麻鸭

Common Shelduck

体长：58厘米
居留类型：夏候鸟、冬候鸟、旅鸟

特征描述：大型黑白色麻鸭。雄鸟头颈、两翼黑色而泛绿色光泽，喙基及前额具一隆起的红色肉瘤，上背至胸具一条宽阔的栗色环带，肩羽和尾羽末端黑色，下腹具一条宽的黑褐色条纹，其余体羽白色。雌鸟同雄鸟但色彩较暗且喙基无皮质肉瘤或很少，前额有时具一白色小斑点。

虹膜深色；喙及脚均为红色。

生态习性：繁殖期栖息于开阔的盐碱湖泊、沼泽以及草场，非繁殖期见于湖泊、河口、水库、盐田、海湾等多种生境，常结几十至数百只的群体，善于陆地行走和觅食。

分布：中国繁殖于东北、北部和西北部，迁徙时经过华中和华东大部，主要越冬于长江以及以南流域，少数冬候于台湾岛。国外繁殖于欧亚大陆中部，越冬于南欧、北非、中东、南亚、朝鲜半岛南部及日本九州岛。

雌鸟/辽宁盘锦/沈越

麻鸭的“翘鼻”到繁殖季尤为显著/北京沙河/沈越

辽宁/张明

雌鸟（上）雄鸟（中下）/辽宁大连/郑建平

赤麻鸭

Ruddy Shelduck

体长：60厘米　居留类型：夏候鸟、冬候鸟、旅鸟、留鸟

特征描述：大型栗黄色麻鸭。雄鸟全身栗黄色，颈部具狭窄黑色颈环，眼周颜色较淡，翼上具大块白色斑，翼镜铜绿色。雌鸟似雄鸟但颜色较淡，无黑色颈环。

虹膜黑褐色；喙黑色；脚黑色。

生态习性：偏好栖息于平原和草场上的湖泊、河流及沼泽水域，主要见于淡水水域，非繁殖期结成数十至数百只群体，多觅食于陆地和浅滩。

分布：中国繁殖于东北经内蒙古沿青藏高原东部边缘以西的区域，其中新疆北部和西藏中西部有留鸟种群，越冬于东北南部、华北、长江流域、东部和东南部沿海以及台湾岛。国外繁殖于东南欧、北非、中东、中亚，越冬于非洲尼罗河流域、南亚北部、中南半岛北部和东亚南部。

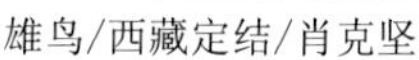
雄鸟/西藏定结/肖克坚

河北平山/柴江辉

雄鸟/云南丽江/肖克坚

辽宁/张明

雌鸟正带着雏鸟走向池塘，成功的孵化是一个成功繁殖季的开始/西藏/陈久桐

鸳鸯

Mandarin Duck

保护级别：国家II级　体长：41厘米　居留类型：夏候鸟、冬候鸟、旅鸟

特征描述：色彩艳丽的树栖鸭类。雄鸟羽色华丽，头具冠羽，眼后具宽阔的白色眉纹，下颊橙黄色，颈部具同色丝状羽，翼具一对橙黄色扇形直立羽，折拢后形成炫耀性“帆状饰羽”，翼镜绿色而具白色边缘，胸腹至尾下覆羽白色，两胁浅棕色。雌鸟全身灰褐色，眼圈白色，眼后有一白色眼纹与其相连，翼镜同雄鸟但无帆状饰羽，喙基、颏和喉白色，胸至两胁具暗褐色鳞状斑，腹和尾下覆羽白色。

虹膜褐色；喙雄鸟暗红色，雌鸟灰褐色或粉红色；脚橙黄色。

生态习性：繁殖期栖息于多林地的河流、湖泊、沼泽和水库中，非繁殖期成群活动于清澈河流与湖泊水域，通常不潜水，也常在陆上活动。常栖息于高大的阔叶树上，在树洞中营巢。

分布：中国繁殖于东北、华北、西南以及台湾岛，迁徙时见于华中和华东大部，越冬于长江及其以南流域。国外分布于东北亚和东亚。

雄鸟/福建福州/姜克红

雄鸟/黑龙江/张永

在繁殖季节开始前，很多鸳鸯即已结对活动/雌鸟（左）雄鸟（右）/北京/张永

雄鸟（左）雌鸟（右）/北京/沈越

鸳鸯非繁殖季常成群/江西婺源/曲利明

棉凫

Cotton Pygmy Goose

体长：30厘米
居留类型：夏候鸟、留鸟

特征描述：小型鹊色鸭。雄鸟前额至头顶、上背、两翼及尾深绿色，具深绿色颈环和肩带，两翼边缘及其他部位乳白色。雌鸟较雄鸟暗淡，上背、两翼及尾为黄褐色，两翼无白色边缘，其他部位皮黄色，褐色过眼纹较雄鸟明显。

虹膜雄鸟红色，雌鸟深褐色；喙灰黑色；脚灰色。

生态习性：栖息于多水生植物的河流、湖泊、鱼塘和稻田中。繁殖于树洞中，也有在排烟孔营巢的记录。

分布：中国分布区大部为夏候鸟，极南部为留鸟。分布于长江流域及其以南的水系、东南部沿海，台湾岛、河北、北京、甘肃偶有迷鸟记录。国外分布于印度、东南亚、新几内亚和澳大利亚北部。

雄鸟/四川成都/肖克坚

雌鸟/四川成都/肖克坚

相对其他雁鸭，棉凫更为偏好漂浮植物更为丰富的水域/四川成都/肖克坚

赤膀鸭

Gadwall

体长：50厘米

居留类型：夏候鸟、冬候鸟、旅鸟

特征描述：中等体型灰色野鸭。雄鸟通体灰色并密布蠕虫状白色细纹，翼黑色，具棕红色块斑，翼镜白色，腹部白色，尾部黑色。雌鸟通体灰褐色具黄褐色点斑，两肋具鳞状斑，翼镜白色，腹部白色。

虹膜褐色；喙黑色（雄鸟）或橙黄色（雌鸟）；脚橙色。

生态习性：非繁殖期多成群活动于淡水河流、湖泊和沼泽水域，喜多水生植物的生境，常与其他河鸭和潜鸭混群。

分布：中国繁殖于东北和新疆，迁徙时过境于华中和华东大部，越冬于长江及以南流域、台湾岛。国外繁殖于全北界温带水域，越冬于全北界南部，包括东北非。

雌鸟/福建福州/曲利明

雌鸟（左）雄鸟（右）/新疆阿勒泰/张国强

黑色喙与臀部是雄性赤膀鸭的主要特征/雄鸟/新疆库尔勒/邢睿

白色翼镜（如左）是赤膀鸭的主要识别特征/雌鸟（左）雄鸟（右）/辽宁浑河/孙晓明

罗纹鸭

Falcated Duck

保护级别：IUCN：近危　体长：48厘米　居留类型：夏候鸟、冬候鸟、旅鸟

特征描述：中等体型河鸭。雄鸟头顶栗褐色，头侧至脸、颈侧铜绿色而泛金属光泽，额基具一小白色点斑，颏、喉和前颈白色，颈基部具一细黑色横带，尾下覆羽黑褐色而两侧具三角形黄色斑块，其余体羽灰白色，翼镜墨绿色。雌鸟通体棕褐色，头具深色贯眼纹，翼镜暗绿色。

虹膜深色；喙黑色；脚黑色。

生态习性：非繁殖期喜集数十至数百只群体停栖于河流、湖泊、水库和沼泽等，常与其他河鸭特别是中等体型河鸭混群。

分布：中国繁殖于东北，非繁殖期在黄河及其以南水域越冬，包括台湾岛和海南岛。国外繁殖于西伯利亚东部、俄罗斯远东，越冬于东亚、南亚和东南亚的北部。

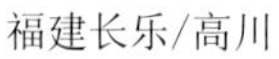

福建长乐/高川

雄鸟/台湾/林月云

雄鸟（左）雌鸟（右）/辽宁浑河/孙晓明

雄鸟/北京沙河/沈越

赤颈鸭

Eurasian Wigeon

体长：47厘米
居留类型：夏候鸟、冬候鸟、旅鸟

特征描述：中等体型的红棕色河鸭。雄鸟头、颈部栗红色并具明黄色冠羽，胸部粉红色，尾下覆羽黑色，下腹乳白色，其余体羽灰白色，翼具大块灰色和白色斑，翼镜绿色。雌鸟通体棕褐色，两胁红棕色，下腹白色，翼镜灰褐色。

虹膜黑褐色；喙铅灰色；脚黑色。

生态习性：喜栖息于富有水生植物的开阔水域，非繁殖期常成群活动，也与其他河鸭特别是中等体型河鸭混群，非繁殖期常发出悠扬的啸声。

分布：中国繁殖于东北，越冬于黄河及以南流域，包括台湾岛和海南岛。国外繁殖于整个古北界，越冬于分布区的南部。

雄鸟（左）雌鸟（右），下为白眼潜鸭（雄鸟）/辽宁/张明

雄鸟/北京沙河/沈越

绿眉鸭

American Wigeon

体长：51厘米
居留类型：迷鸟

混在赤颈鸭群中的绿眉鸭（右一）台湾/林月云

特征描述：中等体型的粉褐色河鸭。雄鸟头和上体麻白色，头顶黄白色，自眼到颈侧具一条宽的绿色眼纹，前胸至两胁粉褐色，尾下覆羽黑色，体后侧具一白色斑，翼上具大块白色斑，翼镜墨绿色。雌鸟体色同赤颈鸭雌鸟，但翼镜为墨绿色，且翼具大块白色斑。

虹膜褐色；喙灰色，尖端黑色；脚蓝灰色。

生态习性：栖息于河流、湖泊、水库和沼泽水域，非繁殖期多成群栖息于沿海沼泽和浅湾，常与其他河鸭混群。

分布：中国仅台湾岛有迷鸟记录。国外繁殖于北美的中部和北部，越冬于北美南部和中美洲，迷鸟至东亚。

台湾/林月云

绿头鸭
Mallard

体长：58厘米
居留类型：夏候鸟、冬候鸟、旅鸟

特征描述：类似家鸭的大型河鸭。雄鸟头颈墨绿色而泛金属光泽，一白色颈环将颈部和栗红色胸部隔开，其余体羽灰色，翼深色，翼镜蓝紫色，尾上覆羽灰色，尾部黑色。雌鸟全身黄褐色而有斑驳褐色条纹，两胁和上背具鳞状斑，有深褐色贯眼纹，翼镜蓝紫色。

虹膜黑褐色；雄鸟喙明黄色而尖端深色，雌鸟喙橘黄色而染褐色；脚橘红色。

生态习性：非繁殖期多成群活动于淡水湖泊、河流、水库、沼泽和河口地带。是中国最常见的野鸭，也因此驯养为家鸭，叫声似家鸭，响亮而清脆。

分布：中国繁殖于西北、东北、华北和西部高原，越冬于沿海地区、黄河及其以南流域，包括台湾岛和海南岛。国外繁殖于全北界的温带区域，越冬于分布区的南部，在部分温带和亚热带地区为留鸟。

雌鸟/北京/沈越

绿头鸭是最常见于北京城区及城郊各类水体的野鸭，雄鸟尾上覆羽形成的小钩是绿头鸭的独特之处/雄鸟（左）雌鸟（右）/北京/张永

绿头鸭和斑嘴鸭混群/辽宁/张明

雌鸟和雄鸟（右一）/江西鹰潭/曲利明

印缅斑嘴鸭

Indian Spot-billed Duck

体长：60厘米
居留类型：留鸟

特征描述：大型河鸭。体羽似斑嘴鸭但无明显下颊纹，眉纹与脸颊颜色相同，翼镜绿色而非蓝紫色，翼镜前缘白色边较后者明显为宽，白色的三级飞羽停栖时也多能见到，飞行时尤为明显，下体色淡且斑点明显。雌雄羽色相似，但雌鸟体色较暗淡，喙端黄色斑更淡。

虹膜黑褐色；喙黑色而具明黄色端斑；脚红色或红黄色。

生态习性：栖息水域类型多样，在内陆和沿海的湖泊、水库、池塘、潟湖、河流、沼泽和红树林均可见到。觅食于浅水区域和农田等生境，以植物性食物为主，休息时常成对或集群漂浮在水面。

分布：中国留鸟见于南部，在香港有多年繁殖记录，冬季见于云南南部、广东和香港。国外留鸟分布于印度次大陆、中南半岛北部的缅甸和老挝，冬季游荡至泰国。

云南/田穗兴

印缅斑嘴鸭面部纹样不同于斑嘴鸭/云南/田穗兴

斑嘴鸭

Chinese Spot-billed Duck

体长：58厘米　居留类型：夏候鸟、冬候鸟、留鸟

特征描述：大型的麻色河鸭。雌雄体羽相近，通体黄褐色，头和前颈色浅而具深色贯眼纹和下颊纹，头顶深褐色并有皮黄色眉纹，上背和两胁具鳞状深褐色斑，翼镜蓝色而泛紫色光泽。

虹膜褐色；喙灰黑色而尖端黄色；脚红色。

生态习性：是中国最常见的野鸭种类之一，见于河流、湖泊、水塘、沼泽、水库、滩涂、潟湖等多种生境，常集群活动，多与其他大型河鸭混群。

分布：中国繁殖于东北至华东、华中及西南大部分的适宜生境，越冬见于长江及以南流域，包括台湾岛和海南岛；华中和华南的部分种群为留鸟。国外繁殖于东北亚和东亚，越冬于东亚和东南亚。

辽宁盘锦/沈越

辽宁盘锦/沈越

福建莆田/曲利明

琵嘴鸭

Northern Shoveler

体长：48厘米
居留类型：夏候鸟、冬候鸟、旅鸟

特征描述：中等体型河鸭。喙延长而尖端为勺形。雄鸟头深绿色而泛紫色光泽，胸及两胁白色，下腹栗红色，尾黑色，翼具大块蓝灰色斑，翼镜绿色。雌鸟棕褐色而具鳞状斑，有深色贯眼纹，翼镜绿色。

虹膜雄鸟黄色，雌鸟褐色；喙雄鸟灰黑色，雌鸟橙黄色染褐色；脚橘红色。

生态习性：非繁殖期多结成百只甚至上千只的大群栖息于湖泊、河流、沿海沼泽、虾塘和潟湖中，喜多水生植物的水域，其特型喙有利于在浅水区觅食，常与中小型河鸭混群。

分布：中国繁殖于西北和东北，迁徙时见于华东、华中和西南大部，越冬于秦岭以南的水域，包括台湾岛和海南岛。国外繁殖于全北界中北部，越冬于全北界南部、南亚、东南亚和非洲北部以及中美洲。

雌鸟/北京沙河/沈越

雄鸟/新疆阿勒泰/张国强

雄鸟/新疆阿勒泰/张国强

雄鸟/辽宁/张明

针尾鸭
Northern Pintail

体长：57厘米
居留类型：夏候鸟、冬候鸟、旅鸟

特征描述：大型外形纤瘦的河鸭。雄鸟头和后颈背棕褐色，前颈至胸白色，两胁具灰色蠕虫状斑，下腹白色，翼深色，翼镜绿色，尾黑色，尾羽特性延长。雌鸟通体棕褐色而具鳞状斑纹，下体皮黄色，喉和前颈颜色较淡，翼镜褐色。

虹膜黑褐色；喙雄鸟蓝灰色，雌鸟黑色；脚灰黑色。

生态习性：非繁殖期喜结几十至上百只的群体在沼泽、河流和湖泊水域活动，取食于水面和浅水域，多与其他河鸭混群。

分布：中国繁殖于西北地区，迁徙时见于华中和华东大部，越冬于长江及其以南流域，包括台湾岛和海南岛。国外繁殖于欧洲、亚洲和北美洲北部，越冬于南欧、非洲北部、中东、南亚、东亚和东南亚以及中北美洲。

雄鸟/北京沙河/沈越

针尾鸭的喙和图样是重要识别特征，另外其颈部较其他河鸭修长/雌鸟/新疆博乐/邢睿

辽宁/张明

雄鸟/香港/王军

白眉鸭

Garganey

体长：38厘米　居留类型：夏候鸟、冬候鸟、旅鸟

特征描述：中小体型暗褐色河鸭。雄鸟头至胸、上背棕褐色，具宽阔而长的白色眉纹，两胁灰白色，翼上具蓝灰色块斑，翼镜绿色。雌鸟灰褐色而显暗淡，头部具白色眉纹和颊纹，两胁具鳞状斑，翼镜绿褐色。

虹膜栗褐色；喙灰黑色；脚蓝灰色。

生态习性：非繁殖期多成群栖息于沿海浅滩、鱼塘和潟湖中，也见于淡水河流和湖泊，常与小型河鸭混群，为中国越冬最为靠南的河鸭。

分布：中国繁殖于西北和东北地区，迁徙时见于华中、华东和西南，越冬于低纬度地区水域，包括台湾岛和海南岛。国外繁殖于欧亚大陆的温带区域，越冬于中北非、南亚、东南亚，南至印尼和澳大利亚。

雌鸟/北京沙河/沈越

雄鸟/北京沙河/沈越

雄鸟（左）雌鸟（右）/辽宁/张明

花脸鸭

Baikal Teal

体长：41厘米　居留类型：冬候鸟

特征描述：中等体型河鸭。雄鸟头部纹理独特，前半部黄色，后半部墨绿色，由黄、绿、黑、白、褐等多种颜色组成，上背和两胁蓝灰色，胸部红棕色而杂有暗褐色圆斑，胸侧和尾基两侧各有一条竖直的白色条纹，尾下覆羽黑褐色，翼镜绿色染棕。雌鸟全身黑褐色而具鳞状纹，头部颜色较浅，喙基具一白色点斑，脸侧具月牙形白色斑块。

虹膜褐色；喙黑色；脚灰黑色。

生态习性：非繁殖期结大群栖息于湖泊、水塘和潟湖，常与其他河鸭特别是绿翅鸭混群。

分布：中国迁徙时经过东北和华中大部，越冬于华东、华中和华南，包括海南岛和台湾岛。国外繁殖于东北亚，越冬于东亚。

雄鸟/黑龙江牡丹江/张代富

雄鸟/辽宁辽中/孙晓明

花脸鸭常结大群迁徙和越冬，但在中国的绝大部分历史分布区内已然十分罕见/雄鸟/四川绵阳/董磊

绿翅鸭

Eurasian Teal

体长：36厘米　居留类型：夏候鸟、冬候鸟、旅鸟

特征描述：小型河鸭。雄鸟头至颈深棕色，从眼开始具一宽阔带金黄色边缘的墨绿色眼罩，一直延伸至颈侧，肩羽具一道长条形白色带纹，两胁具蠕虫状细纹，尾下覆羽黑色且两侧具一黄色块斑，翼镜墨绿色，其余体羽灰褐色。雌鸟通体灰褐色，头部颜色较淡并具深色贯眼纹，翼镜墨绿色。

虹膜褐色；喙灰黑色；脚黑褐色。

生态习性：非繁殖期栖息于河流、水库、湖泊、水田、池塘、沼泽、沙洲、潟湖、海湾和滨海等绝大多数水域，多集大群活动，常与小型河鸭混群。

分布：中国繁殖于新疆和东北，越冬于黄河及以南的多种水域。国外繁殖于整个古北界，越冬于分布区的南部。

雌鸟/北京沙河/沈越

结小至大群迅速飞行是绿翅鸭迁徙越冬期的典型移动方式/福建闽江口湿地自然保护区/曲利明

雄鸟/北京沙河/沈越

美洲绿翅鸭

Green-winged Teal

体长：36厘米　居留类型：迷鸟

特征描述：小型河鸭。雄鸟似绿翅鸭雄鸟但胸部两侧各有一条粗白色纵纹，与绿翅鸭雄鸟的野外区别在于眼罩边缘的黄色边线相比后者更浅、更细且不那么明显，胸部颜色偏红，白色纵纹（有时呈乳黄色）的位置从后者的肩两侧移至胸两侧。雌鸟整体灰褐色，头部和腹部颜色稍淡，具绿色翼镜但稍暗淡，与绿翅鸭雌鸟在野外极难区分。

虹膜暗褐色；喙黑褐色，雌鸟有时基部染黄色；脚肉色或深色。

生态习性：繁殖期喜好水生植物茂密的湖泊和水塘，非繁殖期多成对或集群栖息于湖泊、河流、水塘、沼泽等多种水域，喜与其他河鸭混群活动，飞行迅速而振翅快速有力。

分布：中国仅出现于河北、广东和香港地区。国外在美洲广泛分布于北极圈与洪都拉斯之间的中北美区域，亚洲有迷鸟见于日本、朝鲜半岛、韩国和俄罗斯，欧洲迷鸟见于英国等地。

胸部两侧的白色纵纹是美洲绿翅鸭区别于绿翅鸭的重要特征/雄鸟/广东汕头/郑康华

赤嘴潜鸭

Red-crested Pochard

体长：55厘米　居留类型：夏候鸟、冬候鸟、旅鸟、迷鸟

特征描述：大型黄黑色潜鸭。雄鸟头圆而膨大，呈棕黄色，头顶橘黄色，上体灰褐色，翼镜白色，前胸至尾部整个下体黑色或灰黑色，两胁白色。雌鸟全身灰褐色下颊、喉至颈侧灰白色。

虹膜雄鸟红色，雌鸟红褐色；喙雄鸟鲜红色，雌鸟灰黑色，前部染黄色；脚雄鸟橙红色，雌鸟灰黑色。

生态习性：栖息于流速较缓的河流、河口以及开阔而多水生植物的深水湖泊上。非繁殖期成对或小群活动，也见成百只的大群。潜水觅食，也取食于水面，多以植物为食。

分布：中国繁殖于新疆和内蒙古，集群越冬于西南部的高原湖泊地带，华中、华南有零星越冬记录，迷鸟至江苏、浙江和台湾岛。国外主要繁殖于中欧、东欧以及亚洲中部，越冬于地中海、东北非、南亚北部和缅甸北部。

雌鸟（左）雄鸟（右）/辽宁/张永

交配行为/辽宁/张明

雄鸟（左）雌鸟（右）/新疆富蕴/沈越

雄鸟（左）雌鸟（右）/北京/柴江辉

雌鸟/北京/王瑞卿

红头潜鸭

Common Pochard

体长：45厘米　居留类型：夏候鸟、冬候鸟、旅鸟

特征描述：中等体型红白色潜鸭。雄鸟头、颈栗红色，胸、上背及尾上覆羽黑色，翼、两胁及下腹灰色。雌鸟全身棕褐色，背灰褐色，两胁及下体灰色。

虹膜雄鸟红色，雌鸟灰褐色，均具皮黄色眼圈；喙灰黑色而尖端黑色；脚灰黑色。

生态习性：栖息于水生植物茂密的河流、沼泽、水塘和湖泊。非繁殖期活动常集数百乃至上千只大群，常与其他潜鸭混群。

分布：中国繁殖于新疆西北部，迁徙时见于西部、中部、东北和华东全境，越冬于黄河、长江及以南流域，包括台湾岛。国外繁殖于西欧至中亚的欧亚大陆，越冬于北非、南亚。

雄鸟/北京沙河/沈越

雌鸟/北京沙河/沈越

雄鸟/北京/沈越

青头潜鸭

Baer's Pochard

保护级别：IUCN：濒危　体长：44厘米　居留类型：夏候鸟、冬候鸟、旅鸟、迷鸟

特征描述：中等体型深色潜鸭。雄鸟头部墨绿色而具光泽，上背、颈至前胸栗棕色，上体黑褐色，翼暗褐色而翼镜白色，两胁栗褐色，尾下覆羽白色，腹部白色且延至两胁，与栗褐色相间形成白色不明显的纵纹。雌鸟全身黑褐色，头部尤显黑，喙基具一栗褐色斑，翼镜和尾下覆羽白色。

虹膜雄鸟白色，雌鸟暗褐色；喙灰黑色；脚铅灰色。

生态习性：繁殖于多芦苇的湖泊和沼泽水域，非繁殖期栖息于水塘、湖泊和水库以及水流较缓的河流水域，多以水生植物为食。目前，因繁殖栖息地被大肆开发，种群数量急剧减少，已经被列为濒危的雁鸭类。

分布：中国繁殖于东北各省，迁徙时经过华中和华东，越冬于长江流域及以南地区，包括台湾岛。国外繁殖于西伯利亚东南部，越冬于朝鲜半岛、日本、东亚、南亚和东南亚。

雄鸟/辽宁大连/王文桐

雄鸟/辽宁/张明

青头潜鸭的喙比近似的其他潜鸭显长，且额前倾与喙形成一独特的“斜坡”轮廓/雄鸟（右一）/辽宁/张明

白眼潜鸭

Ferruginous Pochard

保护级别：IUCN：近危
体长：40厘米
居留类型：夏候鸟、冬候鸟、旅鸟、迷鸟

特征描述：中等体型纯褐色潜鸭。雄鸟除尾下覆羽、下腹及翼镜白色外，其余均为栗褐色，头部具金属光泽，上背呈黑褐色。雌鸟羽色与雄鸟相似但色较浅。

虹膜雄鸟乳白色，雌鸟黑褐色；喙灰黑色；脚黑褐色。

生态习性：繁殖期栖息于开阔而水生植物丰富的淡水湖泊、沼泽和水塘等水域，非繁殖期多栖息于水流缓慢或静水的河流、湖泊、河口和水库等水域，能潜水但持续时间不长，多集几十至数百只群体活动，与其他潜鸭混群。

分布：中国繁殖于新疆、内蒙古和西藏、云南西北部，迁徙时见于西部和中部省份，越冬于西南各省，迷鸟至山东、江苏、上海、福建、浙江和台湾岛。国外繁殖于中南欧、地中海、中亚，越冬于北非、南亚北部以及东南亚北部。

雄鸟/北京/柴江辉

雄鸟/北京/张永

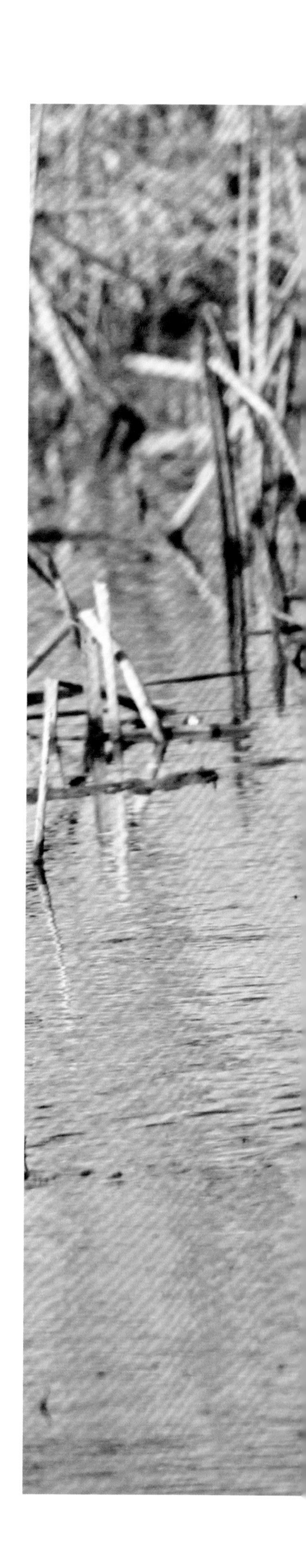

雄鸟（左）雌鸟（右）/新疆阿勒泰/张国强

凤头潜鸭

Tufted Duck

体长：43厘米　居留类型：夏候鸟、旅鸟、冬候鸟

特征描述：中等体型黑白色潜鸭。雄鸟头、颈、前胸、上背及尾部黑色，头泛紫色光泽且具长羽冠，翼镜、两胁及下腹白色。雌鸟通体棕褐色，头无光泽，具长羽冠但较雄鸟为短，下腹色浅，两胁有时染白色，喙基白色斑从不明显到特别显现。

虹膜金黄色；喙铅灰色而尖端黑色；脚铅灰色。

生态习性：非繁殖期多栖息于富有水生植物的深水湖泊、河流、沼泽和水塘等淡水水域，潜水能力强，常集上百只群体活动，与其他潜鸭混群。

分布：中国繁殖于极东北部，迁徙时经长江以北地区，越冬至长江及以南流域，包括台湾岛和海南岛。国外繁殖于欧亚大陆北部，越冬于欧亚大陆南部、北非、朝鲜半岛、日本南部以及菲律宾北部。

雄鸟/北京沙河/沈越

雌鸟/辽宁/张明

雄鸟（左）雌鸟（右）/辽宁/张明

斑背潜鸭

Greater Scaup

体长：46厘米　居留类型：冬候鸟

特征描述：中等体型粗壮潜鸭。雄鸟头、颈、胸及尾部黑色，头部圆而膨大且泛墨绿色光泽，背部白色并具波浪状黑褐色细纹，形成“斑背”，下腹、两胁及翼镜白色。雌鸟通体棕褐色，两胁褐色较浅，喙基处具一宽的白色环斑，翼镜和下腹为白色。

虹膜黄白色；喙铅灰色而尖端黑色；脚铅灰色。

生态习性：非繁殖期多集群活动于沿海湿地、虾塘或河口水域，也见于淡水湖泊和河流中，喜爱水流较缓的水域，与其他潜鸭混群。

分布：中国冬季见于华中、华东、华南、四川以及台湾岛。国外繁殖于全北界的环北极区域，越冬于全北界南部沿海区域。

雄鸟/辽宁/王文桐

雌鸟/辽宁浑河/孙晓明

斑背潜鸭（左二）时常与其亲缘关系较近的凤头潜鸭混群/四川德阳/肖克坚

丑鸭

Harlequin Duck

体长：43厘米　居留类型：冬候鸟

特征描述：小型海鸭。雄鸟自喙基到眼先和前额具一大块白色斑，耳部有一小圆形白色斑，其后有一条白色纵纹，颈部具一狭长白领，胸侧、两肩及翼羽具白色条纹，尾下覆羽两侧具一白色小圆形斑，头顶两侧具红色细纹，两胁具大块栗红色斑，其余体羽呈石板青色。雌鸟整体暗褐色，喙基到眼先前半脸部具一白色斑块，耳部具一白色小圆形斑点。

虹膜暗褐色；喙铅灰色；脚灰黑色。

生态习性：繁殖于山间溪流，越冬多见于多岩石的沿海水域，善于潜水，但休憩时多停栖于陆地和岩石上，和其他雁鸭混群较少。

分布：中国在长白山区有繁殖记录，越冬于东部沿海，迷鸟至四川。国外分布于东北亚、格陵兰岛、冰岛、北美东北部和西北部，越冬于分布区的南部沿海地区。

雄鸟/吉林/张明

雄鸟/吉林/张明

高寒地区多岩石的湍急流溪是丑鸭繁殖的场所/雌鸟（左）雄鸟（右）/吉林/刘培琦

斑脸海番鸭

White-winged Scoter

斑脸海番鸭额至喙基为一平缓过渡的“斜坡”，轮廓不同于黑海番鸭/浙江钱塘江/翁发祥

体长：54厘米

居留类型：冬候鸟

特征描述：中等体型黑色海鸭。雄鸟全身黑色而泛紫色光泽，眼后具一半月形白色斑，喙基具一黑色肉瘤，翼镜白色，停栖时呈一白色斜纹。雌鸟通体暗褐色，喙基和耳部前后各具一椭圆形白色斑，翼镜白色。

虹膜红色；喙雄鸟橘红色，雌鸟灰黑色；脚橘红色。

生态习性：繁殖期栖息于内陆湖泊和水塘中，非繁殖期栖息于沿海水域。

分布：中国越冬于东部和东南部沿海以及长江中下游的内陆湖泊，最南至香港地区，迷鸟见于北京、四川。国外繁殖于西伯利亚中部和东部、阿拉斯加和加拿大北部，越冬于北美的东部沿海、太平洋的东北部和西北部沿岸。

雄鸟（左）雌鸟（右）/新疆阿勒泰/邢睿

黑海番鸭

Black Scoter

体长：48厘米
居留类型：冬候鸟

特征描述：中等体型粗壮海鸭。雄鸟通体黑色，喙基部膨大并具一黄色肉瘤。雌鸟通体暗褐色，下颊至前颈烟灰色。

虹膜黑褐色；喙灰褐色；脚灰褐色。

生态习性：非繁殖期主要栖息于沿海海面、河口及港湾等咸水水域，偶尔见于内陆淡水水库及湖泊上。

分布：中国越冬于东部及东南部沿海，迷鸟见于北京、重庆、上海。国外繁殖于西伯利亚东部到阿拉斯加以及北美东北部，越冬于北美西海岸和太平洋东北及西北沿岸。

上海/薄顺奇

上海/薄顺奇

长尾鸭

Long-tailed Duck

保护级别：IUCN：易危　体长：50厘米　居留类型：冬候鸟

特征描述：中等体型素色潜水鸭。雄鸟繁殖期全身黑褐色，从喙基到头顶至眼后和整个颊部围绕眼区具一大块略呈菱形的粉白色斑块，上背和肩羽深黑褐色并具棕红色宽边，形成矛状，腹、两胁和尾下覆羽白色，尾羽深色且特别延长。雄鸟非繁殖期头顶、颏、喉和颈白色，眼周白色并杂浅褐色，后颊至颈侧具一椭圆形大块黑褐色斑，上背白色而杂浅褐色，翼黑色，腹、两胁及尾下覆羽白色。雌鸟非繁殖期前额至头顶到后枕黑色，耳下至颈侧具一椭圆形大块黑色斑，其余头、颈部白色，胸和上背黑褐色，下腹至尾下覆羽白色。

虹膜雌鸟褐色，雄鸟非繁殖期棕褐色，繁殖期红色；喙铅灰色，尖端黑色；脚铅灰色。

生态习性：冬季多见于咸水水域，少见于淡水水域，栖息于湖湾和河流中，潜水觅食，甚不惧人。

分布：中国冬季越冬于渤海、黄海和东海水域，在长江中下游和四川以及新疆也有越冬记录。国外分布于全北界环北极水域，越冬于全北界沿海水域。

繁殖羽/辽宁/张永

非繁殖羽/四川德阳/肖克坚

四川德阳/董磊

鹊鸭

Common Goldeneye

体长：46厘米
居留类型：夏候鸟、冬候鸟、旅鸟

特征描述：中等体型鹊色潜水鸭。头圆而尖耸，眼金黄色。雄鸟头部墨绿色，喙基部具大块椭圆形白色斑，上背黑色，翼具大块白色斑，下颈、胸及下体白色。雌鸟头暗褐色，上背灰褐色而呈鳞状斑，胸和两胁具灰褐色蠕虫状斑纹，下颈白色而形成颈环。

虹膜金黄色；喙雄鸟黑色，雌鸟黑褐色而尖端黄色；脚橘红色。

生态习性：繁殖于多林地和水生动物的湖泊、溪流和沼泽水域，非繁殖季多栖息于湖泊、水库、海湾以及流速缓慢的河流水域，潜水觅食。

分布：中国繁殖于极东北部，迁徙时经过华中、华东，越冬于包括西南在内的黄河、长江和珠江流域以及东北至东南部沿海水域，迷鸟至台湾岛。国外繁殖于全北界中北部，越冬于全北界南部。

雄鸟/北京野鸭湖/沈越

幼鸟，虹膜色深/新疆阿勒泰/张国强

雌鸟/新疆阿勒泰/张国强

雄鸟/辽宁/张永

白秋沙鸭

Smew

体长：40厘米　居留类型：夏候鸟、冬候鸟

特征描述：小型黑白色秋沙鸭。雄鸟眼罩、后枕、上背、胸侧及初级飞羽黑色，其余体羽白色，两肋具灰色蠕虫状条纹。雌鸟头、上颊及后颈红棕色，下颊、颏、喉至前颈白色，其余体羽灰色，下腹白色。

虹膜褐色；喙短而略带钩，灰黑色；脚灰黑色。

生态习性：繁殖于树洞或沼泽水域，结小群越冬于开阔水域，潜水觅食，但潜水距离和时间都较其他秋沙鸭为短，是体型最小、喙最短的秋沙鸭。

分布：中国繁殖于东北，越冬于松花江、鸭绿江、黄河、长江以及珠江流域，迷鸟至台湾岛。国外分布于古北界北部，越冬于古北界南部。

雄鸟/北京沙河/沈越

雌鸟/北京/张永

雄鸟/新疆/王尧天

辽宁/张明

雄鸟/辽宁浑河/孙晓明

普通秋沙鸭

Common Merganser

体长：63厘米　居留类型：夏候鸟、冬候鸟、旅鸟、留鸟

特征描述：大型嗜鱼性秋沙鸭。雄鸟头、上颈和上背墨绿色，枕部多具短的冠羽，下颈和胸以及下体白色，翼上具大块白色斑，腰和尾部灰色。雌鸟头、上颈栗褐色，有时具深褐色的眼先纹或贯眼纹，上体灰色，下体白色，部分个体两胁染灰色并具不明显的鳞状斑，枕部有时具短的冠羽，颏和喉白色，翼上白色较雄鸟少，仅具白色翼镜。

虹膜暗褐色；喙狭长，直而尖端带钩，暗红色；脚红色。

生态习性：栖息水域多样，包括河流、湖泊、河口、水库、海湾和潮间带，冬季多结大群活动，起飞时需在水面助跑，潜水可长达半分钟之久，是体型最大且分布最广的秋沙鸭。

分布：中国繁殖于新疆北部、东北地区和青藏高原，迁徙见于除塔里木盆地和周边干旱地区以外的所有区域，迷鸟至台湾岛和海南岛。国外几乎遍布整个全北界北回归线以北的区域，越冬于分布区的南部。

雌鸟/北京白河峡谷/沈越

雄鸟/西藏拉萨/肖克坚

普通秋沙鸭喙端显著的尖钩明显区别于另外两种形似的秋沙鸭/雄鸟/云南丽江/肖克坚

雌鸟和雏鸟/新疆喀纳斯/郭天成

雌鸟和雏鸟/新疆北屯/徐捷

红胸秋沙鸭

Red-breasted Merganser

体长：55厘米　居留类型：冬候鸟

特征描述：身体带红色的秋沙鸭。雄鸟头和上颈墨绿色，上背黑色，腰和尾羽灰色，下体白色，两胁具灰色蠕虫状斑纹，与其他秋沙鸭的区别是胸部深棕色，枕后冠羽长而分叉明显。雌鸟头棕褐色，具白色眼圈和上下黑白色眼先，颏、喉和前颈灰白色。

虹膜红色；喙狭长略上翘而尖端带钩，暗红色，尖端暗褐色；脚橘红色。

生态习性：繁殖季栖息于苔原沼泽、河流和湖泊中，非繁殖季相比其他秋沙鸭更偏好沿海海岸、河口和浅水湾等咸水水域。

分布：中国繁殖于黑龙江北部，迁徙过境于中国大部，越冬于东南沿海地区，冬候鸟罕见至台湾岛。国外繁殖于全北界极北地区，越冬于分布区南部沿海岸水域，偶有内陆记录。

雄鸟/辽宁/张明

雌鸟/北京/宋晔

雌鸟（左）雄鸟（右）/辽宁浑河/孙晓明

中华秋沙鸭

Scaly-sided Merganser

保护级别：国家I级　IUCN：濒危
体长：57厘米
居留类型：夏候鸟、冬候鸟、旅鸟、留鸟

特征描述：形态清秀的秋沙鸭。雄鸟头、颈黑色而泛绿色光泽，具长羽冠，背黑色，下体和前胸白色，两胁具明显的黑色鳞状斑。雌鸟头、颈栗褐色，羽冠较短，眼先和过眼纹深褐色，上体灰褐色，颏、喉、前胸和下体白色，两胁具鳞状斑。

虹膜褐色；喙狭长而尖端带钩，鲜红色，尖端明黄色；脚橘红色。

生态习性：喜在多溪流的林间树洞中繁殖，越冬于河流、湖泊和水库中。多只个体之间常有协作捕鱼的行为。

分布：中国繁殖于东北部，过境经东部和中部，越冬于中部和南部的黄河、长江以及珠江流域，偶尔也在东北的鸭绿江流域和台湾岛越冬。国外繁殖于俄罗斯远东和朝鲜半岛北部，越冬于朝鲜半岛、日本和东南亚。

雌鸟/江西鹰潭/徐波荣

雄鸟/江西鹰潭/曲利明

江西婺源/白文胜

雌鸟（前）和幼鸟/吉林松江河/沈越

无论在越冬地还是繁殖地，中华秋沙鸭都喜爱清澈的河流，也见于山区水库/江西婺源/白文胜

白头硬尾鸭
White-headed Duck

保护级别：IUCN：濒危　体长：45厘米　居留类型：夏候鸟、迷鸟

特征描述：中等体型喙型奇特的硬尾鸭。雄鸟全身棕褐色，头部白色，头顶和领部黑褐色，整个身体和尾部呈深浅度不一的栗褐色。雌鸟和幼鸟体羽与雄鸟相似，头顶黑褐色通过颈后与上背相连，下颊部有明显的黑褐色横纹。

虹膜黄色；雌鸟颜色较淡，喙雄鸟灰蓝色，基部膨大，雌鸟灰黑色，基部膨大较小；脚灰色。

生态习性：繁殖期常栖息于水生蠕虫和挺水植物丰富的淡水湖泊中，善于游泳和潜水。

分布：中国迷鸟见于湖北，夏候鸟见于新疆西北部和乌鲁木齐附近。国外分布于欧洲东南部、亚洲中部和西部以及非洲西北部。

雌鸟/新疆乌鲁木齐/苟军

雄鸟/新疆乌鲁木齐/苟军

雄鸟/新疆乌鲁木齐/张代富

雌鸟和幼鸟/新疆/王尧天

雄鸟（左）、雌鸟（右）和幼鸟/新疆乌鲁木齐/张代富

红喉潜鸟

Red-throated Loon

体长：54-69厘米　居留类型：冬候鸟、旅鸟

特征描述：体型最小的潜鸟。繁殖期成鸟喉部至上颈栗红色，与脸部、喉部和颈侧的灰色形成鲜明对照，颈背侧具黑色纵纹，上体其余部分黑褐色。冬羽成鸟头顶和颈侧黑色，上体黑褐色并具白色纵纹，下体白色。

虹膜红色；喙灰黑色；脚黑绿色。

生态习性：繁殖于北方苔原和森林间的湖泊、沼泽和河流中。越冬在沿海海域、大型水库和池塘中。擅长潜水，飞行和游泳时颈部伸得很直，可以从水面直接起飞而不需要助跑。

分布：中国分布在东部沿海地区，包括台湾岛和海南岛，偶见于内陆地区。国外在亚欧大陆、北美洲大陆北部繁殖，在这些繁殖区的南部海域越冬。

繁殖羽/辽宁浑河/孙晓明

非繁殖羽/台湾/吴崇汉

非繁殖羽/台湾/吴崇汉

黑喉潜鸟

Black-throated Loon

体长：56-75厘米　居留类型：冬候鸟、旅鸟、繁殖鸟

特征描述：体型比红喉潜鸟略大。繁殖期成鸟前颈部为有金属光泽的黑绿色，头灰色，背部具有黑白色相间的棋盘状纹，上体其余部分黑褐色，下体白色。冬羽成鸟自头顶、颈侧至背部黑色。

虹膜红色；喙灰黑色；脚黑色。

生态习性：类似于其他潜鸟。

分布：中国越冬于东部沿海地区，在东北长白山区和新疆北部繁殖。国外在亚欧大陆北部的近北极地区繁殖，在这些繁殖区的南部海域越冬。

繁殖羽/吉林/张明

繁殖羽/吉林/张永

繁殖羽/吉林/张明

太平洋潜鸟

Pacific Loon

体长：61-68厘米
居留类型：冬候鸟、旅鸟

特征描述：形态与黑喉潜鸟十分相似。但是繁殖期成鸟前颈部呈黑紫色有金属光泽而非黑绿色，下胁部黑色而非白色，在游泳时体侧几乎看不见白色。冬羽颜色比黑喉潜鸟淡，体侧几乎看不见白色或较少白色。

虹膜红色；喙灰黑色；脚黑色。

生态习性：类似于其他潜鸟。

分布：在中国东部沿海地区为非常罕见的冬候鸟或旅鸟。国外在西伯利亚东北部、阿拉斯加和加拿大繁殖，在繁殖区南部的海域越冬。

非繁殖羽/北京/王瑞卿

非繁殖羽/北京/王瑞卿

黄嘴潜鸟

Yellow-billed Loon

繁殖羽/吉林/张明

体长：75-100厘米

居留类型：冬候鸟、旅鸟

特征描述：潜鸟中体型最大者。喙厚重并向上翘，颈粗壮，前额具有明显的隆起。繁殖期成鸟头和颈部黑色，具蓝色金属光泽，颈侧有白色斑块，上体深色，具棋盘形白色斑块。冬羽黑褐色但是脸部和颈部颜色很浅，以黄色的喙和体型大与其他潜鸟相区分。

虹膜红色；喙黄白色；脚黑色。

生态习性：类似于其他潜鸟，但游泳时颈伸直，头上翘，喙向上倾斜。

分布：在中国东部沿海地区为非常罕见的冬候鸟或旅鸟，也偶见于内陆的河流中。国外在亚洲大陆的极北部地区、阿拉斯加和加拿大北部繁殖，在繁殖区南部的海域越冬。

繁殖羽/吉林/张明

黑脚信天翁

Black-footed Albatross

体长：76-88厘米
居留类型：留鸟

特征描述：大型海鸟、翅狭长、为典型信天翁科的特征。通体几乎暗褐色，但是腹部颜色偏灰色，尤其腹部中央的颜色更浅，在喙周围，过眼纹、颊前部和颏部白色，其余脸部整体偏灰色，尾羽黑色较深，尾下覆羽白色。幼鸟上体黑褐色但比成鸟色较浅，成鸟的白色区域幼鸟为灰色，如头侧、喉和颏部。

虹膜褐色；喙黑褐色；脚黑色。

生态习性：除繁殖期在岛屿上度过之外，其余季节活动于海面上，飞行能力极强，常成对贴海面飞行或者高空飞翔，并时常尾随船只。喜食表层海水中的头足类、软体动物，鱼类等海洋生物，也吃人类丢弃的食物和垃圾。因此受到远洋长线捕鱼活动的威胁，有时会误食垃圾而死亡，近年来种群数量下降。

分布：中国分布于台湾岛外围海域。国外繁殖于太平洋中岛屿，非繁殖期在太平洋游荡。

台湾钓鱼岛海域/萧木吉

台湾钓鱼岛海域/萧木吉

短尾信天翁

Short –tailed Albatross

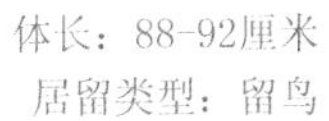
体长：88-92厘米
居留类型：留鸟

特征描述：体型硕大的海鸟。为信天翁家族里体型最大的种类，翅狭长，翅展可达两米，但是身体粗壮。成鸟通体几乎纯白色，仅在头顶和枕部沾有橙黄色，翅膀、肩部和尾部具有灰褐色的区域，尾相对于身体的比例较短。本种成鸟几乎不会与其他种类混淆。幼鸟上体黑褐色似黑脚信天翁，但是体型明显大于后者，且喙浅粉色，脚偏蓝色。

虹膜褐色；喙粉红色，端部浅蓝色；脚蓝灰色。

生态习性：类似于其他信天翁，除繁殖期在岛屿上度过之外，其余季节活动于海面上，飞行能力极强，善于借助海上气流做长距离飞行。捕食除白天外，可在夜间进行。种群数量受到远洋长线捕鱼活动的影响，有的因误食垃圾而死亡。

分布：中国见于台湾岛外围海域及钓鱼岛群岛，福建和山东沿海。国外繁殖于太平洋中岛屿，但非繁殖期在太平洋内游荡。

台湾钓鱼岛海域/萧木吉

台湾钓鱼岛海域/萧木吉

白额鹱

Streaked Shearwater

体长：47-52厘米
居留类型：夏候鸟、留鸟、旅鸟

特征描述：中型海鸟。上体暗褐色，头顶、头侧和颈部具有褐色纵纹，下体和翼下覆羽主要为白色，尾呈楔形。

虹膜暗褐色；喙褐色；脚黄色。

生态习性：常低飞于海面，遇到浅层鱼虾群后可潜水或者游泳取食，主要以虾和鱼类为食物。

分布：中国辽东半岛和山东半岛外围岛屿为夏候鸟，台湾岛附近岛屿为留鸟。迁徙时有记录见于东部沿海。国外繁殖于太平洋西北部岛屿，非繁殖期迁往菲律宾、印度尼西亚及夏威夷群岛等。

台湾/吴崇汉

由于台风等原因在内陆地区迫降着陆的鹱类重回洋面的可能性很小/台湾/吴崇汉

短尾鹱

Short-tailed Shearwater

香港/余日东

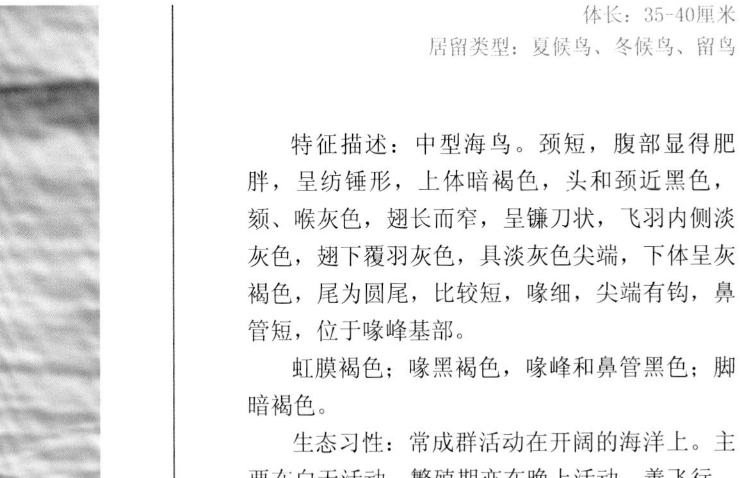

体长：35-40厘米

居留类型：夏候鸟、冬候鸟、留鸟

特征描述：中型海鸟。颈短，腹部显得肥胖，呈纺锤形，上体暗褐色，头和颈近黑色，颏、喉灰色，翅长而窄，呈镰刀状，飞羽内侧淡灰色，翅下覆羽灰色，具淡灰色尖端，下体呈灰褐色，尾为圆尾，比较短，喙细，尖端有钩，鼻管短，位于喙峰基部。

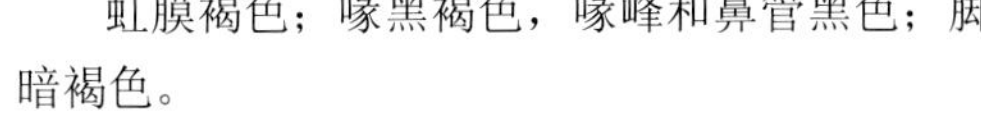

虹膜褐色；喙黑褐色，喙峰和鼻管黑色；脚暗褐色。

生态习性：常成群活动在开阔的海洋上。主要在白天活动，繁殖期亦在晚上活动。善飞行，亦善于游泳。主要以虾和小型海洋动物为食。

分布：中国台湾岛和香港海域有记录。国外繁殖于南太平洋，非繁殖期往北太平洋游荡。

香港/余日东

褐燕鹱

Bulwer's Petrel

体长：28厘米
居留类型：季候鸟、漂鸟

特征描述：小型鸥状海鸟。上体烟褐色，下体浅褐色，翼上覆羽具浅色横纹，大覆羽染灰白色，与黑叉尾海燕相似，但体型较大，尾长而呈楔形。

虹膜褐色；喙黑色；脚偏粉色，具黑色蹼。

生态习性：飞行强劲有力，常在洋面低空舒缓地盘旋，有时在高空振翅旋即猛扑入水捕食。

分布：中国有繁殖记录见于福建外海岛屿，在东海至南海也有记录，台风季节偶见于内陆，远及湖北、云南。国外繁殖于大西洋及太平洋岛屿，游荡时见于更为广泛的区域，记录数量稀少。

香港/李锦昌

台湾/吴崇汉

赤颈䴙䴘

Red-necked Grebe

非繁殖羽/四川德阳/牛蜀军

体长：48-57厘米

居留类型：夏候鸟、冬候鸟、旅鸟

特征描述：体型短粗的䴙䴘。繁殖期成鸟头顶和上体黑褐色，与灰白色颊部形成鲜明对比。颈到上胸栗红色，其余上体灰褐色，下体白色。冬羽头顶和上体灰褐色，颊部、颈侧、前颈和身体余部灰白色。

虹膜褐色；喙黑色，基部黄色；脚黑色。

生态习性：类似于其他䴙䴘。

分布：在中国黑龙江可能有繁殖，华北和东南沿海为罕见旅鸟或冬候鸟。广布于亚欧大陆，北非和北美西部。

四川德阳/牛蜀军

小䴙䴘

Little Grebe

体长：25-32厘米

居留类型：夏候鸟、冬候鸟、旅鸟

特征描述：体型最小的䴙䴘。繁殖期成鸟头顶和上体黑褐色，颊部、颈侧和前颈栗红色，其余下体、胸部灰白色，眼先和喙裂乳白色，冬羽头顶和上体灰褐色，颊部、颈侧、前颈和身体余部灰白色。

虹膜黄色；喙黑色，尖端黄色；脚石板灰色。

生态习性：繁殖和越冬于水流缓慢的湖泊、池塘、沼泽和河流中，常单独或者成对活动。捕食时常频频潜水，游泳时上体露出水面的部分较多，起飞时需要在水面上助跑。

分布：在中国东北、西北和华北为夏候鸟和旅鸟，在南方地区为冬候鸟。国外广布于亚欧大陆、非洲、东南亚和南亚。

小䴙䴘捕食鱼、虾及大型水生昆虫/北京/冯威

成鸟/山东济南/郑建平

雏鸟头颈部的黑白色纹样是䴙䴘类的共同特征/雏鸟/云南大理/肖克坚

繁殖羽/北京沙河/沈越

雏鸟/北京/杨华

凤头䴙䴘

Great Crested Grebe

体长：50-58厘米

居留类型：夏候鸟、冬候鸟、旅鸟

特征描述：体型修长的䴙䴘。繁殖期成鸟头顶和上体棕褐色，头顶羽毛延长成羽冠，耳羽和颈侧的饰羽基部栗褐色，端部黑色，形成领状，喙角到眼之间有一道黑线，胁部栗色，下体白色，冬羽头顶和上体灰褐色，颈侧棕褐色，余部白色。

虹膜褐色；喙黄色；脚黄色。

生态习性：生境选择类似于其他䴙䴘。繁殖期具有复杂的求偶行为，雌雄个体在水面上演示具有仪式化的"舞蹈"。两只个体相互配合，和水面保持垂直，并且互相点头，有时还衔着水草。

分布：中国在东北、西北、华北、新疆和西藏的部分地区繁殖，迁徙时经过华北和中部地区，在长江流域、东南沿海和西南地区越冬。国外广布于亚欧大陆、非洲和澳洲。

繁殖羽/辽宁/张明

繁殖羽/辽宁盘锦/沈越

复杂的求偶行为/新疆阿勒泰/张国强

繁殖羽/辽宁/张明

角䴙䴘
Horned Grebe

保护级别：国家Ⅱ级　体长：31–39厘米　居留类型：夏候鸟、冬候鸟、旅鸟

特征描述：体型较小的䴙䴘。繁殖期成鸟头顶、颈部和上体黑色，与橙黄色的过眼纹形成鲜明的对比，由颈侧、上胸到腹部栗色，冬羽头顶、后颈和上背黑褐色，颊部、颈侧、前颈和身体余部白色。

虹膜红色；喙黑色，端部浅色；脚黄灰色。

生态习性：类似于其他䴙䴘。

分布：中国在新疆西北部、内蒙古和黑龙江北部繁殖，迁徙时经过东北和华北等省，在东南和长江中下游地区越冬。国外在亚欧大陆、北美繁殖，在这些大陆的南部越冬。

繁殖羽/新疆阿勒泰/邢睿

黑颈䴙䴘

Black-necked Grebe

体长：25-34厘米　居留类型：夏候鸟、冬候鸟、旅鸟

特征描述：体型较小的䴙䴘。繁殖期成鸟头顶、颈部和上体黑色，眼后具有金黄色扇形的饰羽，两胁红褐色，下体白色，喙略微上翘，冬羽头部黑色区域较角䴙䴘多，颈部灰黑色，喙略上翘，和角䴙䴘区别明显。

虹膜红色；喙黑色，端部浅色；脚黑色。

生态习性：类似于其他䴙䴘。

分布：中国在新疆西北部、黑龙江和吉林繁殖，迁徙时经过东部各省，在东南沿海越冬；华北和东南沿海为罕见旅鸟或冬候鸟。国外于亚欧大陆、北美北部和北非繁殖，在这些大陆的南部越冬。

非繁殖羽似角䴙䴘非繁殖羽，但后者颏下至颈前全白色，额部不隆起，喙端不上翘且喙端部白色清晰可见/福建长乐/郑建平

繁殖羽/黑龙江大庆/张代富

非繁殖季常结小群/天津/杨华

白尾鹲
White-tailed Tropicbird

体长：37-40厘米（不含延长尾羽） 居留类型：海鸟

特征描述：中型白色海鸟。中央尾羽延长呈线状，成鸟眼先和眼后具黑色斑，形成黑色眼眉，翅尖黑色，翅上有两道黑色斜斑。亚成鸟尾羽不延长，上体具显著、粗壮的黑色横斑。

虹膜黑色；喙黑色；跗跖黄色，脚黑色。

生态习性：常活动于海面，飞行时敏捷飘逸。可悬停在空中，看见海面猎物后俯冲入水捕食，主要以鱼类、甲壳动物和乌贼为食。

分布：中国台湾岛附近海域有分布记录。国外繁殖于太平洋、印度洋和大西洋的热带海域。

亚成鸟/香港/余日东

亚成鸟/香港/余日东

钳嘴鹳

Asian Openbill

体长：86厘米　居留类型：夏候鸟

特征描述：体型较大的鹳类。体色以灰白色为主，飞羽、尾黑色具绿色金属光泽，最大的识别特征是上喙下缘和下喙上缘呈弧形，使得两喙之间形成缝隙，脸部裸露皮肤灰黑色。

虹膜白色或褐色；喙角黄色；脚粉色或灰褐色。

生态习性：繁殖于内陆湿地，常结成群巢在高树上。喜食双壳类和两栖爬行类动物。通常不鸣叫，繁殖期雄性会“打喙”发出声响。

分布：2006年在中国云南大理首次记录，之后有记录见于云南西双版纳、普洱、文山、景东等地和贵州贵阳以及广西百色。国外广布于印度、斯里兰卡、巴基斯坦、尼泊尔、孟加拉、缅甸、越南和泰国。

贵州贵阳/张明

贵州贵阳/张明

螺、蚌等软体类动物是钳嘴鹳的主食/贵州贵阳/张明

黑鹳

Black Stork

保护级别：国家I级　体长：110厘米　居留类型：夏候鸟、冬候鸟、旅鸟

特征描述：大型鹳类。通体黑色，仅胸部、腹部、翼下三级飞羽和次级飞羽内侧白色，黑色的羽毛具有金属光泽，亚成鸟的上体褐色而非黑色。

虹膜褐色，眼周裸皮红色；喙红色；脚红色。

生态习性：取食于大型湖泊、沼泽和河流附近，喜在沼泽和湿地上觅食鱼、蛙、甲壳类动物和昆虫等。繁殖于崖壁或者高树上，越冬时多活动于开阔的平原，冬季可能以家族群活动。不善鸣叫，性机警而怕人。

分布：中国分布于东北、西北、华北等大部分地区，冬季在长江下游和华南地区越冬；虽然分布较广，但是种群数量较少。国外繁殖地分布在欧亚大陆北部，越冬在印度及北非。

黑鹳在峭壁上筑巢，往往持续利用旧巢/新疆阿勒泰/张国强

黑鹳常如猛禽般利用热气流盘旋和滑翔/新疆阿勒泰/张国强

北京/杨华

北京/张明

新疆腹地的沙漠地区是黑鹳最极端的生境，它们依赖极有限的绿洲繁殖，迁徙可能跨越沙漠/夏候鸟/新疆阿勒泰/张国强

白颈鹳

Woolly-necked Stork

体长：85厘米
居留类型：迷鸟

特征描述：大型的鹳类。体羽黑色闪金属光芒，颈部羽毛白色，蓬松呈“围脖”状，下腹和尾下覆羽白色。

虹膜红色，眼周裸皮蓝灰色；喙红褐色；腿暗红色。

生态习性：似其他鹳类。

分布：中国2011年首次记录见于云南香格里拉的纳帕海。国外分布于非洲、南亚次大陆和印度尼西亚。

云南香格里拉/肖克坚

云南香格里拉/肖克坚

云南香格里拉/肖克坚

云南香格里拉/肖克坚

东方白鹳

Oriental Stork

保护级别：国家I级　IUCN：濒危
体长：120厘米
居留类型：夏候鸟、冬候鸟、旅鸟

特征描述：大型鹳类。体羽几乎纯白色，颈下有白色蓑状羽毛，飞羽黑色。

虹膜褐色，眼周及喉部裸皮红色；喙黑色；脚红色。

生态习性：栖息于开阔的沼泽、湖泊和潮湿草地。性情宁静而机警，步行时举步缓慢而稳重，休息时常以一足站立，头颈缩成“S”状。也常能见其落在树上。不善鸣叫，炫耀时靠上下喙打动发出响亮的“嗒、嗒、嗒”声，并伴以一系列仰头、低头动作。飞行时头脚平伸，飞速较慢。主要觅食鱼类、蛙类、爬行类动物和昆虫，也食小型啮齿类动物。

分布：繁殖于中国东北、西北、华北、华中等地区，冬季在长江中下游以及东南地区越冬。国外繁殖于亚洲东北部、日本、朝鲜半岛。

东方白鹳在电线杆顶部上筑巢/江西鄱阳湖/曲利明

台湾/吴崇汉

辽河、黄河三角洲是东方白鹳重要的迁徙停歇地/辽宁/张明

迁徙越冬期间东方白鹳常结小至大群/福建长乐/姜克红

朱鹮

Crested Ibis

保护级别：国家I级　IUCN：濒危
体长：55厘米
居留类型：留鸟

特征描述：中等体型涉禽。体羽非繁殖期为白色沾粉色，繁殖期为灰白色，颈后具饰羽，脸部裸皮红色，喙长而下弯。

虹膜黄色；喙黑色，端部红色；脚红色。

生态习性：栖息于低山丘陵和平原的沼泽、河滩、稻田上，以小型水生动物为食，包括鱼、蛙、虾及水生昆虫等。于丘陵和低山地带的乔木上繁殖。

分布：中国曾经广布于多个省市，目前仅分布于陕西洋县及附近的秦岭南麓地区。国外历史上曾分布于日本、俄罗斯、朝鲜半岛等地，目前野外种群已经灭绝。

陕西洋县/王揽华

非繁殖羽/陕西洋县/高川

只有在展开双翼时，才能清楚地看见朱鹮粉红色的飞羽/陕西洋县/沈越

目前，朱鹮高度依赖由传统方式耕作的水稻田获得食物/陕西洋县/王揽华

彩鹮

Glossy Ibis

保护级别：国家II级
体长：60厘米
居留类型：旅鸟

特征描述：中等体型涉禽。体羽褐黑色并有金属绿色光泽。

虹膜褐色；喙黑色；脚褐色。

生态习性：喜沼泽、稻田等湿地环境，繁殖于高大乔木中。

分布：中国记录见于沿海、长江中下游、西部以及华北等地的湿地。国外几乎分布于除南极洲之外的各个大洲。

只有在合适角度的光照下，彩鹮才会名副其实/河北/张永

繁殖羽/河北/张明

河北/张永

河北/张明

白琵鹭

Eurasian Spoonbill

保护级别：国家II级　体长：85厘米　居留类型：夏候鸟、冬候鸟、旅鸟

特征描述：大型涉禽。喙长而扁平，末端宽阔呈圆铲状，形似琵琶，故此而得名，繁殖季节枕后具丝状冠羽，繁殖期胸部有一橙黄色环带饰羽。

虹膜黄色；喙黑色，端部黄色；脚黑色。

生态习性：栖息于沼泽、河滩、海岸滩涂等水域地带。喜结群活动并常和其他水鸟混群。用琵琶形喙在浅水处不停地探寻食物，以小型水生动物为食，包括鱼、蛙、虾及水生昆虫等。

分布：中国繁殖于东北、内蒙古及新疆西北部地区，在东南沿海、长江中下游地区越冬。国外繁殖于欧亚大陆北部，在印度及北非越冬。

飞羽和覆羽端部的黑色是亚成鸟的标志/北京/沈越

江苏如东/Craig Brelsford大山雀

江苏盐城/孙华金

现在，在整个中国南方只有在长江下游的湿地，才能看到曾经很常见的大群白琵鹭/江西星子/王揽华

辽宁/张明

黑脸琵鹭

Black-faced Spoonbill

保护级别：国家II级　IUCN：濒危
体长：76厘米
居留类型：夏候鸟、冬候鸟、旅鸟

特征描述：大型涉禽。与白琵鹭形态相似但是体型略小，喙基到眼先的裸皮黑色，与深色的眼睛形成一体，而区别于白琵鹭。

虹膜黄色；喙黑色，端部黄色；脚黑色。

生态习性：繁殖于沿海人迹罕至的海岛上，主要在沿海咸水区域活动，其余习性与白琵鹭相似。

分布：中国繁殖于辽宁旅顺附近的海岛上，冬季在东南沿海地区，包括台湾岛、香港和海南岛越冬，迁徙亦经过东部沿海。国外主要繁殖于朝鲜半岛，越冬在日本、越南、泰国等。

飞羽端黑色是亚成鸟的标志/香港/沈越

辽宁/王揽华

黑脸琵鹭和黑尾鸥经常在同一个海岛上繁殖，常有冲突但又是好邻居/辽宁/王揽华

冬季常与白鹭混群/福建莆田/曲利明

大麻鳽

Great Bittern

体长：76厘米　居留类型：夏候鸟、冬候鸟、旅鸟

特征描述：大型涉禽。体型粗壮，体色以黄褐色为主，头顶黑色，喉部和胸部偏白色，具有黑色的颊纹和喉纹，身体上亦密布黑色的纵纹和斑。

虹膜黄色；喙黄色；脚黄绿色。

生态习性：性隐蔽，活动于芦苇荡中，被发现时喙垂直上翘，就地凝神不动。受惊时在芦苇上低飞。繁殖期时，雄性发出低沉如牛叫的声音，于远处可闻。

分布：中国繁殖于东北、内蒙古、新疆和华北地区，在西南和华南等省越冬。国外分布于欧亚大陆、日本、东南亚和非洲。

云南会泽/肖克坚

芦苇一旦长高，就很难再发现大麻鳽/辽宁盘锦/沈越

辽宁/张明

河北邢台/柴江辉

小苇鳽

Little Bittern

保护级别：国家Ⅱ级　体长：31-38厘米　居留类型：夏候鸟

特征描述：小型涉禽。雄性成鸟身体颜色对比鲜明，头顶、背部、尾部及翅膀黑色，翅上覆羽黄褐色，颈和胸部黄褐色，腹部白色。雌鸟背部褐色而非黑色，上体和下体皆具纵纹。

虹膜橘黄色；喙黄色；脚黄绿色。

生态习性：性隐蔽，活动于平原或低山丘陵的湿地芦苇荡中。晨昏活动，被发现时头颈和喙垂直上翘，长时间一动不动，为很好的拟态。在芦苇中可以用脚趾抓住芦苇秆。

分布：中国繁殖于新疆。国外分布于欧洲中部和南部、北非、亚洲中部、印度西北部、马达加斯加、澳洲和新西兰。

新疆/王尧天

新疆石河子/沈越

立于苇秆之上是各种小型苇鳽最典型的姿态之一/新疆石河子/沈越

小苇鳽常隐匿在芦苇中/新疆/王传波

黄苇鳽

Yellow Bittern

体长：29-38厘米
居留类型：夏候鸟、留鸟

特征描述：小型涉禽。形态与小苇鳽极为相似，成鸟头顶黑色，后颈、背部黄褐色，以此与小苇鳽相区别，腹部、下体土黄色，飞羽黑色，幼鸟上体和下体均具有黄褐色纵纹。

虹膜黄色；喙黄褐色；脚黄绿色。

生态习性：似小苇鳽。

分布：中国繁殖于东北、华北、华东、华南和西南地区，在台湾岛、海南岛、广东等地为留鸟。国外分布于亚洲东部、东南亚、印度次大陆、巴布亚新几内亚等。

福建福州/姜克红

北京/沈越

黄苇鳽长时间耐心的伏击换来的是一顿丰美的鱼类大餐（下图）/北京/沈越

北京/沈越

紫背苇鳽

Von Schrenck's Bittern

体长：29-39厘米　居留类型：夏候鸟、旅鸟、留鸟

特征描述：颜色鲜艳的小型涉禽。成年雄鸟头顶栗褐色，上体紫栗色，飞羽黑色，翅上覆羽黄褐色，下体土黄色，从喉部到胸部有一条栗褐色线，胸侧缀以黑白色的斑点。雌鸟背部具白色点状斑，胸侧有数条黑褐色纵纹。

虹膜黄色；喙黄绿色；脚黄绿色。

生态习性：似其他苇鳽。

分布：中国繁殖于东北、华北、华东、华南等地区。国外分布于亚洲东北部，在东南亚等地越冬。

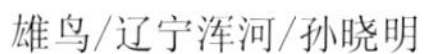

雄鸟/辽宁浑河/孙晓明

辽宁铁岭/张明（大力水手）

雌鸟/香港/顾莹

雌鸟/香港/顾莹

雄鸟/辽宁铁岭/张明（大力水手）

雌鸟/北京/宋晔

栗苇鳽

Cinnamon Bittern

体长：30-38厘米
居留类型：夏候鸟、留鸟

特征描述：颜色鲜艳的小型涉禽。成年雄鸟上体、飞羽及覆羽为栗红色，下体栗褐色，从喉部到胸部有一条黑线，胸侧缀以黑白色的斑点。雌鸟比雄鸟颜色稍微暗淡，胸侧有数条黑褐色纵纹。

虹膜黄色；喙黄褐色；脚黄绿色。

生态习性：似其他苇鳽。

分布：中国繁殖于东北、华北、华东、华南和西南地区，在台湾岛、海南岛、广东等地为留鸟。国外分布于亚洲东部、东南亚、印度次大陆等地。

雄鸟/河北衡水湖/沈越

幼鸟/福建永泰/郑建平

海南鳽

White-eared Night Heron

海南鳽的眼极大，夜视能力强，能如猫头鹰般反光/江西/田穗兴

保护级别：国家II级　IUCN：濒危
体长：54-60厘米
居留类型：留鸟

特征描述：体型粗壮的鹭类。成鸟上体、顶冠和头侧斑纹以暗灰褐色为主，颈侧棕红色，脸部有一白色条纹延伸到黑色耳羽上方，下体白色，喉部具有黑褐色的纵纹，胸及体侧亦有栗色斑纹。

虹膜黄色；喙黄色；脚黄绿色。

生态习性：栖息于亚热带山区密林的河谷和溪流附近。白天在密林中隐藏，晨昏在水体附近取食、活动。

分布：在中国曾被认为分布区局限于仅有的几个地点，但是最近发现分布于华中、华东、华南及西南的多个省份，海南岛的种群可能已经灭绝。国外有记录见于越南北部。

海南鳽营巢似夜鹭、白鹭等而完全不同于苇鳽/广西柳州/陈锋

黑鳽

Black Bittern

体长：50-60厘米　居留类型：夏候鸟、留鸟

特征描述：体型似苇鳽的鹭类。但是喙长而直，雄性成鸟全身以蓝黑色为主，与喉部、颈侧的黄色成鲜明对比，喉部具有黑褐色的纵纹。雌鸟的体色比雄鸟暗淡。

虹膜黄褐色；喙黑褐色；脚黑褐色。

生态习性：除了活动于湿地外，还常见于竹林和红树林中，晨昏活动。

分布：中国繁殖于秦岭、淮河以南地区，包括台湾岛和海南岛。国外分布于印度次大陆、东南亚。

江西婺源/林剑声

江西婺源/Craig Brelsford大山雀

江西婺源/曲利明

黑鳽多单独行动，甚少见到两只黑鳽同时出现/江西南昌/王揽华

黑鳽难得的生态行为/江西南昌/王揽华

黑冠鳽

Malayan Night Heron

体长：44-49厘米　居留类型：夏候鸟、留鸟

特征描述：体型粗壮的鹭类。成鸟上体、顶冠和颈侧以红褐色为主，体型和形态似栗鳽，但顶冠和头后冠羽黑色，飞羽黑色具栗红色端斑，初级飞羽具白色末端斑，飞翔时比较明显但停栖时不易观察，下体棕黄色，具有白色的斑点和纵纹，喉部具有黑褐色的纵纹。

虹膜金黄色；喙角质褐色；脚暗绿色。

生态习性：栖息于山区密林的河谷和溪流附近，也见于低山沼泽、河流和稻田附近。白天在密林中隐藏，晨昏在水体附近取食、活动。繁殖期可发出粗哑的叫声。

分布：中国分布于浙江、福建、香港、海南岛、广西、云南。国外分布于亚洲南部和东南部的热带及亚热带地区。

台湾/吴崇汉

黑冠鳽常在湿润草坪上寻觅蚯蚓为食/台湾/吴崇汉

台湾/张永

刚出巢的幼鸟，头顶绒毛未褪/台湾/吴崇汉

一旦有风吹草动，幼鸟在巢中就昂头直立，这一点与苇鳽的幼鸟类似/台湾/吴崇汉

夜鹭

Black-crowned Night Heron

体长：50厘米
居留类型：夏候鸟、留鸟

特征描述：小型鹭类。头顶、上背及肩等处黑绿色，额和眉纹白色，枕后有2-3枚白色较长的带状羽，上体余部灰色，下体均白色。

虹膜幼鸟黄色，成鸟红色；喙黑色；脚黄色。

生态习性：常栖息于多水面而有林木的低洼地、池塘、水库中。夜行性，白天隐蔽于林中或沼泽间。飞翔能力强，迅速且无声。主要以小鱼、蛙及水生昆虫为食。主要在树上集群营巢繁殖。

分布：中国见于东部季风区。国外分布于欧亚大陆、非洲、印度次大陆、东南亚和南美。

北京沙河/沈越

夜鹭成鸟黑、白、灰色分明，与幼鸟棕褐色斑驳而有白色点的体色截然不同/台湾/林月云

与多种鹭一样，夜鹭集群营巢于树上/江苏盐城/孙华金

成鸟/福建福州/曲利明

福建福州/姜克红

绿鹭

Striated Heron

体长：38-48厘米
居留类型：夏候鸟、旅鸟、留鸟

特征描述：深灰色的小型鹭类。成鸟头顶羽冠黑色并具有绿色的金属光泽，眼先到眼下具有黑色线，翅及尾青蓝色并具绿色光泽，肩上和背部具有蓝色的矛状羽，腹部和胁部灰褐色。幼鸟黄褐色，颈侧具纵纹，翅上有白色点状斑。

虹膜黄色，脸部裸皮蓝色；喙黑色；脚黄绿色。

生态习性：常单独活动于溪流或者岸边植被茂盛的河流中。常在水边缩颈等待，伏击游过的鱼类、蛙类、节肢动物和水生昆虫。

分布：中国繁殖于东北、长江中下游地区、台湾岛、海南岛以及西南各省，迁徙时经过多个省区。国外广泛分布于亚洲、非洲、美洲、澳洲的温带和亚热带地区。

福建福州/张浩

一个典型的伏击地点/北京/张代富

辽宁/张明

辽宁/张永

池鹭

Chinese Pond Heron

体长：45厘米
居留类型：夏候鸟、留鸟

特征描述：小型鹭类。繁殖期头颈栗红色，几条冠羽延伸至头后，前胸赭褐色羽毛端部呈分散状，背部蓑羽黑褐色，其余体羽灰白色，非繁殖期无冠羽和黑褐色蓑羽。

虹膜黄色；喙黄色；脚黄绿色。

生态习性：大多栖息于池塘、稻田、沼泽等处。喜群栖，平时多3-5只一起涉水觅食。食性与其他鹭类相似。繁殖时与其他鹭类常混群在树上营巢。

分布：中国冬季见于长江流域及其以南地区，夏季分布区向北扩展至西北、华北及东北西南部。国外分布于孟加拉国和东南亚。

非繁殖羽/福建福州/曲利明

繁殖羽/北京/杨华

福建福州/姜克红

香港/沈越

与所有鹭类一样，池鹭亲鸟将消化的猎物（通常是鱼）带回巢，反刍给幼鸟/江苏盐城/孙华金

牛背鹭

Eastern Cattle Egret

体长：50厘米　居留类型：夏候鸟、留鸟

特征描述：体型较小的鹭类。通体白色，繁殖期时头、颈橙黄色，颈部有杏黄色蓑羽，背上有一束红棕色蓑羽，非繁殖期全身洁白，喙、颈均比白鹭显得短粗，易于辨别。

虹膜黄色；喙皮黄色；脚黑色。

生态习性：多见于平原、山脚下的耕地、荒野及沼泽等处。常在水牛等牲畜周围活动，捕食因牛群踩踏而惊飞的昆虫及小动物，有时也站在牛背上啄食其体上的寄生虫，因此得名“牛背鹭”。

分布：中国分布于长江以南各地，夏季活动区向北扩展至华北地区。国外分布于除南极之外的几乎所有大陆。

成鸟繁殖羽/江西鹰潭/曲利明

牛背鹭是农耕区最常见的鹭/福建福州/张浩

江苏盐城/孙华金

江苏盐城/孙华金

福建福州/姜克红

河北/张永

苍鹭

Grey Heron

体长：90厘米
居留类型：夏候鸟、冬候鸟、旅鸟

特征描述：常见大型鹭类。全身青灰色，前额和冠羽白色，枕冠黑色，枕部两条黑色冠羽若辫子，肩羽亦较长，头侧和颈部灰白色，喉下颈部羽毛长如矛状，特别是繁殖期更加明显，中央有一黑色纵纹延伸至胸部，其间有黑色的条纹或斑点。

虹膜黄色，眼先裸皮繁殖期蓝色；喙黄色，繁殖期沾粉红色；脚黑色。

生态习性：常活动于沼泽、田边、坝塘、海岸处，多结小群一起生活，常在浅水中长时间停立不动，眼盯着水面，发现食物后迅速用喙捕食，食物以蛙、鱼类为主。在树上休息时常缩成驼背状。飞行时脚向后伸，颈缩成“S”型，飞速较慢。

分布：中国南北各地均有分布。国外见于欧亚大陆、东南亚、非洲。

婚羽/福建福州/郑建平

苍鹭常集群营巢，在无高树的地方，也在芦苇荡或峭壁上营巢/福建宁德/姜克红

福建宁德/姜克红

福建福州/张浩

巢中幼鸟/吉林/张国强

河北平山/柴江辉

争斗/福建福州/郑建平

草鹭

Purple Heron

体长：90厘米
居留类型：夏候鸟、留鸟

特征描述：大型鹭类。体色以栗色为主，顶冠黑色具两条辫状饰羽，颈栗褐色，颈侧具有黑色纵纹，颈下部具白色饰羽，上体灰色，飞羽黑色，肩部羽毛红褐色。

虹膜黄色；喙角黄色；脚黄色。

生态习性：似苍鹭，但生态习性比苍鹭更加隐蔽，常单独或者成对活动。

分布：中国南北各地均有分布，冬季在长江中下游、台湾岛、海南岛越冬。国外见于欧亚大陆、东南亚、非洲。

辽宁盘锦/沈越

草鹭常活动于有高大挺水植物的生境中/辽宁/张明

繁殖羽/辽宁/张明

非繁殖羽/辽宁/张永

大白鹭

Great Egret

体长：90厘米

居留类型：夏候鸟、冬候鸟、旅鸟

特征描述：大型鹭类。全身洁白，繁殖期背部蓑羽长而发达，如细丝般披散至尾上，眼先裸皮青蓝色，喙裂超过眼睛，非繁殖期背部蓑羽褪去，眼先裸皮青蓝色消失。

虹膜黄色；喙繁殖期黑色，非繁殖期黄色；脚黑色。

生态习性：栖息于湖泊、沼泽、池塘、河口、水田及海滨等地方。常见单只或数只一起在浅水处觅食，食物以鱼类为主，还吃虾、蛙、蝌蚪、蜥蜴、甲壳动物等，偶食幼鸟和小型啮齿动物。

分布：中国几乎遍布各地。国外亦为全球广布种。

非繁殖羽/福建厦门/曲利明

繁殖羽/北京沙河/沈越

江西南昌/王揽华

新疆阿勒泰/张国强

中白鹭

Intermediate Egret

体长：70厘米
居留类型：留鸟

特征描述：中型鹭类。体型介于白鹭与大白鹭之间，全身白色，眼先黄色，繁殖期颈下和背上披有针状蓑羽，非繁殖期蓑羽褪去，喙裂不超过眼睛。

虹膜黄色；喙繁殖期黑色，非繁殖期黄色，喙尖发黑；脚黑色。

生态习性：似苍鹭，但是性更加隐匿，隐藏在茂密芦苇中。

分布：中国在东北和华北为夏候鸟，长江中下游以南的华南各省为留鸟。国外见于欧亚大陆、南亚次大陆、东南亚、非洲。

非繁殖羽/江西鹰潭/曲利明

非繁殖羽/香港/沈越

中白鹭的喙在繁殖季也非全黑色，基部往往为黄色/云南/肖克坚

江西南昌/叶学龄

白鹭

Little Egret

体长：55-60厘米
居留类型：夏候鸟、留鸟、冬候鸟、旅鸟

特征描述：体态纤瘦的小型白色鹭类。全身洁白，亦有灰色型个体，繁殖期枕部有两条带状长羽，垂在头后，宛若双辫，遇风时飘在空中，甚是醒目，肩及背间披生蓑羽，松散延长至尾端，繁殖期结束后“辫子”消失。与大白鹭和中白鹭相比体型较小，与黄嘴白鹭的区别在于喙黑色。

虹膜黄色；喙黑色；腿黑色，脚趾黄绿色。

生态习性：常栖息于稻田、沼泽、池塘间。捕食鱼、蛙、虾、软体动物等。繁殖期常集群在大树上筑巢，“呱—呱”的叫声十分喧闹。

分布：中国广泛分布于各省。国外分布于欧亚大陆南部，包括南亚次大陆、东南亚，澳大利亚，非洲大陆和马达加斯加等。

白鹭偶尔也吃死鱼/福建厦门/曲利明

江苏盐城/孙华金

福建福州/张浩

江西鹰潭/管华鞍

岩鹭

Pacific Reef Heron

保护级别：国家Ⅱ级
体长：55-60厘米
居留类型：留鸟

特征描述：中等体型鹭类。体色，多以深灰色为主，有少量白色型，枕后可见短的冠羽。本种白色型与其他小型白色鹭类的区别在于体型较大，喙粗壮而长，腿相对较短。

虹膜黄色；喙繁殖期黄色，非繁殖期灰黑色；腿黑色，脚趾黄绿色。

生态习性：常栖息于沿海潮间带的岩石上或者岛屿的悬崖上。捕食鱼、虾、软体动物等。繁殖期在海边红树、棕榈树上或石洞内筑巢。

分布：中国主要分布于浙江、福建、海南岛、广东沿海。国外分布于西太平洋沿海、东南亚至新几内亚、澳大利亚、新西兰。

福建宁德/姜克红

广东珠海/肖克坚

福建宁德/姜克红

广东珠海/肖克坚

黄嘴白鹭

Chinese Egret

保护级别：国家Ⅱ级　IUCN：易危　体长：50-65厘米　居留类型：夏候鸟、旅鸟、冬候鸟

特征描述：中等体型白色鹭类。繁殖羽与其他体型白色的鹭类区别比较明显，枕后的冠羽较长，脸部裸皮蓝色，非繁殖羽与小白鹭相似，但本种的下喙基部黄色，脚黄绿色。

虹膜黄褐色；喙繁殖期黄色，非繁殖期黑色，下喙基黄色；腿繁殖期黑色，脚趾黄色，非繁殖期黄绿色。

生态习性：常栖息于沿海河口，滩涂，岛屿及沿岸的湿地。捕食鱼、虾等。繁殖于海岸和岛屿悬崖的小乔木、灌木或草丛中。

分布：中国繁殖于辽东半岛、山东、江苏、浙江、福建的沿海岛屿，曾有在香港繁殖的记录。国外繁殖区至俄罗斯远东地区滨海，朝鲜半岛，于菲律宾、马来半岛和印度尼西亚越冬。

河北北戴河/沈越

福建福鼎/高川

非繁殖羽/福建/白文胜

福建宁德/姜克红

黄嘴白鹭（左二、右一）常与小白鹭（左一、左三）混群/繁殖羽/福建宁德/姜克红

大军舰鸟

Great Frigatebird

体长：95厘米　居留类型：季候鸟、漂鸟

特征描述：大型军舰鸟。喙长而端带钩，全身深色或带白色，翅形异常宽大，外侧尾羽延长而尾呈叉形燕尾状。雄鸟几乎全黑色，仅翼上覆羽具浅色横纹，喉囊绯红色。雌鸟眼周裸皮粉红色，颏及喉灰白色，头余部黑褐色，除上胸白色、翼下基部略具白色外，整体黑色。亚成鸟上体深褐色，头、颈及下体灰白色沾铁锈色，似白斑军舰鸟，但体型更大，下腹部不如其白色多，翼下基部白色甚少。

虹膜褐色；雄鸟喙青蓝色，雌鸟近粉色；成鸟脚偏红色，幼鸟蓝色。

生态习性：在热带大洋长时间巡飞翱翔，不善于游水，常在海岛周围抢夺其他海鸟的食物，但更常光顾海岸线，偶尔至内陆水域。

分布：中国在海南岛附近岛屿、西沙群岛及南沙群岛有繁殖，常见于南海，偶见于南部沿海、台湾岛外海，远至江苏及河北。国外分布于热带海洋。

游荡至中国沿海的军舰鸟多为幼鸟/香港/李锦昌

白鹈鹕

Great White Pelican

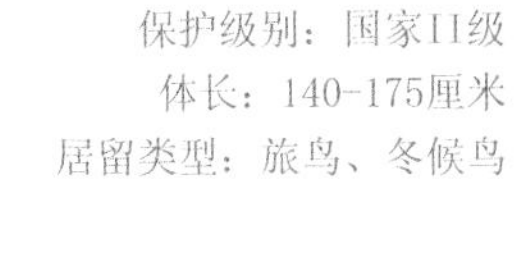

保护级别：国家II级
体长：140-175厘米
居留类型：旅鸟、冬候鸟

新疆库尔勒/邢睿

特征描述：大型水鸟。体羽白色，缀有粉色的羽毛，胸部具有橙色的羽簇，枕后具有短的冠羽，初级飞羽和次级飞羽黑色，喉囊黄色，脸部裸皮粉红色。

虹膜红色；喙铅蓝色；脚粉红色。

生态习性：繁殖于大型湖泊、河流岸边和沼泽地带。常结群出现，飞行能力很强，会像猛禽般利用气流翱翔。

分布：中国迁徙时见于新疆天山、青海湖、四川等地，在东部地区的内陆和沿海湿地也有记录。国外分布于欧洲南部、非洲、亚洲中部和印度西北部。

新疆喀什/谢林冬

卷羽鹈鹕

Dalmatian Pelican

保护级别：国家II级　IUCN：易危
体长：160-180厘米
居留类型：旅鸟、冬候鸟

特征描述：大型水鸟。体型比白鹈鹕更大，体羽白色沾灰色，上体羽毛因具有黑色羽轴，显得更深，冠羽簇比白鹈鹕更长且卷曲，飞羽白色，近翅尖黑色，喉囊橘红色，脸部裸皮粉红色。

虹膜黄白色；喙铅灰色；脚灰色。

生态习性：似白鹈鹕。

分布：迁徙时经过中国北方内陆及沿海地区，在长江中下游地区和东南沿海地区越冬。国外分布于欧洲东部和南部、非洲北部、亚洲中部及印度北部。

浙江温州/郑康华

新疆阿勒泰/张国强

在中国东部沿海迁徙越冬的卷羽鹈鹕群体日益成微，可能仅余数十只/浙江温州/郑康华

卷羽鹈鹕的家族群/新疆阿勒泰/张国强

蓝脸鲣鸟

Masked Booby

保护级别：国家II级　体长：80厘米　居留类型：偶见迷鸟

特征描述：在中国三种鲣鸟中体型最大。成鸟体羽以白色为主，飞羽和尾羽黑色，与其他鲣鸟相区分。亚成鸟通体烟褐色，具有白色颈环。

虹膜金黄色；喙雄成鸟黄色，雌成鸟黄绿色；脚灰色。

生态习性：热带海洋鸟类，主要栖息于热带海洋中的岛屿、海岸和海面上。擅长飞翔，也善于游泳和潜水。常在岛屿的灌丛间或乔木枝上休息。主要以鱼类为食，也吃乌贼和甲壳类动物等。其喉部囊袋可以吞食体型较大的鱼，并能储存食物。

分布：在中国有迷鸟记录见于台湾岛东北部海域。国外分布于南太平洋和大西洋。

台湾/林月云

台湾/林月云

台湾/林月云

褐鲣鸟
Brown Booby

保护级别：国家II级　体长：64-74厘米　居留类型：夏候鸟

特征描述：大型海洋性水鸟。喙大，呈圆锥性，成鸟上体烟褐色，胸、翅下覆羽和尾下覆羽白色。亚成鸟通体烟褐色。雌鸟喙基和脸部裸露皮肤黄色，雄鸟淡蓝色。

虹膜灰色；喙成鸟黄色，亚成鸟灰色；脚黄绿色。

生态习性：似蓝脸鲣鸟。

分布：中国繁殖于南海和东海的岛屿上，迷鸟也见于东南沿海甚至内陆。国外分布于南太平洋和大西洋。

台湾/林月云

台湾/林月云

作为对俯冲入水捕鱼方式的适应，鲣鸟鼻孔已闭合/台湾/林月云

黑颈鸬鹚
Little Cormorant

保护级别：国家II级
体长：50-51厘米
居留类型：留鸟

特征描述：大型黑色水鸟。周身几乎全部黑绿色，繁殖期头两侧、眼上和颈侧具有白色丝状羽，枕后有少量羽冠，非繁殖期白色丝状羽消失，颏部以及喉部白色，繁殖期眼周和喉部裸皮紫色，非繁殖期黑色。

虹膜绿色；喙角褐色；脚黑色。

生态习性：繁殖于热带的水库、河流、湖泊和沼泽中。营巢于湿地附近的乔木和灌丛中。捕食习性似其他鸬鹚。

分布：中国繁殖于云南西南部和南部。国外见于印度次大陆、中南半岛和印度尼西亚等地。

云南德宏/李锦昌

云南瑞丽/肖克坚

海鸬鹚

Pelagic Cormorant

保护级别：国家II级　体长：70-79厘米　居留类型：留鸟、旅鸟

特征描述：大型黑色水鸟。周身几乎全部黑色，颈部紫色并具金属光泽，繁殖期头顶和枕后各具有一束黑色的冠羽，两胁处各具有一块白色斑，飞行时比较明显，喙比其他鸬鹚细，脸部和眼周的裸皮红色。

虹膜绿色；喙黑褐色；脚黑绿色。

生态习性：栖息于沿海岛屿和近海岸的悬崖地带。常集群在岩石上休息。捕食时频繁地潜水捕鱼，也以虾和甲壳类动物为食。

分布：中国繁殖于辽东半岛、山东半岛沿海的岛屿上，国外迁徙见于东部沿海地区。国外分布于北太平洋沿岸的国家滨海地区。

辽宁大连/吴敏彦

辽宁/张永

海鸬鹚和暗绿背鸬鹚（右四）/辽宁/张永

普通鸬鹚

Great Cormorant

体长：72-87厘米
居留类型：夏候鸟、冬候鸟、留鸟

特征描述：大型黑色水鸟。周身几乎全部黑色而具有绿褐色的金属光泽，繁殖期头后具白色丝状羽，下胁处有一白色斑，非繁殖期这些特征消失。幼鸟体羽为褐色。

虹膜红色；喙灰黑色；脚黑绿色。

生态习性：栖息于多种水域生境，在海边较多。游泳时身体仅背部露出水面，颈部直立，喙略微上举，频繁地潜水捕鱼，喜结群活动觅食。休息时近乎直立地站在石头或树枝上，打开翅膀晾晒羽毛。飞行时振翅深且有力，常组成“人”字形队。

分布：中国在各地的适宜生境都有分布，北方多为夏候鸟，南方为冬候鸟或留鸟。国外几乎广布于南美洲和南极洲之外的其他大洲。

北京沙河/沈越

江西鄱阳湖/王揽华

新疆阿勒泰/张国强

冬季普通鸬鹚也集大群栖息/江西龙虎山/曲利明

暗绿背鸬鹚

Japanese Cormorant

体长：82-84厘米
居留类型：夏候鸟、冬候鸟

特征描述：大型黑色水鸟。形态特征与普通鸬鹚甚为相似。本种的背部、肩部和翅上覆羽的颜色偏绿色并带金属光泽，而普通鸬鹚这些部位的羽毛偏铜褐色。脸部白色裸皮和喉囊裸露皮肤的面积较大。

虹膜蓝色；喙黄色；脚黑色。

生态习性：繁殖于海岛悬崖上或者近海岸的乔木上，习性似普通鸬鹚。

分布：中国在各地的适宜生境都有分布，北方较多为夏候鸟，南方为冬候鸟或留鸟，冬季可能在华南沿海越冬。国外分布于西太平洋沿岸的俄罗斯、日本和朝鲜半岛，几乎广布于南美洲和南极洲之外的其他大洲。

辽宁/张永

辽宁/张永

辽宁/张永

鹗

Western Osprey

保护级别：国家II级
体长：50-60厘米
居留类型：夏候鸟、冬候鸟、旅鸟

特征描述：中等体型浅色猛禽。上体暗褐色，头白色，头顶具有黑色纵纹，从眼先开始的黑色带一直延伸到颈后，胸部具有褐色纵纹，下体白色，尾部具有多道黑色带，飞行时显得翅膀狭长，不似其他猛禽可以伸直，而翼角向后成一个弯角。

虹膜橙黄色；喙黑色；脚黄色。

生态习性：常翱翔于大型湖泊、水库、河流和海岸附近上空，取食鱼类和两栖爬行动物。捕获猎物后，用脚牢牢地抓住，然后飞到附近择地享食。

分布：中国分布于大部分省份。国外分布于欧亚大陆北部和印度次大陆，在非洲越冬。

新疆新源/郭天成

福建福州/张浩

福建长乐/郑建平

亚成鸟的翼下、下颏至胸前有较多褐色/北京/张永

褐冠鹃隼

Jerdon's Baza

保护级别：国家II级
体长：47厘米
居留类型：留鸟

特征描述：棕褐色小型猛禽。头部具标志性的长黑褐色羽冠，上体褐色，初级飞羽具黑色的端斑，喉白色，正中有一条黑色纵纹，下体余部满缀宽阔的淡红褐色和白色横斑。

虹膜金黄色；喙铅灰色；脚黄色。

生态习性：栖息于山地、丘陵、平原的森林和林缘地带。捕食大型昆虫、两栖爬行动物。

分布：中国记录见于云南、广西和海南岛。国外分布于印度次大陆、中南半岛、印度尼西亚和菲律宾。

云南瑞丽/董磊

通常认为是留鸟，但每年秋季在广西均可观察到向南飞的个体/云南/宋晔

黑冠鹃隼

Black Baza

保护级别：国家II级　体长：30-33厘米　居留类型：夏候鸟、旅鸟

特征描述：头部、颈部、背部、尾上覆羽和尾羽都呈黑褐色并带金属光泽，翅膀和肩部具有白色斑，下体上部黑色，上胸具有一条白色的领，腹部具有宽的白色和栗色横斑，余部黑色。飞行时翅膀看上去宽圆。

虹膜红褐色；喙铅灰色；脚铅灰色。

生态习性：似褐冠鹃隼。

分布：中国分布于华中、华东、华南和西南地区。国外分布于印度次大陆、中南半岛和印度尼西亚。

福建三明/姜克红

福建三明/姜克红

黑冠鹃隼迁徙时可结成上百只的大群/江西/宋晔

凤头蜂鹰

Oriental Honey-buzzard

保护级别：国家II级
体长：50-66厘米
居留类型：夏候鸟、旅鸟

特征描述：中等体型猛禽。不同个体的体色可以从浅色到黑色，变化非常大，凤头明显，喉部常常浅色，具有黑色的纵纹，飞行时从下看，飞羽常具黑色的横带，尾部具两条粗的黑色横带（雄性）或者三条细的黑色横带（雌性）。与其他猛禽相比较，颈长而头小。

虹膜黄色或橘红色；喙黑色；脚黄色。

生态习性：栖息于各种森林和林缘地带。飞行时振翼几次后作长时间滑翔，两翼平伸翱翔。喜食蜜蜂及黄蜂，常袭击蜂巢，也捕食其他昆虫和两栖爬行动物以及小型鸟类。

分布：中国分布于东北、华中、西南地区以及台湾岛，迁徙时经过中国大部分地区。国外分布于西伯利亚、日本和朝鲜半岛。越冬于印度次大陆、中南半岛、印度尼西亚和菲律宾。

鼻孔附近的黄色是幼鸟的特征/浅色型幼鸟/台湾/吴廖富美

时常下至地面寻找黄蜂或土蜂的巢/深色型雌鸟/台湾/吴廖富美

云南瑞丽/董磊

迁徙时大群的蜂鹰见于中国内陆和沿海的多个地点/中间色型幼鸟/山东/杨华

浅色型（左）成鸟和深色型（右）成鸟/台湾/吴廖富美

黑翅鸢

Black-winged Kite

保护级别：国家II级
体长：30厘米
居留类型：夏候鸟、旅鸟、留鸟

特征描述：黑白灰三色组成的小型猛禽。静立时黑色的肩部斑块和初级飞羽与浅灰色的身体对比十分明显，飞翔时可观察到初级飞羽黑色，部分次级飞羽也为黑色，其余部分几乎都为白色。幼鸟与成鸟相似，但有较多褐色。

虹膜红色；喙黑色；脚黑色。

生态习性：常活动于低地及山区的草地、农田等开阔生境，经常振翅在空中悬停寻找猎物，平时多栖落于枯树或电线杆等较为突出的地方。

分布：中国在华南、华东及西南地区都有分布，近年来在华北一带出现的频率有所增加。国外分布于南欧、北非、中亚、印度次大陆、中南半岛、苏门答腊、爪哇到菲律宾。

云南西双版纳/董磊

覆羽的浅色边缘是幼鸟的标志/福建武夷山/曲利明

栗鸢

Brahminy Kite

台湾/林月云

保护级别：国家II级

体长：50厘米

居留类型：留鸟、夏候鸟

特征描述：中等体型的猛禽。头部、颈部和胸部白色，其余部分栗红色，初级飞羽的尖端黑色，尾形为圆形，与黑鸢的叉形尾相区别。

虹膜褐色；喙淡黄绿色；脚黄灰色。

生态习性：似黑鸢。栖息于热带、亚热带地区的大型河流、湖泊沿岸或者海滨有高大树木的地带，常见捕食或者拣食鱼类。

分布：中国曾有历史记录见于长江中下游和西南地区，现在这些地区十分罕见。国外分布于印度次大陆、中南半岛、印度尼西亚和澳大利亚。

台湾/林月云

黑鸢

Black Kite

保护级别：国家II级　体长：65厘米　居留类型：留鸟

特征描述：体型较大的猛禽。雌鸟体长稍小于雄鸟，飞翔时“指状”的初级飞羽、分叉的方形尾羽及翅下醒目的白色斑是辨认这种鸟的主要特征。

虹膜暗褐色；喙黑色；脚黄色，爪黑色。

生态习性：常利用上升的热气流在高空盘旋，偶尔较慢地扇动几下翅膀，动作显得十分悠闲。常见于城郊、河流附近、沿海地区。主要捕食小动物，也食腐肉，有时还会成群聚集在垃圾周围找寻食物。

分布：中国广布于各地。国外分布于欧亚大陆、印度次大陆、非洲和澳洲。

新疆阿勒泰/张国强

羽端的浅色是幼鸟的标志/四川若尔盖/董磊

新疆阿勒泰/张国强

中间微凹的尾形使其区别于体型近似的靴隼雕/新疆阿勒泰/沈越

新疆/张永

白腹海雕

White-bellied Sea Eagle

保护级别：国家II级　体长：71-84厘米　居留类型：留鸟

特征描述：黑白色分明的大型猛禽。除飞羽和尾羽基部为黑色外，体羽大部分白色，背部为黑灰色，尾羽呈楔形。

虹膜褐色；喙铅灰色；脚黄色。

生态习性：取食于河口和沿海地带，也见于沿海附近的大型湖泊和水库中。通常繁殖于这些水体附近的高树上。主要捕食鱼类、两栖爬行动物和小型兽类。

分布：中国曾有记录见于广东、福建、香港、海南岛和台湾岛的沿海地区。国外分布于印度次大陆、中南半岛、印度尼西亚、澳大利亚和南太平洋的岛屿。

台湾/吴崇汉

玉带海雕

Pallas's Fish Eagle

西藏定日/董磊

保护级别：国家I级　IUCN：易危
体长：76-88厘米
居留类型：夏候鸟、旅鸟

特征描述：大型深色雕。头部和颈部具土黄色的披针状羽毛，体羽黑褐色，下体棕褐色，尾羽中间具一道宽阔的白色横带斑，与其他海雕相比，头细长，颈较长，喙较细。

虹膜黄色；喙铅灰色；脚黄色。

生态习性：似其他海雕，但主要栖息于内陆。

分布：中国分布于新疆、青海、西藏、甘肃、内蒙古等地。国外分布于中亚、印度次大陆到蒙古，越冬于波斯湾地区和南亚次大陆。

西藏定日/董磊

白尾海雕
White-tailed Sea Eagle

保护级别：国家I级　体长：84-91厘米　居留类型：夏候鸟、旅鸟、冬候鸟

特征描述：暗褐色大型猛禽。成鸟头部、上胸具有浅褐色披针状羽毛，具黄色大喙，白色楔形尾，飞行时容易辨认。幼鸟喙为黑褐色，羽毛深褐色，具不规则的浅色点斑。

虹膜黄色；成鸟喙黄色；脚黄色，爪黑色。

生态习性：活动于河流、水库、湖泊及沿海附近，主要捕食鱼类，从空中俯冲而下在水面将鱼抓走，也捕捉其他小动物，冬季常蹲在冰面上捡食死鱼，也捕食野鸭。飞行时振翅极为缓慢。

分布：中国在东北和内蒙古东北部繁殖，迁徙或越冬于东部沿海及华中部分地区、西藏南部河谷地带和云南。国外分布于亚欧大陆的北部、格陵兰岛和日本，在这些地区的南部及北非和印度越冬。

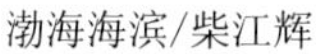
渤海海滨/柴江辉

辽宁/张明

白尾海雕亚成鸟（左）至三岁以后才能完全长成，与成鸟同色/辽宁/张明

河北北戴河/沈越

河北北戴河/沈越

渤海海滨/柴江辉

虎头海雕

Steller's sea Eagle

保护级别：国家I级　IUCN：易危　体长：100厘米　居留类型：冬候鸟

特征描述：体型硕大的暗褐色雕。头部和颈部具浅色披针状羽毛，体羽暗褐色，但肩羽、腰、尾上及尾下覆羽、腿覆羽及楔形尾白色。这些部分在未成年个体身上呈褐色，以黄色的大喙和其他海雕相区分。

虹膜褐色；成鸟喙黄色；脚黄色。

生态习性：主要栖息于海岸及附近的河谷地带。常在空中盘旋或者站在岩石岸边、乔木枝上或者停于浮冰上。主要以鱼类为食，也捕食中小型水鸟和哺乳动物。

分布：中国分布于吉林珲春和辽宁旅顺、大连等地。国外分布于俄罗斯远东的鄂霍次克海、白令海沿岸和堪察加半岛、库页岛，在日本北海道、朝鲜半岛等地越冬。

虎头海雕的楔形尾尤为显著/辽宁大连/许莉菁

辽宁大连/许莉菁

与白尾海雕（左）相比，虎头海雕的喙要强健许多，这两种大型猛禽都是北方海冰上的冬季访客/辽宁大连/许莉菁

渔雕

Lesser Fish Eagle

海南/吴崇汉

保护级别：国家II级　IUCN：近危
体长：51－64厘米
居留类型：冬候鸟、旅鸟

特征描述：体型中等灰褐色的雕，头部和背部的羽毛灰色，胸部和颈部褐色，背部的羽毛和尾羽为深褐色，下腹部和胫部白色，与身体余部的对比强烈。这种体色在中国无其他近似的猛禽种类。

虹膜黄色；成鸟喙灰色；脚灰色。

生态习性：主要栖息于海拔1000－2400米森林边缘的湿地，包括湖泊，河流，沼泽和人工水库。常常站立在水域附近的乔木上，伺机捕食鱼类。食性几乎以鱼类为主。

分布：曾有记录见于中国海南岛的水库中，为甚为罕见的旅鸟或者冬候鸟。国外分布于喜马拉雅山南麓，印度次大陆的南部至中南半岛，南达印度尼西亚等地。因森林栖息地的减少和退化使得本种的种群数量处于下降中。

海南/吴崇汉

胡兀鹫

Lammergeier

保护级别：国家I级　体长：100-140厘米　居留类型：留鸟

特征描述：大型猛禽。上体为黄褐色，有黑色纵纹，头灰白色，具有黑色的贯眼纹，喙边有明显的黑色胡须，颈部、胸部和下体红褐色，尾羽成明显的楔形，喙高而侧扁，前端呈钩状。

虹膜浅色；喙角褐色，端部黑色；脚铅灰色。

生态习性：栖息于海拔500-4000米高的山区，经常长时间翱翔于天空，并和其他兀鹫混群，取食腐肉和其他兀鹫不能食用的骨头。

分布：中国主要分布于青藏高原和帕米尔高原。国外分布于欧亚大陆南部、中亚和非洲。

亚成鸟需经过4-5年才能完全长成成鸟的模样/四川阿坝/张铭

西藏/张永

青海/陈久桐

胡兀鹫叼骨头/青海/陈久桐

西藏/张永

高山兀鹫

HimalayanVulture

保护级别：国家II级
体长：110厘米
居留类型：留鸟、冬候鸟

特征描述：大型猛禽。成鸟上体浅褐色为主，下体褐色具白色纵纹，初级飞羽和尾羽黑色，头部和头侧裸露，具丝状白色羽毛，颈侧具黄色“领羽”。

虹膜暗黄色；喙暗褐色；脚灰色。

生态习性：栖息于海拔2500-4500米的高山、草原及河谷地带。常单只或结成十几只小群翱翔，有时停息在较高的山岩或山坡上。主要以尸体、病弱的大型动物、旱獭、啮齿类动物或家畜等为食物。

分布：中国分布于青藏高原、帕米尔高原和新疆西北部，冬季也见于云南南部。国外分布于中亚和环喜马拉雅山区的国家。

四川/陈久桐

四川若尔盖/董磊

西藏然乌/肖克坚

最先到达死尸旁的高山兀鹫平伸双翼，这是一种表示占有的具有威胁意味的姿态/云南/杨华

秃鹫
Cinereous Vulture

保护级别：国家II级　IUCN：近危　体长：100厘米　居留类型：留鸟、冬候鸟

特征描述：大型猛禽。浑身黑褐色，成鸟头部裸露，颈部羽毛松软，常缩脖站立，飞行时显得颈短，两翅极宽大，翅的前缘和后缘近乎平行，初级飞羽“指状”明显，尾短，呈楔形。幼鸟羽色深，头部生有黑色短绒羽。

虹膜暗褐色；喙灰褐色；脚灰白色。

生态习性：起飞时较笨拙，需要助跑，一旦升空后借助热气流上升则显得十分悠闲，常展翅在空中长时间翱翔。多取食腐肉，进食时常集小群，偶尔也捕杀小动物，平时则多单独活动。

分布：中国分布于北方地区至青藏高原东部，为留鸟或冬候鸟，华东、华南偶尔可见。国外分布于非洲西北部、欧洲南部、中亚、西伯利亚南部一直到俄罗斯远东地区，冬季见于印度、泰国、缅甸、日本。

四川若尔盖/董磊

四川若尔盖/董磊

北京/张永

单只或小群的秃鹫冬季随寒潮出现在北京小区/北京/张明

新疆阿勒泰/张国强

蛇雕

Crested Serpent Eagle

保护级别：国家II级
体长：55厘米
居留类型：留鸟

特征描述：体型中等的猛禽。成鸟头部的黑白色羽冠平，使得整个头部感觉较大且蓬松，眼和喙之间部分裸露，为黄色，非常显眼，飞行时通过尾部和翅膀后缘的白色斑很好辨认。亚成鸟与成鸟相似，但体羽褐色较浓，且杂白色较多，更显斑驳。

虹膜黄色；喙蓝灰色；脚黄色，爪黑色。

生态习性：经常在森林的上空翱翔，边飞边叫，鸣声响亮。其食物为小蛇、蛙之类的动物。

分布：中国在长江以南地区常见，有时也见于华北地区。国外分布于印度次大陆、中南半岛、菲律宾和印度尼西亚。

蛇雕成鸟通体色深，全不同于浅色的亚成鸟/福建永泰/郑建平

蛇雕跗蹠不被羽，与海雕类似而不同于Equila属的雕/香港/沈越

台湾/吴廖富美

台湾/林月云

江西龙虎山/林剑声

短趾雕

Short-toed Snake Eagle

保护级别：国家II级　体长：65厘米　居留类型：夏候鸟、旅鸟

特征描述：浅色中型猛禽。上体灰褐色，下体白色具有黑色纵纹，头及喉部褐色，尾羽具有黑色的宽横斑。虹膜黄色；喙黑色；脚灰绿色。

生态习性：常活动于森林边缘，鼓翅似红隼，可停留在空中。主要以蛇类为食，亦食蜥蜴、蛙类、小型鸟类和鼠类。

分布：中国繁殖于新疆的天山，也可能繁殖于西北部的其他地区和东北地区，春秋在北方有迁徙记录。国外分布于西南欧、东欧、西亚、中亚、印度次大陆和非洲中部。

内蒙古乌梁素海/沈越

内蒙古乌梁素海/沈越

短趾雕的头部粗壮威武，不同于迁徙途中可能与之相混的蜂鹰/内蒙古包头/王昌大

白头鹞

Western Marsh Harrier

保护级别：国家II级　体长：48-62厘米　居留类型：夏候鸟、旅鸟

特征描述：中等体型深色猛禽。雄鸟上体褐色，头部棕灰色，有深色的条纹，翅膀中部银灰色，尖端黑色，下体红棕色，尾为灰色。雌鸟比雄鸟大，羽毛为深褐色，肩部淡黄色，头顶到枕部和喉部也是淡黄色。

虹膜黄色；喙灰色；脚黄色。

生态习性：通常栖息于原野、沼泽及农田等开阔生境，常贴着草丛低飞，并低头寻找猎物，一旦确定目标便会折翅俯冲而下。以鼠类和小型鸟类为食。

分布：中国分布于新疆，其他省份有零星过境记录。国外分布于亚欧大陆的西北部，越冬于非洲、印度次大陆和缅甸。

雌鸟/新疆/张明

雄鸟/新疆/张明

雌鸟/新疆阿勒泰/张国强

白腹鹞

Eastern Marsh Harrier

保护级别：国家II级　体长：50-60厘米　居留类型：夏候鸟、旅鸟、冬候鸟

特征描述：中型深色猛禽。雄鸟上体灰色至黑色，翅膀除初级飞羽黑色外亦为灰色，头顶、上背及前胸具黑褐色纵纹，尾上覆羽白色，尾羽银灰色。“日本型”雌鸟体羽深褐色，头顶、颈背、喉及前翼缘皮黄色，头顶及颈背具深褐色纵纹；“大陆型”雌鸟似白头鹞雌鸟，除头部外，胸部、初级飞羽亦具有浅色区，无横斑，尾上覆羽无白色区或者较窄污白色羽区，与白尾鹞有所区别。

虹膜黄色；喙灰色；脚黄色。

生态习性：似其他鹞类。

分布：中国繁殖于东北和内蒙古，迁徙时经过东部地区，在长江中下游地区、海南岛和台湾岛越冬。国外分布于俄罗斯远东、朝鲜半岛、日本等地。

幼鸟/台湾/吴崇汉

向成鸟羽色转变过程中的幼雄，尾羽已近成鸟羽色/辽宁盘锦/张明

白腹鹞幼鸟似白头鹞雌鸟及幼鸟，但浅色部分更浅，且颈、胸、肩部更多浅色纵纹/幼鸟/台湾/吴崇汉

雌鸟/台湾/吴崇汉

乌灰鹞

Montagu's Harrier

新疆阿勒泰/张国强

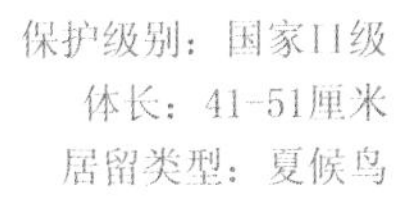

保护级别：国家II级
体长：41-51厘米
居留类型：夏候鸟

特征描述：中等体型猛禽。雄性上体、喉部至上胸暗灰色，下体白色，具有棕色纵纹，翅亦为棕色，初级飞羽末端黑色，翅上有一黑色横带，翅下有两条黑色横带，飞行时十分明显。雌鸟褐色，尾上覆羽白色，与白尾鹞和草原鹞的雌鸟极为相似，但体型比前者纤细，领环比后者色浅。

虹膜黄色；喙角质黄色；脚黄色。

生态习性：似其他鹞类。

分布：中国繁殖于新疆天山，偶尔有迷鸟记录出现在东南沿海。国外分布于欧洲、西伯利亚、中亚、阿富汗和非洲北部，迁往非洲、伊朗、印度次大陆和中南半岛等地越冬。

新疆阿勒泰/张国强

白尾鹞
Hen Harrier

保护级别：国家II级　体长：41-53厘米　居留类型：夏候鸟、旅鸟、冬候鸟

特征描述：中等体型的猛禽。雄鸟整体青灰色，下体偏白色，翅尖黑色，容易辨认。雌鸟稍大，通体褐色，下体满布深色纵纹，腰部白色十分突出，飞行时特别明显。相似种草原鹞的腰不为白色，乌灰鹞个体较小，腰亦不为白色。

虹膜黄色；喙铅灰色；脚黄色。

生态习性：似其他鹞类。

分布：中国在东北和西北地区繁殖，迁徙时大部分地区都可见到，在长江中下游地区为冬候鸟，也有少量个体在北方越冬。国外繁殖于欧亚大陆、北美，越冬于欧亚大陆南部。

台湾/吴崇汉

雌鸟/内蒙古包头/王昌大

白尾鹞圆形的面庞便于其接收来自地面的声响，它们是利用听觉捕食的猛禽/雌鸟/北京野鸭湖/沈越

雌鸟/北京/沈越

北京/杨华

鹊鹞

Pied Harrier

保护级别：国家II级
体长：42-48厘米
居留类型：夏候鸟、旅鸟、冬候鸟

特征描述：体型较小而双翅细长的鹞。雄性头、颈、上背和前胸黑色，上体余部、翅膀及尾灰色，但初级飞羽末端和覆羽黑色。雌性上体暗褐色，内侧飞羽具黑色横斑，尾羽灰色，端斑浅黑色，并具有几条平行的横斑。

虹膜黄色；喙角质黄色；脚黄色。

生态习性：似其他鹞类。

分布：中国繁殖于东北，迁徙时见于东部至西南地区，在长江中下游地区越冬。国外繁殖于俄罗斯远东地区及朝鲜半岛，迁往印度次大陆、中南半岛和菲律宾越冬。

换羽中的幼年雄鸟/广西北海/韩冬

成年雄鸟/内蒙古乌梁素海/张代富

雌鸟（亚成）/辽宁/张明

辽宁/张明

凤头鹰
Crested Goshawk

保护级别：国家II级　体长：41-49厘米　居留类型：留鸟

特征描述：中型猛禽。上体为褐色，头部至后颈鼠灰色，具明显褐色羽冠，喉部白色，有明显黑色纵纹，下体白色，具有棕褐色横斑，胁部的羽毛呈箭头状，尾下覆羽白色，飞行时可见到其“蓬松”突出于体侧，尾羽上具四道粗的横斑。

虹膜黄色；喙角褐色，端部黑色；脚淡黄色。

生态习性：栖息于中、低海拔的山地森林和林缘地带，有时也到平原和乡村附近上空飞翔。多单独活动，常长时间翱翔于天空，主要以两栖爬行动物、小型哺乳动物和鸟类为食。

分布：中国分布于西南、华南、海南岛和台湾岛，近些年种群有向华东地区扩张的趋势。国外分布于印度次大陆、斯里兰卡、中南半岛、印度尼西亚和菲律宾。

香港/李锦昌

幼鸟整体色线、条纹不清晰/江西婺源/曲利明

松鼠等小型哺乳类是凤头鹰喜爱的食物/福建福州/田三龙

凤头鹰跗蹠粗壮，全不同于形似但较小的松雀鹰/福建永泰/郑建平

褐耳鹰

Shikra

保护级别：国家II级
体长：31-44厘米
居留类型：留鸟

特征描述：中型浅色猛禽。雄鸟上体以鼠灰色为主，喉部白色，具有灰色中央喉纹，下体羽毛红棕色，具有白色横纹，颈部羽毛缺乏横纹，尾羽上具有黑灰色横斑。雌鸟似雄鸟，但背部褐色较浓。亚成鸟似雀鹰和松雀鹰的亚成鸟，相比前者腹部具横纹较多，与后者相比尾羽横纹较窄。

虹膜黄色至褐色；喙角褐色；脚黄色。

生态习性：栖息于山地、丘陵、草原、干旱平原和湖泊附近。常以低空飞行的方式捕捉小型脊椎动物和昆虫。

分布：中国分布于新疆西部、云南、贵州、广西、广东、海南岛、福建。国外分布于非洲、欧洲东南部、西亚、印度次大陆、斯里兰卡及中南半岛等国家和地区。

新疆/张明

新疆石河子/孙晓明

日本松雀鹰

Japanese Sparrowhawk

保护级别：国家II级　体长：25-34厘米　居留类型：夏候鸟、旅鸟、冬候鸟

特征描述：体型非常小的鹰类。雄鸟，上体呈深灰色，下体棕红色，眼睛深红色；雌鸟稍大，上体褐色，下体具较粗的褐色横斑。幼鸟似雌鸟，但胸具纵纹而非横斑，眉纹明显。翼短，飞行时振翅迅速。

虹膜黄色（雌鸟）或深红色（雄鸟）；喙石板蓝色，蜡膜黄色；脚黄色。

生态习性：活动于山区森林中，迁徙时经过平原地区，城市园林中偶尔也可见到。捕食小型鸟类、蜥蜴、鼠类等。

分布：中国在东北和华北北部繁殖，迁徙季节经过华北、华东，在南方为冬候鸟。国外见于俄罗斯东北部，西至勒拿河流域、日本列岛和朝鲜半岛，越冬于东南亚。

幼鸟/江西井冈山/林剑声

赤腹鹰

Chinese Sparrowhawk

保护级别：国家II级
体长：26-36厘米
居留类型：夏候鸟、旅鸟、留鸟

特征描述：小型猛禽。雄鸟与日本松雀鹰雄鸟相似，但喙上部蜡膜较大，且为橙黄色而与日本松雀鹰易于区分。雄鸟上体蓝灰色显得更浅，肩背部有几条较大的白色斑。雌鸟较大，眼睛为橙黄色，羽色较暗淡，飞行时翅膀显得较其他林栖鹰类细长。成鸟翅下除初级飞羽尖端黑色外几乎全白色，幼鸟翅下和下体都有褐色横斑，但初级飞羽尖端色深与翅下其他浅色部位对比明显，这点较其他小型鹰类不同。

虹膜淡黄色或黄褐色；喙黑色，蜡膜黄色；脚黄色。

生态习性：常栖息于较开阔的林区，捕食蜥蜴、蛙、小鸟等。

分布：中国在南方广泛分布，多为夏候鸟，北方也有少量夏候鸟，在华南、海南岛有越冬或为留鸟。国外繁殖于朝鲜半岛，越冬于菲律宾、马来西亚、印度尼西亚至新几内亚，在印度次大陆也有记录。

江西官山/王揽华

雄鸟/江西/张浩

雌鸟/福建福州/白文胜

繁殖季节配对的赤腹鹰常一起作特技表演般的飞行，类似行为在猛禽中较普遍/浙江宁波/薄顺奇

松雀鹰

Besra

保护级别：国家II级　体长：28-38厘米　居留类型：留鸟

特征描述：小型鹰类。体型大于日本松雀鹰而小于雀鹰。形态与日本松雀鹰相似，但是本种喉部的黑色纵纹要粗于前者，翼下覆羽和腋羽棕色并具有黑色横斑，飞行时可见第二枚初级飞羽短于第六枚初级飞羽，而日本松雀鹰的第二枚飞羽长于第六枚飞羽。

虹膜黄色；喙铅灰色；脚黄色。

生态习性：分布于茂密的针叶林、常绿阔叶林中以及林缘开阔地，冬季也到山地丘陵和竹园活动。捕食小型鸟类、蜥蜴、鼠类等。

分布：中国分布于西南、华南和台湾岛。国外分布于印度次大陆、印度尼西亚和菲律宾群岛。

广西北海/韩冬

云南瑞丽/沈越

台湾/林月云

台湾/林月云

四川阿坝/王昌大

雀鹰

Eurasian Sparrowhawk

保护级别：国家II级
体长：32-40厘米
居留类型：夏候鸟、旅鸟、冬候鸟

特征描述：常见的森林鹰类。雌鸟外形似苍鹰但体型较小且细瘦，跗跖很细，脚趾也显得细长，整体偏褐色，下体满布深色横纹，头部具白色眉纹。雄鸟较小，上体灰褐色，下体具棕红色横斑，脸颊棕红色。幼鸟似雌鸟，翼短圆而尾长。

虹膜橙黄色；喙铅灰色；脚黄色，爪黑色。

生态习性：喜活动于林缘及开阔林地，飞行迅速，在空中盘飞时常收拢尾羽，翅前缘弯曲较大，整体远观像个“T”字。

分布：中国在东北、华北北部及西南部分地区繁殖，大部分地区都有越冬记录。国外分布于欧亚大陆，并延伸至非洲大陆的西北部，越冬在地中海，西亚、南亚和东南亚等地。

成年雌鸟/四川理县/董磊

亚成鸟/北京怀沙河/沈越

脸部的锈红色是其区别于日本松雀鹰的特征之一/成年雄鸟/北京百望山/韩冬

新疆阿勒泰/张国强

苍鹰

Northern Goshawk

保护级别：国家II级
体长：40-60厘米
居留类型：夏候鸟、旅鸟、冬候鸟

特征描述：体型较大而强健的鹰类。雌鸟体型明显大于雄鸟。成鸟上体青灰色，下体具棕褐色细横纹，白色眉纹和深色贯眼纹对比强烈，眼睛红色，翅宽尾长，在高空盘飞时常半张开尾羽，两翅前缘显得较平直，翼后缘弯曲，且翅尖较雀鹰显尖细。幼鸟黄褐色，下体具深色的粗纵纹，眼睛黄色。

虹膜黄色；喙铅灰色；脚黄色。

生态习性：活动于林地，飞行迅速，捕食中小型鸟类和小型兽类。

分布：中国在东北的北部山林中繁殖，迁徙时经过东部地区，在南方越冬。国外繁殖于北美洲、欧亚大陆北部、北非、伊朗和印度西南部，越冬于欧亚大陆南部、印度次大陆和东南亚地区。

亚成鸟/北京百望山/韩冬

苍鹰的跗蹠及爪明显较其他鹰粗壮/亚成鸟/台湾/林月云

亚成鸟/山东大黑山岛/沈越

灰脸𫛭鹰

Grey-faced Buzzard

保护级别：国家II级
体长：39-46厘米
居留类型：夏候鸟、旅鸟、冬候鸟

特征描述：中型深色猛禽。上体暗褐色，翅上覆羽棕褐色，脸部灰色，喉部白色并具有黑色中央喉纹，下体白色，密布棕色横斑，尾羽上具有3条黑褐色横斑，尾上覆羽白色。与普通𫛭相比体型相当，以尾羽上的横斑可以区分。

虹膜黄色；喙黑色；脚黄色。

生态习性：活动于各类林地和林缘空地。常在天空盘旋或停立在树梢上，观察地面的猎物，然后伺机捕食中小型鸟类、小型兽类以及两栖爬行动物。

分布：中国繁殖于东北、华北至华中的部分地区。迁徙时经过东部大部分地区，在长江中下游地区、西南地区和台湾岛越冬。国外繁殖于俄罗斯远东、朝鲜半岛、日本等地，在印度次大陆、中南半岛、印度尼西亚和新几内亚、菲律宾等地越冬。

浙江宁波/薄顺奇

幼鸟/山东大黑山岛/沈越

北京百望山/韩冬

灰脸鵟鹰两翼狭长，不同于苍鹰、雀鹰和日本松雀鹰/河南董寨/沈越

普通鵟

Eastern Buzzard

保护级别：国家II级　体长：50-59厘米　居留类型：夏候鸟、旅鸟、冬候鸟

特征描述：中等体型的鵟。有多种色型，常见上体红褐色，下体暗褐色，具纵纹，浅色型上胸具有深色带，飞行时，可见翅下初级飞羽基部有白色斑，飞羽外缘和翼角黑色，尾羽打开呈扇形，有很窄的次端横带，和毛脚鵟相区分。

虹膜黄色；喙铅灰色；脚黄色，跗跖部较短且不被毛。

生态习性：在开阔的城郊田地上空飞翔，或立于开阔地稀有的乔木或电线杆上。主要取食鼠类，也捕捉一些小鸟、青蛙等为食，还可以看到寻食腐肉。

分布：中国繁殖于东北地区，迁徙时东部大部分地区都可见到，在长江中下游地区为冬候鸟，也有少量个体在北方越冬。国外繁殖于俄罗斯远东地区、日本和朝鲜半岛，在东南亚地区越冬。

江西鄱阳湖/姜克红

江西鹰潭/曲利明

福建福州/郑建平

江西鹰潭/曲利明

江苏盐城/孙华金

棕尾鵟

Long-legged Buzzard

保护级别：国家II级　体长：50-65厘米　居留类型：留鸟

特征描述：中大型猛禽。和其他鵟相类似，具有深色型和浅色型两种，以棕黄色的尾羽和其他近似种类相区分，跗跖长而不被毛。

虹膜黄色；喙黑褐色；脚黄色。

生态习性：常栖息于荒漠和半荒漠地带以及戈壁和干旱平原。常独立或者成对活动，站立在电线、岩石和地上，翱翔时双翅上举呈"V"字形。捕食小型兽类和鸟类，亦食腐肉。

分布：中国在新疆西部天山、准噶尔盆地、吐鲁番盆地繁殖，为留鸟，部分种群冬季可游荡到西藏南部和云南。国外繁殖于欧洲东南部经中亚到蒙古西部、非洲北部和中部，冬季见于非洲和印度西北部。

浅色型/新疆/张明

深色型/新疆富蕴/沈越

新疆阿勒泰/张国强

伯劳勇敢地驱逐进入其领域中的棕尾鵟/新疆/王尧天

产卵/新疆阿勒泰/张国强

雏鸟/新疆阿勒泰/张国强

巢筑/新疆阿勒泰/张国强

大鵟

Upland Buzzard

保护级别：国家II级　体长：56-71厘米　居留类型：夏候鸟、旅鸟、冬候鸟

特征描述：体型最大的鵟类。雄鸟较小，站立时像一只小型的雕。常在开阔地面或高树及电线杆上蹲伏，飞行时显得翅膀较长而尾较短，下体深色部分靠后接近下腹部，深色带在下体中央不相连，以此与普通鵟区分，翅上初级飞羽基部有大面积浅色区域是辨识大鵟的重要特征。

虹膜黄色；喙黑色；脚黄色，跗跖部强壮且被羽毛。

生态习性：喜开阔无树生境，常站立于电线、裸岩等突出处，伺机捕食。主要捕食鼠类，亦捕捉野兔、雉鸡等较大的动物为食，也食腐肉。

分布：中国在北方及青藏高原繁殖，冬季在北方、中部和东部地区越冬。国外繁殖区自亚洲中部到蒙古和朝鲜半岛北部，越冬于印度、缅甸和日本。

深色型/新疆阿勒泰/张国强

青藏高原上多此色型个体，尾羽常为棕色，但有条纹而区别于非黑色型的棕尾鵟/西藏/张明

大鵟站牛粪。内蒙古多此色型个体，大鵟仅跗跖前半部被羽，这点与毛脚鵟不同/内蒙古/张永

新疆阿勒泰/张国强

幼鸟/北京/孙驰

青海隆宝自然保护区/张铭

毛脚鵟

Rough-legged Buzzard

保护级别：国家II级
体长：51-56厘米
居留类型：冬候鸟、旅鸟

特征描述：与普通中等体型的褐色鵟类体型相当或稍大，较其他两种鵟翅膀显得更为狭长，周身羽色黑白色对比也更为醒目，特别是靠近尾羽端部的深色条带是辨认毛脚鵟的重要特征，飞行时尤为显眼。

虹膜黄色；喙铅灰色；脚黄色。

生态习性：繁殖期在北方针叶林和苔原活动，冬季常在开阔的农田、草原地带活动，翱翔时双翅上举呈很深的“V”字形。在高空飞翔时较其他鵟类更喜定点振翅。主要捕捉各种鼠类为食。

分布：中国在北方地区为冬候鸟，也有部分个体到南方越冬。国外分布于欧亚大陆的北部至北美洲的北部，在这些大陆的南部越冬。

北京野鸭湖/韩冬

辽宁/张明

新疆青格达湖/苟军

林雕

Black Eagle

保护级别：国家II级
体长：66-76厘米
居留类型：留鸟

特征描述：大型猛禽。通体为黑褐色，飞行时可见翅形宽而长，翅基较窄，翅后缘突出，尾羽上有数条淡色横斑，体色和乌雕类似，但是翅形平直，翅后缘靠近身体的部分不往内凹。

虹膜暗褐色；喙铅灰色，尖端黑色，蜡膜黄色；脚淡黄色，跗跖被羽。

生态习性：栖息于中、低海拔的山地森林和林缘地带，常沿着林缘飞行巡猎，飞行技巧高超。常在空中盘旋，主要以两栖爬行动物、小型哺乳动物和鸟类为食。

分布：中国分布于西南、华南、海南岛和台湾岛。国外分布于印度次大陆、斯里兰卡、中南半岛、印度尼西亚和菲律宾。

台湾/林月云

林雕需要大型阔叶乔木，依赖大片的季风常绿森林繁衍/台湾/林月云

亚成鸟/云南高黎贡自然保护区/张铭

福建永泰/郑建平

乌雕

Greater Spotted Eagle

保护级别：国家II级　IUCN：易危　体长：61-74厘米　居留类型：夏候鸟、旅鸟、冬候鸟

特征描述：中型猛禽。成鸟上体为暗褐色，下体颜色较淡，尾上覆羽白色，与体色对比强烈。亚成体和幼体的体色较淡，背和翅膀上有很多灰白色斑点，所以本种也被称为“芝麻雕”。飞行时两翅平直，尾短而圆，翱翔时翅膀不上举成“V”字形，以此和其他雕类区别。

虹膜褐色；喙喙黑色，端部黑色；脚黄色。

生态习性：栖息于丘陵、低山开阔森林中，有时也出现在开阔水域周围。

分布：中国繁殖于东北和新疆，迁徙时经过中部、东部地区，在西南、华南等地区有少量越冬个体。国外分布于西伯利亚、俄罗斯远东地区和蒙古，越冬于印度次大陆、中南半岛、阿拉伯半岛和撒哈拉沙漠以东地区。

内蒙古/田穗兴

辽宁大连/翁发祥

辽宁/张明

乌雕在飞行中常显得尾短小/内蒙古/张永

草原雕

Steppe Eagle

保护级别：国家II级
体长：70-82厘米
居留类型：夏候鸟、旅鸟

特征描述：大型猛禽。成鸟上体土褐色，尾上覆羽白色，翅膀后缘色深，静立收拢翅膀时尤为突出，呈现出深色的斑纹。幼鸟及亚成鸟颜色由淡褐色到褐色，大覆羽和次级覆羽具有棕色的端斑，翼下亦可见白色横带。本种较同属其他大型雕类颜色更加偏褐色，且翱翔时候，翅膀上举的“V”字形较浅，有别于金雕。

虹膜暗黄色；喙灰褐色，端部黑色；脚淡黄色。

生态习性：栖息于平原、草原及荒漠草地上。常翱翔于天空，或者静立于电线、岩石和地面上。主要以小型哺乳动物和鸟类为食，亦食腐肉。

分布：中国在东北西部、华北北部、西北等地的适宜生境中繁殖，迁徙时经过华北、华中、西南地区。国外繁殖分布区自欧洲东南部开始至西伯利亚，在北非、印度次大陆和缅甸越冬。

青海青海湖/沈越

草原雕常栖于地面，甚至营巢于地面/内蒙古/张明

内蒙古/张明

新疆阿勒泰/张国强

新疆/王尧天

白肩雕
Eastern Imperial Eagle

保护级别：国家I级　IUCN：易危
体长：73-84厘米
居留类型：夏候鸟、旅鸟、冬候鸟

特征描述：大型黑褐色猛禽。成鸟头部至后颈的羽毛色浅，呈棕褐色，肩部具有明显的白色羽区，与体羽对比明显，飞行时两翅平举，呈较浅“V”字形；尾长，飞行时尾羽夹紧不呈扇形。幼鸟及亚成鸟体色较淡，头顶黄褐色，背具黄褐色斑点。相似种金雕无白色肩羽，另外生境也不同。

虹膜红褐色；喙灰蓝色；脚黄色。

生态习性：栖息于中、低海拔的山地森林和林缘地带，近湿地繁殖。冬季也到平原、湖泊附近觅食。多单独活动，常翱翔于天空或静立于岩石上，主要以两栖爬行动物、哺乳动物和鸟类为食。

分布：中国仅新疆天山有繁殖记录，迁徙时经过东北、华北、西北等地区，在长江中下游湿地、华南地区、西南地区和台湾岛越冬。国外分布于欧洲东南部经西伯利亚至贝加尔湖地区，越冬于印度次大陆和非洲东北部地区。

香港/沈越

新疆阿勒泰/张国强

新疆阿勒泰/张国强

金雕

Golden Eagle

保护级别：国家I级
体长：78-105厘米
居留类型：留鸟

特征描述：体形巨大而强壮的雕类。身体呈较深的褐色，因颈后羽毛金黄色而得名。幼鸟尾羽基部有大面积白色，翅下也有白色斑，因而飞行时仰视观察很好确认，成长过程中白色区域逐渐减小，成熟后几乎不显。

虹膜栗褐色；喙基部蓝灰色，端部黑色；脚黄色。

生态习性：主要栖息于高山森林、草原、荒漠、山区地带，冬季可能游荡到浅山及丘陵生境，常借助热气流在高空展翅盘旋，翅膀上举呈深“V”字形。幼鸟冬季有南迁的行为。主要以中至大型哺乳动物和鸟类为食。

分布：中国分布于东北、西北、华北和西南地区，冬季偶见于华东和华南地区。国外分布于欧亚大陆、北非和北美洲。

金雕常在峭壁上筑巢且反复利用旧巢/幼鸟/新疆卡拉麦里山/马鸣

新疆阿勒泰/张国强

新疆阿勒泰/张国强

棕腹隼雕

Rufous-bellied Eagle

保护级别：国家II级
体长：50-54厘米
居留类型：留鸟

特征描述：具羽冠的中型猛禽。上体为黑色，喉部和胸部白色，腹部和翅下棕红色，具有黑色纵纹。幼鸟下体白色，胁部具有特征性的黑色横纹。

虹膜暗褐色；喙铅灰色，端部黑色；脚淡黄色。

生态习性：栖息于中、低海拔的山地森林和林缘地带。多单独活动，常翱翔于天空，也停落在树枝上，或在草丛里伏击猎物。

分布：分布于中国云南极西南部和海南岛，偶有记录见于内陆中部地区。国外分布于印度次大陆、斯里兰卡、中南半岛、印度尼西亚和菲律宾。

云南德宏/李锦昌

云南德宏/李锦昌

白腹隼雕
Bonelli's Eagle

福建福州/林晨

保护级别：国家II级
体长：70-73厘米
居留类型：留鸟

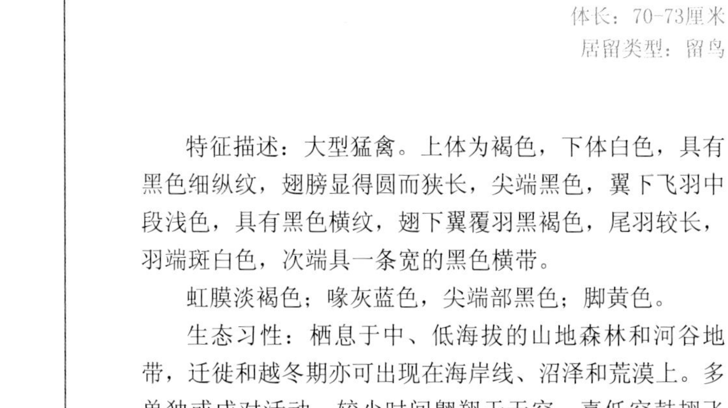
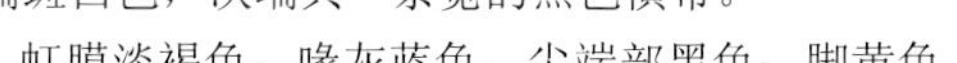

特征描述：大型猛禽。上体为褐色，下体白色，具有黑色细纵纹，翅膀显得圆而狭长，尖端黑色，翼下飞羽中段浅色，具有黑色横纹，翅下翼覆羽黑褐色，尾羽较长，羽端斑白色，次端具一条宽的黑色横带。

虹膜淡褐色；喙灰蓝色，尖端部黑色；脚黄色。

生态习性：栖息于中、低海拔的山地森林和河谷地带，迁徙和越冬期亦可出现在海岸线、沼泽和荒漠上。多单独或成对活动，较少时间翱翔于天空，喜低空鼓翅飞行，主要以两栖爬行动物、小型哺乳动物和鸟类为食。

分布：中国分布于西南、华南和台湾岛，也有零星记录出现在华中和华北。国外分布于非洲、欧洲东南部、中亚、土耳其、印度次大陆和印度尼西亚。

福建福州/林晨

靴隼雕

Booted Eagle

保护级别：国家II级
体长：45-54厘米
居留类型：夏候鸟、旅鸟

特征描述：中型猛禽。色型变化比较大，尾方型，较长。淡色型上体棕褐色，下体白色，飞翔时飞羽后缘和翅尖黑色，与腹部成鲜明对比；深色型通体黑褐色，只是在翼角处各有一个大白色斑，飞行时十分明显。与白腹隼雕相对比，个体较小。

虹膜褐色；喙蓝灰色，端部黑色；脚淡黄色。

生态习性：栖息于山地森林和林缘地带，也见于半荒漠地带。飞行时翼角常向后弯曲，呈折叠状，与其他雕类相异。主要以两栖爬行动物、小型哺乳动物和鸟类为食。

分布：中国繁殖于新疆，可能在东北也有繁殖。迁徙时见于内蒙古和华北地区，冬季云南有零星记录。国外分布于欧洲南部、非洲北部、亚洲中部、印度次大陆、斯里兰卡和中南半岛。

新疆/王尧天

新疆/王尧天

新疆/王尧天

浅色型个体/新疆/王尧天

新疆/王尧天

鹰雕

Mountain Hawk-Eagle

保护级别：国家II级　体长：64-70厘米　居留类型：留鸟

特征描述：具长羽冠的大型褐色猛禽。成鸟上体灰褐色，喉和胸白色，具有黑色的明显纵纹，其余下体淡褐色，翅膀十分宽阔，飞行时可见翅下具有平行排列的黑色横斑，尾打开呈扇形，具有数道平行的横斑。

虹膜黄色；喙黑色；脚黄色。

生态习性：栖息于山地森林中，冬季也到低山丘陵活动。常盘旋于天空，飞翔时扇翅缓慢。

分布：分布于中国西南、华南、海南岛和台湾岛，近年来种群扩散到华中和秦岭地区。国外分布于印度次大陆、斯里兰卡、中南半岛和印度尼西亚等国家和地区。

台湾/蔡伟勋

云南瑞丽/沈越

如同很多大型猛禽，鹰雕在繁殖期常将一些散发芳香物质的树叶树枝垫入巢中，以防细菌和蚊蝇的滋生/台湾/蔡伟勋

云南/张明

虽然鹰雕也造访次生林和人工林，但它们更喜大片原生阔叶林/四川青川/董磊

白腿小隼

Pied Falconet

保护级别：国家II级
体长：18厘米
居留类型：留鸟

特征描述：小型鹊色隼类。雌雄两色相似，眼后至脸颊、耳后到颈侧具大块黑色斑，头顶黑色延至颈背，并与黑色上背相连，头部其余部分白色，形成白色前额和眉纹，眉纹从耳后延伸至颈侧与白色下体相连，颏喉、胸腹和尾下覆羽均为白色，两翼黑色且次级飞羽内侧具白色小点斑，尾下覆羽具白色横斑。

虹膜黑色；喙灰黑色；跗蹠角质灰色。

生态习性：多单独或集小群栖息于中低海拔的森林开阔地，也见于丘陵及近山的平原林地，停栖于高大乔木枝梢巡视猎物，以小型鸟类、昆虫以及两栖爬行动物为食。

分布：中国见于江苏、安徽、浙江、福建、江西、广东、广西、贵州和云南。国外分布于印度东北部、缅甸北部、中南半岛东北部。

江西婺源/沈越

江西婺源/曲利明

老树是白腿小隼栖息地的关键因素/江西婺源/曲利明

黄爪隼
Lesser Kestrel

保护级别：国家II级　体长：30厘米　居留类型：夏候鸟、冬候鸟、旅鸟

特征描述：中小体型的红褐色隼类。雄鸟整个头部包括脸颊灰色，上背深栗红色，两翼大覆羽灰色，飞羽黑色，尾羽灰色而具宽阔的黑色次端斑，尾端呈明显的楔形，胸部栗色较深，下体浅红褐色而具黑色点斑，下腹及臀染白色，似红隼雄鸟但脸颊无黑色髭纹，且上背无黑色斑点。雌鸟赤褐色而具宽阔的黑色横斑，飞羽黑色，尾羽同上背纹路，脸颊灰色较浅，眼下具不明显的黑色髭纹，胸腹浅皮黄色而具黑色纵纹，似红隼雌鸟但体型相对较小，髭纹不明显且爪为黄白色而非黑色。

虹膜黑褐色，明黄色眼圈；喙蓝灰色而尖端黑色，喙基具黄色蜡膜；跗蹠明黄色。

生态习性：多见单独或成对活动于林缘、河谷、原野、草场、农田和荒漠等开阔生境，以大型昆虫和小型啮齿动物为食。

分布：中国见于新疆、内蒙古、河北、山东、云南、四川、吉林以及辽宁。国外广布于南欧、北非、西亚、中亚、西伯利亚南部，越冬于非洲、阿拉伯半岛、南亚。

新疆阿勒泰/张国强

新疆阿勒泰/张国强

新疆阿勒泰/沈越

新疆/张永

新疆阿勒泰/张国强

新疆阿勒泰/张国强

红隼

Common Kestrel

保护级别：国家II级
体长：32厘米
居留类型：夏候鸟、冬候鸟、留鸟、旅鸟

特征描述：中小体型的黄褐色隼类。雄鸟脸颊和颏、喉苍白色，头顶至后枕灰色，眼后具短的黑色眉纹，眼下具长而明显的黑色髭纹，上背浅红褐色并具黑色横斑或鳞状斑，飞羽黑色，尾羽蓝灰色而具宽阔的黑色次端斑或不显著的白色端斑，下体浅红褐色而具黑色纵纹，下腹至臀红色较深而无斑纹。雌鸟脸颊纹路同雄鸟，头部和上体暗红褐色，具宽阔的黑褐色横纹，尾羽同上背颜色，具黑色次端斑和白色端斑，下体棕黄色并具粗黑色纵纹。

虹膜黑褐色而具明黄色眼圈；喙蓝灰色而尖端黑色，喙基具黄色蜡膜；跗蹠明黄色。

生态习性：经常单独或成对活动于多草和低矮植被的开阔地带，停栖于电线、树桩、枯枝等显眼位置，利用视觉捕食，食物为啮齿类和两栖爬行类动物。

分布：中国广布于除沙漠腹地以外的几乎所有地域。国外广布于古北界和旧热带界，部分越冬于分布区南部以及东洋界。

江西南矶山/林剑声

辽宁/张明

红隼可于峭壁营巢，也可利用喜鹊等的旧巢，还会利用建筑物上的适宜结构/新疆阿勒泰/张国强

红隼主要捕捉地面的猎物/新疆克拉玛依/赵勃

红隼悬停/新疆奇台/邢睿

整个繁殖季中，雄性亲鸟大量向配偶和幼鸟提供食物，这点在猛禽中很普遍/新疆阿勒泰/张国强

新疆阿勒泰/张国强

红脚隼

Amur Falcon

保护级别：国家II级　体长：29厘米　居留类型：夏候鸟、冬候鸟、旅鸟

特征描述：中小体型的灰色隼类。雄鸟头及上体深烟灰色，下体浅灰色，尾下覆羽灰色，下腹及臀羽栗红色，似西红脚隼雄鸟但翼下覆羽为白色，仅飞羽黑色。雌鸟上体深烟灰色，具鳞状横纹，头部灰色而脸颊白色，具深灰色髭纹，颏、喉白色，上胸具黑色纵纹，下胸至腹部白色，具黑色矛状横斑，下腹和臀部染棕色，尾羽具黑色横斑，翼下覆羽白色且具黑色斑点。

虹膜黑褐色具橘红色眼圈；喙橘红色且尖端深色，喙基具橘红色蜡膜；跗蹠橘红色。

生态习性：栖息于开阔生境，行动敏捷，主要以昆虫和小型啮齿类动物为食。迁徙季节常数百只集群迁徙，有时也与其他隼类混群。过去曾将其作为西红脚隼*Falco vespertinus*的亚种，现分类多数观点认为其为独立种。

分布：中国见于东北、华北、华东、华中、东南、华南和西南的大多数省份。国外繁殖于东北亚，迁徙经东亚、南亚和东南亚，越冬于非洲。

雌鸟/北京野鸭湖/沈越

雌鸟/北京百望山/韩冬

红脚隼常从空中捕捉昆虫，偶尔也捉鸟，例如这只倒霉的理氏鹨/雄鸟/内蒙古达理诺尔/沈越

灰背隼

Merlin

辽宁铁岭/张明（大力水手）

保护级别：国家II级
体长：30厘米
居留类型：夏候鸟、冬候鸟、旅鸟

特征描述：中小体型的灰色隼类。雄鸟头顶深灰色，头部棕褐色，具不明显的细白色眉纹，颏、喉白色，上背及两翼深灰色，飞羽黑色，尾灰色而具宽阔的黑色次端斑和不明显的白色端斑，下体棕褐色而具细黑色纵纹。雌鸟头及上体暗红褐色而具黑褐色横斑，有不明显白色眉纹，颏、喉白色，胸腹白色而具粗的棕褐色纵纹。

虹膜黑褐色；喙蓝灰色而尖端黑色，喙基具黄色蜡膜；跗蹠黄色。

生态习性：喜开阔生境，但较其他隼类更易出现于林区，以小型鸟类、啮齿类和两栖爬行类动物为食。

分布：中国繁殖于西北，迁徙经东北、东部沿海和中西部的大部分地区，越冬于新疆西部、长江以南、华东南以及西藏东南部。国外广布于全北界中北部，越冬于全北界南部及以南区域。

辽宁沈阳/孙晓明

燕隼

Eurasian Hobby

保护级别：国家II级　体长：32厘米　居留类型：夏候鸟、留鸟

特征描述：中小体型的黑白色隼类。雄鸟头顶、眼后黑色且延伸到枕后与深色上体相连，具白色眉纹，眼下具粗黑色髭纹，脸颊、颏、喉及胸腹白色，胸腹部具黑色纵纹，上体包括两翼深灰黑色或黑色，下腹、腿及臀羽栗红色。雌鸟似雄鸟但偏褐色，下腹和尾下覆羽也具细黑色纵纹。

虹膜黑褐色而具黄色眼圈；喙蓝灰色且尖端黑色，喙基具黄色蜡膜；跗蹠黄色。

生态习性：多栖息于有稀树和灌木的开阔生境，也见于林缘地带，常以小型鸟类和昆虫为食，捕食于空中，两翼狭窄而飞行敏捷。

分布：中国见于除沙漠腹地和青藏高原以外的所有地区，多为夏候鸟和旅鸟，越冬于西藏南部和华南，但尚未记录见于海南岛。国外广布于古北界，非繁殖季至中南半岛、南亚和非洲南部越冬。

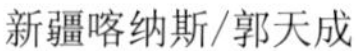

新疆喀纳斯/郭天成

新疆阿勒泰/张国强

新疆阿勒泰/张国强

幼鸟/北京野鸭湖/沈越

新疆/张明

猛隼
Oriental Hobby

保护级别：国家II级
体长：26厘米
居留类型：留鸟

特征描述：黑红色小型隼类。雌雄羽色相似，头部及上体灰黑色，颏、喉和颈侧黄白色，眼下黑色且不具明显髭纹，胸腹及尾下覆羽栗红色。

虹膜黑褐色而具黄色眼圈；喙蓝灰色而尖端黑色，喙基具黄色蜡膜；跗蹠黄色。

生态习性：多单独活动于低海拔森林的林缘、疏林、丘陵及平原地带，以昆虫、小型鸟类以及蝙蝠为食，多在空中捕食。

分布：中国见于云南、广西和海南岛。国外分布于喜马拉雅山脉，经印度东北部、缅甸至中南半岛、马来半岛、菲律宾和印度尼西亚以及新几内亚。

云南盈江/肖克坚

云南盈江/肖克坚

猛隼常立于高树枯枝上等待猎物/云南西双版纳/翁发祥

西藏山南/李锦昌

猎隼

Saker Falcon

保护级别：国家II级　IUCN：易危
体长：52厘米
居留类型：夏候鸟、冬候鸟、旅鸟

特征描述：褐色大型隼类。雌雄羽色相似，头及上体棕褐色或灰褐色，具黑褐色横斑，不同颜色个体深浅差异较大，头顶具黑褐色细纹，脸颊白色，耳后及颈背斑驳，具不明显至宽阔的白色眉纹，眼下具黑褐色髭纹，两翼飞羽黑褐色，尾羽棕褐色而具黑褐色横斑，颏、喉及上胸白色，其余下体白色而具黑褐色点斑或者纵纹。

虹膜黑褐色，具黄色眼圈；喙蓝灰色且尖端深色，喙基具黄色或灰色蜡膜；跗蹠黄色或灰色。

生态习性：多栖息于高原、高海拔山地、半荒漠以及多峭壁和岩石的生境，以中小型鸟类、啮齿类动物和小型兽类为食，捕食于地面和空中。因毒药灭鼠和隼类贸易而导致种群数量急剧下降，特别是国际隼类贸易，在不少分布地遭受到灭绝性捕捉。

分布：中国见于西北部新疆，北部内蒙古、辽宁、吉林、北京、河北、河南，西部甘肃、青海、四川、西藏和重庆，偶见于东部的浙江、山东、江苏等地。国外繁殖于东欧、中东、中亚及西伯利亚南部，越冬于中东、西亚、印度北部和非洲东部。

猎隼常栖息、营巢于峭壁/青海隆宝自然保护区/张铭

辽宁/张明

鼓起的嗉袋部位表明它刚进餐完毕/辽宁/张明

辽宁/张明

猎隼髭纹淡，尾下覆羽纯白色无斑，以此区别于游隼幼鸟/内蒙古/张永

内蒙古/张永

游隼

Peregrine Falcon

保护级别：国家II级
体长：46厘米
居留类型：夏候鸟、冬候鸟、留鸟、旅鸟

特征描述：黑白色或黑棕色的大型隼类。雌雄羽色相似，体羽根据亚种不同而多变，上体及尾部深灰黑色，尾部具黑褐色横斑，头部黑色，颏、喉白色，具白色半领环，部分亚种半领环自后颊向耳后延伸而形成宽阔黑色髭纹（斑块），胸腹白色至深棕红色，且具黑色纵纹或者横纹，两腿具黑色横纹。

虹膜黑褐色，具黄色眼圈；喙灰色且尖端深色，喙基具黄色或黄白色蜡膜；跗蹠黄色。

生态习性：分布广泛但并不常见，多见单独或成对活动，栖息于各种开阔生境，主要以中小型鸟类特别是鸠鸽科鸟类为食，也捕食小型雁鸭和啮齿类动物，多捕食于空中，飞行速度极快且空中动作不断变换，其飞行姿态和捕食过程极具观赏性。

分布：中国分布于除西北沙漠腹地和青藏高原以外的大部分地区。国外广布于全球各大洲。

北京野鸭湖/沈越

游隼抓麦鸡。游隼是少数可以猎食飞行技术高超的鸻鹬类的猛禽之一/北京/张永

游隼捉蜡嘴，胸腹部的纵纹表明了其亚成鸟身份/北京/张永

拟游隼

Barbary Falcon

保护级别：国家II级
体长：42厘米
居留类型：夏候鸟、冬候鸟

特征描述：体型较大、整体色浅的隼类。头顶灰色，脸颊至颈背染棕色，头顶两侧及后眉纹沾棕色，眼下具狭窄的黑色线条，背灰色，下体偏白色，眼下具狭窄的黑色线条，似游隼但黑色的翼尖与灰色的覆羽和背部对比较明显，腰及尾上覆羽灰色浅，下体浅色。幼鸟褐色重，下体多黑色纵纹，颈背色浅并沾棕色。

虹膜褐色；喙灰色，蜡膜黄色；跗蹠黄色。

生态习性：同游隼，但更喜欢干燥而开阔的生境。

分布：中国有繁殖记录见于天山及青海，冬季见于新疆西部喀什地区。国外分布于北非和中东。

新疆喀什/谢林冬

雄鸟/新疆克拉玛依/文志敏

雄鸟/新疆克拉玛依/文志敏

大鸨

Great Bustard

保护级别：国家I级　IUCN:易危
体长：100厘米
居留类型：夏候鸟、旅鸟、冬候鸟

特征描述：为现存体型最大的飞禽。雄鸟体长可达105厘米，体重为10-15千克。体型硕大，脚长，颈长而头显小，头、颈前部和侧面灰色，颈背染棕色，上体具宽大的棕色与黑色横斑，下体及尾下覆羽白色。繁殖期雄鸟颏下至颈前长有白色丝状羽，颈侧生长棕色丝状羽，飞行时翼偏白色，初级飞羽尖端深色，次级飞羽黑色。雄鸟体型常比雌鸟大很多。

虹膜黑色；喙青灰色或灰白色；脚灰白色。

生态习性：主要栖息于开阔的平原、干旱草原、稀树草原和半荒漠地区，也出现于河流、湖泊沿岸和邻近的干湿草地。行动谨慎，飞行缓慢，扑翅有力。雄鸟炫耀时膨出胸部羽毛，两翼微微张开，尾羽竖起，最后体羽蓬松，蹲坐在地。在繁殖地单独、成对或结小群活动于开阔草原。迁徙和越冬期间结成多达百只以上的大群。越冬通常在农耕地，取食各种植物性食物。

分布：中国繁殖于新疆、东北三省和内蒙古东北部，越冬于陕西至河南、河北、天津、山东等中东部地区，最南可见于福建。国外分布于欧洲、西北非至中东、中亚一带；在巴基斯坦为迷鸟。

只有广阔的优质草原才能为大鸨提供繁衍场所/雄鸟/内蒙古/张明

苜宿地、冬小麦田或收割后的玉米地是大鸨各季的主要栖息地/北京/张永

大鸨是所有能够飞翔的鸟类中体重最大的/内蒙古/张明

在非繁殖季节大鸨结小群活动/新疆阿勒泰/张国强

波斑鸨

Macqueen's Bustard

保护级别：国家I级　IUCN：易危　体长：70厘米　居留类型：夏候鸟

特征描述：大型地栖鸟类。比大鸨略小，颈长，脚长而头显得小，头、颈灰色，背、翅具褐色斑驳，下体偏白色。繁殖季节雄鸟颈侧生长有黑色松软的丝状羽，初级飞羽的羽尖黑色，基部具大型白色斑，双翼展开后显示黑色粗大横纹。

虹膜金黄色；上喙黑色，下喙黄色；脚棕黄色。

生态习性：栖息于广阔草原、半荒漠地带及农田草地，通常成群活动。善于奔跑，主要吃野草、甲虫、蝗虫、毛虫等。繁殖季节常做跳跃炫耀。

分布：中国见于新疆西部及内蒙古西北部，是罕见夏候鸟。国外见于中亚和西亚。

新疆/王尧天

新疆/王尧天

新疆木垒/肖克坚

新疆木垒/王传波

新疆阿勒泰/张国强

白喉斑秧鸡

Slaty-legged Crake

体长：25厘米
居留类型：留鸟

形态描述：喙短小、脚长、偏褐色而下体有斑的秧鸡。头及胸栗色，背褐色，颏偏白色，近黑色腹部及尾下具狭窄的白色横纹，翼上白色仅限于内侧的次级飞羽，初级飞羽具零星横斑。

虹膜红色；喙绿黄色；脚灰色。

生态习性：性羞怯，栖于林缘地带、红树林、茂密灌丛及稻田中。常在潮湿而植被茂密处地面活动。食物为昆虫及其幼虫、小型软体动物、植物的嫩叶和种子等。

分布：中国不常见留鸟于广西南部及广东，台湾岛有一特有亚种，海南岛偶有记录，实际分布范围可能更广。国外繁殖区从印度次大陆延伸至东南亚，冬季可扩散至繁殖区以南。

台湾/林月云

香港/顾莹

台湾/林月云

台湾/林月云

蓝胸秧鸡
Slaty-breasted Rail

体长：29厘米
居留类型：留鸟、旅鸟

特征描述：中等体型、喙长、脚长、顶冠栗色而余部以灰色为主的秧鸡。下颏白色，脸颊、颈侧至前胸为灰蓝色，背部深灰并染棕色，具白色细纹，两胁及尾下具较粗的黑白色横斑。

虹膜红色；上喙黑色，下喙偏红色；脚灰色。

生态习性：见于红树林、沼泽、稻田、草地，甚至干的珊瑚礁岛屿上。性隐蔽并有半夜行性，常单独活动。一般不常见，高可至海拔1000米。

分布：在中国华南和西南地区为留鸟，江苏和江西有迷鸟记录，台湾岛为特有亚种。国外分布于印度次大陆、东南亚，部分鸟冬季迁至分布区的南部。

台湾/吴崇汉

台湾/林月云

蓝胸秧鸡多匿身于水滨茂密的草木中，代表了多种秧鸡的行为风格/台湾/吴崇汉

广东汕头/郑康华

长脚秧鸡

Corn Crake

保护级别：国家Ⅱ级
体长：26.5厘米
居留类型：夏候鸟、旅鸟、迷鸟

特征描述：中等体型、喙短而脚长的黄褐色斑驳型秧鸡。上体灰褐色，羽干黑色成粗大纵纹，翼覆羽褐色而有浅色边缘，飞羽褐色，眉宽呈灰色，过眼纹棕色，颏偏白色，喉及胸近灰色，两胁及尾下具栗色和黑白色横斑，飞行时可见锈褐色的长翼，振翅乏力，双腿下悬，为明显辨识特征。

虹膜褐色；喙黄褐色；脚暗黄色。

生态习性：栖于草地及农耕地。性羞怯。

分布：中国罕见繁殖于新疆西部，冬季偶见于西南地区的极西部。国外见于古北界西部至中亚及俄罗斯南部，引种至美国东部，迁徙至非洲，迷鸟至中东、南亚以及东南亚。

新疆阿尔泰山/马鸣

新疆阿尔泰山/马鸣

西方秧鸡

Water Rail

体长：29厘米　居留类型：夏候鸟、迷鸟

特征描述：中等体型、喙长、脚长的暗深色秧鸡。上体纵纹较普通秧鸡少，头顶褐色亦较少，脸颊、颈及胸灰蓝色，两胁具黑白色横斑，眉纹不显。亚成鸟翼上覆羽具不清晰的白色斑。

虹膜红色；喙红色至黑色；脚红色。

生态习性：习性同普通秧鸡。

分布：中国繁殖于新疆，冬季有迷鸟记录见于北京、湖北等地。国外繁殖于古北界西部，迁徙至南亚、非洲越冬。

北京/沈越

普通秧鸡

Brown-cheeked Rail

体长：29厘米　居留类型：夏候鸟、旅鸟、冬候鸟

特征描述：中等体型、喙长、脚长的暗深色秧鸡。上体多纵纹，头顶褐色，脸灰色，眉纹浅灰色而眼线深灰色，颏白色，颈及胸灰色，两胁具黑白色横斑。亚成鸟翼上覆羽具不明晰的白色斑。

虹膜红色；喙红色至黑色；脚红色。

生态习性：性羞怯，栖于水边植被茂密处、沼泽及红树林中。

分布：在中国迁徙季节偶见于华南的适宜生境。国外繁殖于古北界东部，迁徙至东南亚。

福建福州/曲利明

云南/张明

与西方秧鸡相比，普通秧鸡的喙较强壮，体羽条纹较明显/北京/沈越

北京/张永

北京/冯威

红脚苦恶鸟

Brown Crake

体长：28厘米
居留类型：夏候鸟、旅鸟

特征描述：中等体型、喙短而脚长的暗色秧鸡。上体橄榄褐色，脸及胸青灰色，腹部及尾下覆羽褐色。幼鸟灰色较少，体羽无横斑。飞行无力，腿下悬。

虹膜红色；喙黄绿色；脚洋红色。

生态习性：性羞怯，多在黄昏活动，尾不停地抽动。在繁殖季节常成对或以家族群为单位活动。繁殖在多芦苇或多草的沼泽地带。

分布：在中国南方山区为地区性常见鸟。国外见于印度次大陆至中南半岛东北部。

红脚苦恶鸟常成对或结家族群生活在华南地区的水田附近/江西南昌/王揽华

江西婺源/曲利明

江西南昌/王揽华

江西婺源/郑建平

白胸苦恶鸟

White-breasted Waterhen

体长：33厘米
居留类型：夏候鸟、旅鸟

特征描述：体型略大、喙长中等、脚长、兼有青灰色和白色的苦恶鸟。头顶及上体深青色至黑色，后背至尾羽染棕褐色，脸、额、胸及上腹部白色，下腹及尾下棕色。

虹膜红色；喙偏绿色，喙基红色；脚黄色。

生态习性：通常单个活动，偶尔结小群，于湿润的灌丛、湖边、河滩、红树林及旷野走动觅食。也攀于灌丛及小树上。常至开阔地带活动，因而较其他秧鸡常见。

分布：中国在华北以南适宜生境繁殖，偶见于东北，在南方分布区高可至海拔1500米，越冬鸟见于西南至华南。国外分布于印度、菲律宾、苏拉威西岛、马鲁古群岛及马来诸岛。

北京沙河/沈越

福建福州/曲利明

四川成都/董磊

白胸苦恶鸟是最大胆的秧鸡之一，常至开阔地带活动，甚至可生活在城市排污水道周围/福建福州/曲利明

稻谷也是白胸苦恶鸟的美食/福建福州/曲利明

棕背田鸡

Black-tailed Crake

保护级别：国家Ⅱ级　体长：22厘米　居留类型：夏候鸟、旅鸟

特征描述：中等体型、喙短而脚长、栗色和灰黑色的田鸡。头颈深烟灰色，上体余部棕褐色，颏白色，尾近黑色，下体余部深灰色。雄雌同色。

虹膜红色；喙偏绿色，喙基红色；脚红色。

生态习性：性隐匿，常黄昏活动。栖于沼泽及多芦苇的溪流、池沼岸边，分布海拔高至3600米。

分布：中国在西藏东南部、云南、四川南部及贵州东部的中山地带为罕见留鸟。国外见于喜马拉雅山脉东部、缅甸北部、泰国北部、中南半岛北部。

云南丽江/陈水华

姬田鸡

Little Crake

保护级别：国家Ⅱ级
体长：19厘米
居留类型：夏候鸟、旅鸟

特征描述：体型小、喙短而脚长的田鸡。雄鸟上体褐色，下体灰色而具稀疏的白色点斑。雌鸟下体皮黄色而非灰色，脸、颏及喉偏白色。甚似体型更小的小田鸡。雄鸟上体褐色较暗淡，少有白色点斑，两胁横纹也少，腿绿色，喙基红色。幼鸟与小田鸡幼鸟的区别在上体白色点斑为实心而非圆圈状。

虹膜红色；喙偏绿色，喙基红色；脚偏绿色。

生态习性：栖于沼泽、潮湿草甸及有浮生植物的池塘中，能自如地游水。

分布：中国见于新疆西部塔里木盆地，为罕见繁殖鸟，在天山有迁徙记录。国外繁殖于古北界的西部至中亚，越冬于非洲的撒哈拉、西亚和南亚。

新疆莎车/丁进清

与小田鸡相比，姬田鸡亦整体色浅而较少斑点，但两者喜好的生境是一致的/新疆莎车/丁进清

小田鸡

Baillon's Crake

江西南矶山/林剑声

体长：18厘米
居留类型：夏候鸟、旅鸟

特征描述：体型纤小、喙短而脚长的灰褐色田鸡。背部具白色纵纹，两胁及尾下具白色细横纹。雄鸟头顶及上体红褐色，具黑白色纵纹，胸及脸灰色。雌鸟色暗，耳羽褐色。幼鸟颏偏白，上体具圆圈状白色点斑。与姬田鸡区别在于上体褐色较浓且多白色点斑，两胁多横斑，喙基无红色，腿偏粉色。

虹膜红色；喙偏绿色；脚偏粉色。

生态习性：栖于沼泽型湖泊或多草的沼泽地带。常快速而轻巧地穿行于芦苇中，极少飞行，善于游泳。

分布：中国繁殖于东北、河北、陕西、河南等地，迁徙时经中国大多数地区，在广东可见越冬群体，迷鸟至台湾岛。国外见于北非和欧亚大陆，南迁至印度尼西亚、菲律宾、新几内亚及澳大利亚。

辽宁/张明

红胸田鸡

Ruddy-breasted Crake

体长：20厘米
居留类型：夏候鸟、留鸟、旅鸟

特征描述：体型小、喙短而脚长的红褐色田鸡。后顶和上体纯褐色，头侧和胸部深棕红色，颏白色，两翼纯色无白色斑，腹部及尾下近黑色并具白色细横纹。

虹膜红色；喙偏褐色；脚红色。

生态习性：栖息于沼泽、湖滨、河岸、水塘、稻田和沿海滩涂。主要以水生昆虫、软体动物以及水生植物叶、芽、种子为食。性羞怯而难见到，经常在黎明、黄昏和夜间活动。

分布：中国见于大多数省区。国外繁殖于印度次大陆、东亚、菲律宾、苏拉威西岛及大巽他群岛。

北京/张永

红胸田鸡较少至开阔水面或水没过其跗蹠处/北京沙河/沈越

红胸田鸡有时与其他秧鸡（如黑水鸡，上）结伴活动/台湾/林月云

红胸田鸡也在漂浮植物上活动/台湾/林月云

董鸡

Watercock

体长：40厘米
居留类型：夏候鸟、旅鸟

特征描述：体型大、喙短而脚特长的黑色或黄褐色秧鸡。繁殖期雄鸟体羽黑色，具红色的尖形角状额甲，体羽、覆羽和飞羽具浅褐色边缘。雌鸟褐色，下体具细密横纹。

虹膜褐色；喙黄绿色；脚绿色，繁殖期雄鸟脚为红色。

生态习性：性羞怯。主要为夜行性，多藏身于芦苇、沼泽中，有时到附近稻田取食。

分布：中国分布在东北、华北、华中、华东、华南、西南、海南岛及台湾岛，为广布夏候鸟，冬季南迁。国外在印度次大陆、东南亚南部、苏门答腊及菲律宾为留鸟，在喜马拉雅山脉、东北亚、东南亚的东北部繁殖，越冬于日本、马来半岛、婆罗洲、爪哇、苏拉威西及小巽他群岛。

辽宁盘锦/张明

辽宁盘锦/张明

辽宁盘锦/张明

辽宁盘锦/张明

紫水鸡

Purple Swamphen

体长：42厘米
居留类型：夏候鸟、留鸟

特征描述：体型大而粗壮、喙厚重而脚特长的紫蓝色水鸟。除尾下覆羽为白色外，整个体羽蓝黑色并具紫色及绿色闪光，具一红色额甲。

虹膜红色；喙红色；脚红色。

生态习性：栖于多芦苇的沼泽地及湖泊，在水上漂浮植物及芦苇地中行走。有时结小群到漫水的开阔草地、稻田或草地上活动。

分布：中国在云南西部、四川南部、贵州西部和长江中游以及福建、广东有繁殖群体，在西藏极东南部可能也有分布。国外见于古北界至非洲、东亚地区及大洋洲。

一家经常一起觅食/广东汕头/郑康华

长大的脚趾使其非常适合在漂浮的水生植物上行走/云南大理/肖克坚

紫水鸡的翅膀虽然短，但飞翔能力不弱/云南大理/肖克坚

莲藕也是紫水鸡的美食/广东饶平/郑康华

黑水鸡
Common Moorhen

体长：31厘米
居留类型：夏候鸟、留鸟

特征描述：中等体型、喙短而脚长的青黑色水鸡。成鸟，额甲亮红色，体羽青黑色，仅两肋有白色细纹而成的线条，尾下有两块白色斑，尾常上翘而醒目。幼鸟全身灰褐色，脸颊至下体色浅。

虹膜红色；喙暗绿色，喙基红色而端黄色；脚绿色。

生态习性：多见于水生植物茂密的湖泊、池塘及河流中。常在水中慢慢游动，在水面浮游植物间翻拣找食，也取食于开阔草地。在陆地或水中尾常不停上翘，不善飞，起飞前常需先在水上助跑一段距离。

分布：中国繁殖于除青藏高原以外的全国大部分适宜生境，冬季在不结冰的地区越冬。国外除大洋洲外，分布几乎遍及全世界，冬季从北方南迁越冬。

北京沙河/沈越

黑水鸡极擅游泳，时常见于开阔水面/福建福州/张浩

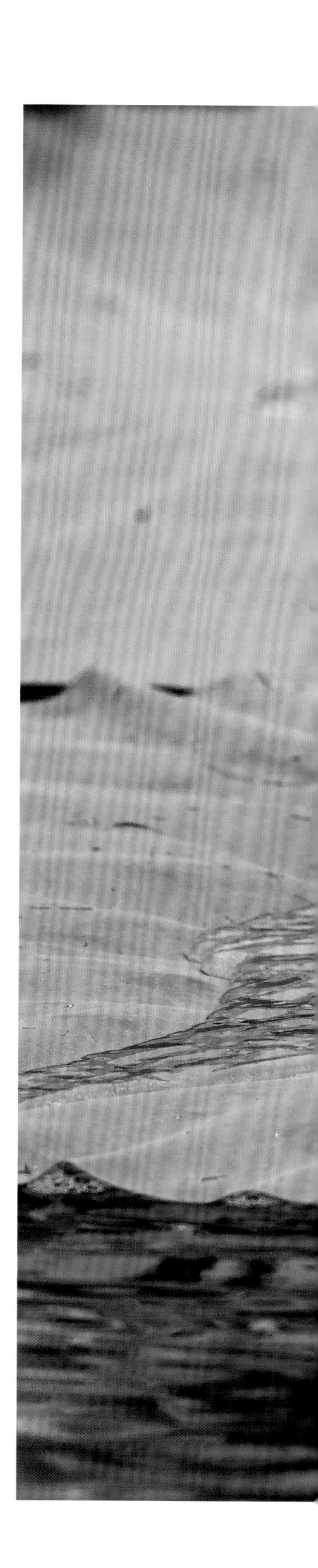

刚孵化出蛋壳的幼鸟，短时间内就可以奔跑/福建福州/曲利明

一窝八枚蛋，并非都能孵化成功/福建福州/曲利明

骨顶鸡

Common Coot

体长：40厘米
居留类型：夏候鸟、冬候鸟、旅鸟

特征描述：体型大、喙短而脚趾上有瓣蹼的黑色水鸟。具显眼的白色喙及额甲，整个体羽深黑色，仅飞行时可见翼上狭窄的近白色后缘。

虹膜红色；喙白色；脚灰绿色。

生态习性：主要在湖泊、溪流水面活动，也常潜入水中在水底找食水草。繁殖期相互争斗追打，有领域性。迁徙越冬期间集大群，有时达数千只。起飞前需在水面上长距离助跑。

分布：在中国北方是常见繁殖鸟，秋冬季节迁至北纬32° 以南越冬。国外见于古北界、中东、印度次大陆，也见于新几内亚、澳大利亚及新西兰，从北方南迁越冬。

北京沙河/沈越

冬季骨顶鸡可结成多至上千的群体/山东/曲利明

在水面助跑相当距离骨顶鸡才能起飞/辽宁/张明

骨顶鸡更多地在开阔水面游泳活动，潜水觅食水生植物，并以水绵喂食雏鸟/新疆阿勒泰/张国强

蓑羽鹤

Demoiselle Crane

保护级别：国家II级
体长：105厘米
居留类型：夏候鸟、旅鸟

特征描述：体型略小的蓝灰色鹤类。颈长，脚长而喙短，成鸟头顶白色，白色耳羽呈丝状延长成簇，头、颈色黑，黑色胸羽延长并下垂如丝，三级飞羽亦延长呈丝带状，末端灰色较深。

雄鸟虹膜红色，雌鸟虹膜橘黄色；喙黄绿色；脚黑色。

生态习性：为高原、草原、沼泽、半荒漠及寒冷荒漠的鸟种，可生活在海拔5000米的环境里。繁殖季节多栖息在近水源的草地，成对或以家族群活动。迁徙、越冬期间集大群。迁徙时经过青藏高原，有些群体可飞越喜马拉雅山。

分布：中国繁殖于东北、内蒙古西部的鄂尔多斯高原及西北，冬季偶有个体随其他鹤类出现在东部。国外分布于古北界的东南部至中亚及北非(几乎绝种)，越冬在南亚。

内蒙古/张明

家族群/新疆阿勒泰/张国强

亚成体（右）要到第二或第三年才能长出成鸟（左）那样延长飘逸蓑羽/内蒙古/张永

繁殖季节结束后，各家族汇集成群，准备开始迁徙/内蒙古达理诺尔/沈越

白鹤

Siberian Crane

保护级别：国家I级　IUCN：近危　体长：135厘米　居留类型：冬候鸟、旅鸟

特征描述：大型的白色鹤类。全身以白色为主，脸上裸皮猩红色，腿粉红色，初级飞羽黑色，展翅时才可见。幼鸟体羽染金棕色。

虹膜黄色；喙橘黄色；脚粉红色。

生态习性：迁徙和越冬夜栖时集大群，其余时候成对、结家族群或者小群活动。

分布：在中国迁徙经由东北和华北等地，冬季有超过3000只聚于江西鄱阳湖湿地越冬。国外繁殖于俄罗斯的东南部及西伯利亚，越冬在伊朗、印度西北部。

河北鹿泉/柴江辉

世界上超过90%的白鹤迁徙途经中国东部，最后越冬于长江中下游的大湖中/吉林/张明

江西鄱阳湖/王揽华

沙丘鹤

Sandhill Crane

保护级别：国家II级　体长：104厘米　居留类型：迷鸟

特征描述：体型较小的灰色鹤类。体羽为灰色，头颈色较浅，身体后部有时染浅褐黄色，脸偏白色，额及顶冠红色，展翅时显露深灰色的飞羽。

虹膜黄色；喙灰色；脚灰色。

生态习性：栖居于苔原、河流、沼泽及湖泊边的草地上。在中国出现的迷鸟常与白头鹤、灰鹤或者白鹤混群。

分布：中国偶见于东部地区，每隔数年便在东南部出现迷鸟记录。国外繁殖于北美洲及西伯利亚东部，飞往美国南方越冬。

沙丘鹤（左一）偶然随其他鹤类[如白鹤（左二、三）]迁徙至中国/吉林镇赉/邹宏波

吉林镇赉/邹宏波

沙丘鹤（左起第十五只，图中央最小的灰色鹤）/吉林/张明

白枕鹤

White-naped Crane

保护级别：国家II级　IUCN：易危　体长：150厘米　居留类型：夏候鸟、冬候鸟、旅鸟

特征描述：体型较大而灰白色相间的鹤类。脸侧裸皮红色，边缘黑色，耳羽灰黑色，喉及颈背白色，胸和颈前呈灰色，初级飞羽、次级飞羽近黑色，基部色较浅，体羽余部为不同程度的灰色。幼鸟头部裸皮不显著，并染棕黄色调。

虹膜黄色；喙黄色；脚绯红色。

生态习性：栖于近湖泊、河流、沼泽地带，觅食于农耕地，迁徙季节大群或与其他鹤类混群活动。

分布：在中国东北、西北繁殖，越冬于华中及华南，冬季南迁至长江下游，迷鸟至台湾岛及福建。国外分布于西伯利亚、蒙古北部，于朝鲜半岛、日本越冬。

江西南矶山/林剑声

在迁徙和越冬期间，白枕鹤常与其他鹤或雁相伴活动，甚难见到大群/辽宁/张明

江西鄱阳湖/王揽华

灰鹤
Common Crane

保护级别：国家II级　IUCN：易危
体长：125厘米
居留类型：夏候鸟、冬候鸟、旅鸟

特征描述：体型中等的灰色鹤类。头顶前部、后部黑色，中心红色，头及颈青灰色或黑色，自眼后有一道宽的白色条纹伸至颈背，体羽余部灰色，背部、覆羽及三级飞羽略沾褐色，初级飞羽与次级飞羽均呈深灰色。幼鸟头部和颈前部为浅棕黄色。

虹膜褐色；喙污绿色，喙端偏黄色；脚黑色。

生态习性：在繁殖地成对或结小群活动，迁徙和越冬期间可集多至数百只的大群，停歇和取食于农耕地或近水湿地。

分布：中国繁殖于东北及西北地区，冬季南迁至华北至华中以及西南地区。国外分布于古北界，少量出现在东南亚北部。

亚成鸟（左一，左二）与成鸟/江西鄱阳湖/曲利明

灰鹤是欧亚大陆适应性最广的鹤，越冬期常取食于收割后的农田/北京野鸭湖/沈越

辽宁盘锦/张明

越冬期间可见到上百甚至上千一群的灰鹤/江苏盐城/孙华金

白头鹤

Hooded Crane

保护级别：国家I级　IUCN：易危
体长：97厘米
居留类型：夏候鸟、冬候鸟、旅鸟

特征描述：体型较小的灰黑色鹤类。头颈白色，顶冠前端和末端黑色而中央红色。余部为均一的深灰色。幼鸟和亚成鸟头部、颈部为皮黄色，眼斑黑色。

虹膜黄红色；喙偏绿色；脚近黑色。

生态习性：夏季栖于近湖泊及河流的沼泽地，偏爱有树木的生境，成对或结家族群活动。迁徙和越冬期间结成大群活动，栖于内陆或河口湿地，常进入农耕地觅食。

分布：在中国黑龙江小兴安岭繁殖，在长江中下游越冬。国外繁殖于西伯利亚北部，在朝鲜半岛、日本南部越冬。

江西南矶山/林剑声

辽宁/张明

辽宁/张明

成群的白头鹤在中国不易见，但单只或数只常可见与灰鹤混群，偶然可见二者的杂交后代/辽宁/张明

黑颈鹤

Black-necked Crane

保护级别：国家I级　IUCN：易危　体长：150厘米　居留类型：夏候鸟、冬候鸟、旅鸟

特征描述：体型高大的灰黑色鹤类。头、喉及颈部黑色，仅有一白色块斑从眼下延伸至眼后，头顶红色，尾、初级飞羽及三级飞羽黑色。幼鸟头部和颈前部偏灰色，面部色浅。

虹膜黄色；喙角质灰色或绿色；脚黑色。

生态习性：在青藏高原湿地繁殖，常至湿地周围的草地觅食，繁殖期成对或结小群活动。迁徙越冬期间结成多至上百只的大群，常觅食于农耕地。飞行如其他鹤，颈伸直，呈“V”字编队。

分布：中国繁殖于青藏高原，包括西藏、青海、四川西部和甘肃南部，越冬主要在西藏的雅鲁藏布江中游河谷以及贵州草海、云南昭通等地。国外少量至不丹、印度东北部及中南半岛北部。

西藏/张明

高原湿地和草甸是黑颈鹤的夏季栖息地，它们多在矮草开阔生境下活动/西藏定结/肖克坚

黑颈鹤夫妇在野外一般一次产二枚卵，但往往只有一只雏鸟可以长大起飞/四川若尔盖/董磊

西藏定结/肖克坚

丹顶鹤

Red-crowned Crane

保护级别：国家I级　IUCN：易危
体长：150厘米
居留类型：夏候鸟、冬候鸟、旅鸟

特征描述：体型高大、颈部细长、身体优雅的白色鹤类。裸出的头顶红色，眼先、脸颊、喉及颈侧黑色，有宽白色带自眼后延伸至颈背，体羽余部白色，次级飞羽及三级飞羽黑色。

虹膜褐色；喙绿灰色；脚黑色。

生态习性：夏季栖息于北方广袤的芦苇湿地，成对或以家族群活动。炫耀时互相围绕奔跑跳跃，雌雄鸟相对引颈鸣叫。飞行如其他鹤类，颈伸直，呈“V”字形编队。在滨海湿地越冬。

分布：中国繁殖于东北三江平原等地，越冬群体主要在渤海至黄海沿岸，仅见于江苏盐城、山东黄河三角洲等少数几个地点。国外繁殖于日本和西伯利亚的东南部，越冬在日本和朝鲜半岛。

辽宁/张明

飞羽端和尾羽端的黑色是丹顶鹤尚未完全成年的标志/江苏盐城/沈越

在越冬地，丹顶鹤也常以家族为单位活动（左一、右一为亚成鸟）/江苏盐城/沈越

丹顶鹤就是中华文化中象征长寿的仙鹤，亚成鸟（左二、右一）身上渲染有很多黄色，它们是广袤荒野湿地的象征/江苏盐城/沈越

黄脚三趾鹑

Yellow-legged Buttonquail

体长：16厘米　居留类型：夏候鸟、旅鸟、留鸟

特征描述：体型较小的棕褐色三趾鹑。上体及胸两侧具明显的黑色点斑，飞行时翼覆羽淡皮黄色，与深褐色飞羽成对比，与其他三趾鹑区别在腿黄色。雌鸟的枕部及背部较雄鸟多栗色。

虹膜黄色；喙黄色；脚黄色。

生态习性：以小群活动于灌木丛、草地、沼泽地及耕作地，尤喜稻田。平时性隐秘而难见，迁徙季节较易见到。

分布：中国繁殖于西南、华南、华中、华东、华北至东北的大部地区，北方种群冬季迁至南方。国外见于亚洲东部、印度及东南亚。

雄鸟/上海/翁发祥

只有在迁徙途中意外迫降时黄脚三趾鹑才出现在开阔易见的地方/雄鸟/上海/翁发祥

雌鸟/北京/李继鹏

棕三趾鹑

Barred Buttonquail

体长：16厘米　居留类型：留鸟

特征描述：体型较小的黄褐色鹑状鸟。上体褐色斑驳，胸及两胁棕色。雌鸟体型略大，颏及喉黑色，头顶近黑色，头部灰白色斑驳。雄鸟头顶多褐色，脸颊具褐色及白色纹，胸及两胁具黑色横纹。

虹膜棕色；喙灰色；脚灰色。

生态习性：单个或成对生活于开阔草地，人近时跳起，贴地低飞一段距离后遁入草中。能生活在较高海拔区域。

分布：中国在云南至华南地区、海南岛和台湾岛的适宜生境为常见地方性留鸟。国外见于印度、日本、菲律宾、苏拉威西、苏门答腊、爪哇、巴厘及马来诸岛。

雌鸟/台湾/杨桢淇

雄鸟/台湾/杨桢淇

有时，雌鸟（右前）会与超过一只的雄鸟（左后）结伴活动/台湾/杨桢淇

欧石鸻

Eurasian Thick-knee

体长：41厘米　居留类型：夏候鸟、旅鸟

特征描述：体型大、喙粗、头大而脚长的黄褐色鸻类。眼大而呈黄色，翼上白色横纹的边缘上褐色而下黑色，飞羽合拢时成黑色，飞行时具两道白色条带。

虹膜黄色；喙黑色，喙基黄色；脚黄色。

生态习性：栖于开阔干燥而多灌丛的多石地带。有时成小群活动，白天休息，黄昏及夜晚活跃。善走，卧伏地面时头平伸。

分布：中国繁殖于新疆，也有留鸟记录见于西藏东南部，在广东沿海有迷鸟记录。国外分布于南欧、北非、中东至中亚。

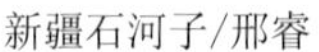

新疆石河子/邢睿

新疆乌苏/赵勃

石鸻常以放低身姿乃至蹲下的方式躲避危险/新疆石河子/沈越

大石鸻

Great Thick-knee

海南/吴崇汉

体长：52厘米
居留类型：夏候鸟、旅鸟

特征描述：体型大、头大、喙粗厚而微向上翘的鸻类。识别特征为头上的黑白色斑及翼上的黑白色粗横纹，飞行时初级飞羽和次级飞羽黑色并具白色粗斑纹。

虹膜黄色；喙黑色，喙基部有黄色斑；脚暗黄色。

生态习性：常成对活动，栖于大型河流及海边的沙滩和砾石带。

分布：中国罕见，曾经在香港、海南岛及云南西南部及南部有过记录。国外见于巴基斯坦南部、印度、斯里兰卡、缅甸，越冬于东南亚。

大石鸻喜开阔、矮草生境/海南/吴崇汉

蛎鹬

Eurasian Oystercatcher

体长：44厘米
居留类型：夏候鸟、旅鸟、冬候鸟

特征描述：中等体型、长喙、长脚的黑白色涉禽。红色的喙长直而端钝，腿粉红色，上背、头及胸黑色，下背及尾上覆羽白色，下体余部白色，翼上黑色，沿次级飞羽基部有白色宽带，翼下白色并具狭窄的黑色后缘。

虹膜红色；喙橙红色；脚粉红色。

生态习性：在海滩取食软体动物，成小群活动。夏季也出现在内陆水域及其周边草地。

分布：中国繁殖于东北沿海省份及山东，越冬在华南和东南沿海及台湾岛，夏季也见于天山及西藏西部。国外见于欧洲至西伯利亚，飞往南方越冬。

蛎鹬夏季也见于内陆草地/新疆阿勒泰/张国强

黑龙江/张永

因黑白色相间的体色，蛎鹬在华北沿海又被称为“海喜鹊”/福建厦门/林剑声

雌鸟通常每次产四枚卵，单个亲鸟带领的雏鸟一般不超过四只/辽宁/张明

鹮嘴鹬

Ibisbill

体长：40厘米
居留类型：留鸟，候鸟

特征描述：体型大的灰白色鹬类。腿及喙红色，喙长且下弯。有一道前白后黑的横带将灰色的上胸与白色腹部隔开，翼下白色，翼上中心具鲜明白色宽带。幼鸟上体具皮黄色鳞状纹，黑色斑纹不甚清晰，腿及喙近粉色。

虹膜褐色；喙、脚均绯红色。

生态习性：栖于山区水清澈、河床多大卵石、水流速快的河流沿岸。在华北可在低至海拔300米的沟谷繁殖，在横断山区夏季活动范围可高至5000米左右。雄鸟炫耀时姿势下蹲，头前伸，黑色顶冠的后部耸起。

分布：中国分布于中部地区至华北平原边缘山地，留鸟见于新疆西部，西藏西部、南部和东部及青海、甘肃、四川、宁夏、陕西、北京、河北、河南、云南北部。国外分布于喜马拉雅山脉及中南亚。

鹮嘴鹬极其依赖有大块卵石的河床，水电和开采砂石已经使其丧失了很多生境/四川甘孜州/董磊

只要冬季流水不结冰，鹮嘴鹬就不离开夏季的栖息地/北京/张明

北京/张永

鹮嘴鹬在非繁殖季节可结小群，它们是栖于山区、清冷河流沿岸卵石河滩的代表性物种/四川甘孜州/董磊

黑翅长脚鹬

Black-winged Stilt

体长：37厘米
居留类型：夏候鸟、旅鸟、冬候鸟

特征描述：腿脚高挑的黑白色涉禽。喙细长，色黑，两翼黑色，腿红色，体羽白色。颈背具黑色斑块。幼鸟染褐色，头顶及颈背沾灰色。

虹膜粉红色；喙黑色；腿及脚淡红色。

生态习性：喜沿海滩涂以及浅水沼泽、湖泊、水库等淡水湿地。

分布：中国多数省区有记录，繁殖在新疆西部、青海东部、内蒙古西北部、河北、天津、北京等地，在其余地区均有迁徙过境记录，越冬鸟见于台湾岛、广东及香港。国外分布于印度及东南亚。

北京/张永

北京野鸭湖/沈越

迁徙、越冬期间，黑翅长脚鹬有时结成非常大的群体/辽宁/张明

福建福州/曲利明

伸懒腰/福建闽江口湿地自然保护区/姜克红

反嘴鹬

Pied Avocet

体长：43厘米

居留类型：夏候鸟、旅鸟、冬候鸟

特征描述：体高、喙细长而上翘、腿特长的黑白色鹬类。头顶和颈背黑色，头颈其余部分白色，飞行时从下面看体羽全白色，仅翼尖黑色，具黑色的翼上横纹及肩部条纹。

虹膜褐色；喙黑色；脚灰蓝色。

生态习性：进食时喙往两边扫动。善游泳，能在水中倒立。飞行时不停地快速振翼并做长距离滑翔。繁殖季节成鸟会佯装断翅在地面跛行，以将捕食者从巢或幼鸟身边引开。

分布：中国繁殖于北方地区，冬季结大群在长江中下游、东南沿海及西藏越冬，偶见于台湾岛。国外分布于欧洲至西亚和中亚的温带地区，冬季迁徙至非洲或亚洲南部越冬。

反嘴鹬主要捕食水面附近的猎物/内蒙古乌梁素海/沈越

辽宁/张明

在长江中下游的浅水湖泊中冬季可见到成百上千集群的反嘴鹬/辽宁/张明

雏鸟和亲鸟/新疆阿勒泰/张国强

凤头麦鸡
Northern Lapwing

体长：30厘米
居留类型：夏候鸟、旅鸟、冬候鸟

特征描述：体型较大的黑白色涉禽。头顶具细长而稍向前弯的黑色冠羽，上体具绿黑色金属光泽，尾白色而具宽的黑色次端带，耳羽黑色，头侧及喉部污白色，胸近黑色，腹白色。

虹膜褐色；喙近黑色；腿及脚橙褐色。

生态习性：喜耕地、稻田或矮草地。栖息于河湖岸边、池塘、水渠、沼泽等湿地，有时也到远离水域的农田、旱草地和高原地区活动，取食蝗虫、蛙类、小型无脊椎动物、植物种子等。

分布：中国繁殖于北方大部分地区，是常见候鸟或旅鸟，越冬于北纬32°以南地带。国外分布于古北界，冬季南迁。

福建长乐/高川

北京野鸭湖/沈越

江西鄱阳湖/王揽华

繁殖季节凤头麦鸡的冠羽会比图中长出许多/江西鄱阳湖/曲利明

距翅麦鸡

River Lapwing

体长：30厘米
居留类型：留鸟

特征描述：中等体型、具有黑、白及灰色的麦鸡。喉黑色，头顶黑色并具细长黑色凤头，与头侧、背及胸部的灰褐色形成对照，腹部、腰及尾下白色，初级飞羽、尾及腹中心的斑块黑色，无肉垂，飞行缓慢，翼角可见黑色斑。

虹膜褐色；喙黑色；脚偏绿色。

生态习性：栖于河流、沙滩及卵石滩，偶至水滨矮草地。求偶时常做精彩的旋转表演。

分布：中国分布于西藏东南部、云南西部和西南部，为不常见留鸟，偶见于云南东南部和其他地区。国外见于喜马拉雅山脉东部、印度东北部至东南亚。

但它们需要大面积无遮挡的滩涂作为停歇地/云南盈江/肖克坚

农田是距翅麦鸡的主要觅食地/云南那邦/沈越

翼角的“距”清晰可见/云南盈江/肖克坚

云南盈江/肖克坚

灰头麦鸡

Grey-headed Lapwing

体长：35厘米
居留类型：夏候鸟、旅鸟、冬候鸟

特征描述：体型较大、具有灰、白及棕褐色的麦鸡。头及胸灰色，背部棕褐色，翼尖、胸带及尾部横斑黑色，腰、尾及腹部白色。亚成鸟似成鸟，但褐色较浓而无黑色胸带。

虹膜褐色；喙黄色，端黑色；脚黄色。

生态习性：栖于近水的开阔地带及河滩、沼泽稻田上。

分布：中国繁殖于东北各省至江苏和福建，迁徙经华东及华中，越冬于云南及广东，偶见于台湾岛。国外繁殖于日本，冬季南迁至印度东北部、东南亚。

江西婺源/曲利明

警戒时前额的羽毛竖起/江苏盐城/孙华金

在华东地区，灰头麦鸡是城郊开阔有草湿润生境下的常见鸟/江西南昌/王揽华

家族群（右一、右二为幼鸟）/江西鹰潭/曲利明

肉垂麦鸡

Red-wattled Lapwing

体长：33厘米
居留类型：留鸟

特征描述：体型较大并具有黑、白及褐色的麦鸡。头、喉及胸中部黑色，耳羽具白色斑块，上背、翼覆羽及背部浅褐色；翼尖、尾后缘及尾的次端斑黑色，翼斑、尾基尾尖及下体余部白色。

虹膜褐色；喙基具红色肉垂，端黑色；脚黄色。

生态习性：栖于开阔地区及农田、沼泽地、河滩上。性警觉，常以快速振翅的飞行告警。

分布：中国见于云南西部及西南部，在干燥开阔地区为地方性常见鸟。国外分布于波斯湾及印度次大陆至东南亚。

云南/张明

肉垂麦鸡与距翅麦鸡常出现在同一区域，都喜好农田和农田周围的矮草地/云南那邦/沈越

云南/张明

每种麦鸡飞起时都显出不同的翅部图样/云南/张明

云南/杨华

白尾麦鸡

White-tailed Lapwing

体长：28厘米
居留类型：旅鸟

特征描述：中等体型的灰褐色麦鸡。雌雄同色，头、上体和上胸灰褐色，颏、喉、胸至下腹为白色，两翼飞羽黑色，腰和尾羽白色。

虹膜黑褐色；喙黑色；脚长且为鲜黄色。

生态习性：多见于干旱和半干旱荒漠中的湿地，习性同其他麦鸡，性机警而怯生。

分布：中国仅见于新疆，为2012年中国鸟类新记录。国外繁殖于俄罗斯西南部、中亚和西亚部分地区，越冬于巴基斯坦、印度西北部、西亚南部和非洲东北部，于中东有部分种群为留鸟，在塔吉克斯坦和哈萨克斯坦均有分布。

新疆/丁进清

新疆/丁进清

新疆/丁进清

新疆/丁进清

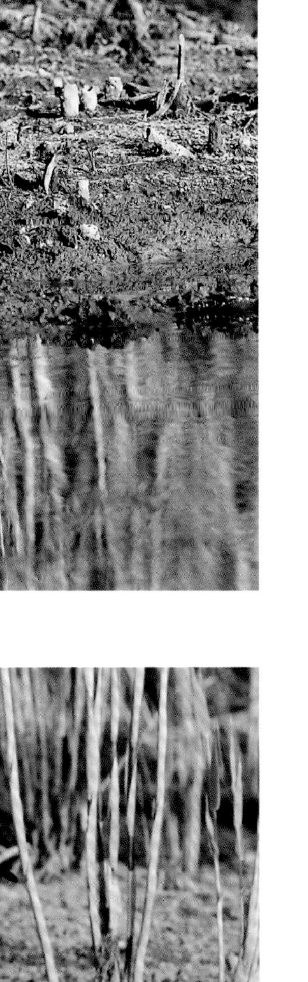

新疆/丁进清

新疆/丁进清

金斑鸻

Pacific Golden Plover

体长：25厘米
居留类型：旅鸟、冬候鸟

特征描述：中等体型、头圆、喙短而厚、脚长的涉禽。冬羽金棕色，过眼线、脸侧及下体色浅，翼上无白色横纹。繁殖期雄鸟脸、喉、胸前及腹部均为黑色，脸周及胸侧缀以白色边缘。雌鸟下体有黑色，但不如雄鸟多。

虹膜褐色；喙黑色；腿灰色。

生态习性：栖息于河岸附近的农田、水塘、沼泽及空旷草原上，以植物种子、嫩芽、软体动物、甲壳类和昆虫为食。

分布：在中国迁徙时见于全国各地，冬季见于华南沿海及近海开阔地区。国外繁殖在俄罗斯西伯利亚北部，越冬在东南亚及马来西亚至澳大利亚、新西兰并太平洋岛屿。

非繁殖羽/新疆阿勒泰/张国强

繁殖羽/北京沙河/沈越

繁殖羽/北京沙河/沈越

非繁殖羽/北京/冯威

灰斑鸻

Grey Plover

体长：28厘米　居留类型：旅鸟、冬候鸟

特征描述：中等体型、头圆、喙短而厚大、脚长的涉禽。体型较金斑鸻大，上体褐灰色，下体近白色，飞行时翼纹和腰部偏白色，黑色的腋羽于白色的下翼基部成黑色块斑。繁殖期雄鸟下体黑色似金斑鸻，脸、胸黑色部分边缘缀以宽白边，上体多银灰色，尾下白色。

虹膜褐色；喙黑色；腿灰色。

生态习性：栖息于海滨、岛屿、河滩、湖泊、池塘、沼泽、水田、盐湖等湿地之中。以小群在潮间带沿海滩涂及沙滩取食。

分布：在中国迁徙时途经东北、华北、华中及华东，冬季见于华南、海南岛、台湾岛和长江下游的沿海及河口地带。国外繁殖于全北界的北部，越冬于热带及亚热带沿海地带。

幼鸟/辽宁/张明

泥滩上的底栖生物是灰斑鸻等远距离迁徙涉禽中途必须补充的重要饵料/辽宁/张明

非繁殖羽/黑龙江牡丹江/沈越

剑鸻

Common Ringed Plover

体长：19厘米　居留类型：旅鸟、迷鸟

特征描述：中等体型、圆胖的黑、褐及白色鸻类。比金眶鸻体型大，黑色的前顶冠上无白色饰纹，喙基黄色而尖黑色，腿橘黄色，飞行时翼上具明显白色横纹。成鸟的黑色斑纹在亚成鸟时为褐色。

虹膜褐色；喙黑色，喙基黄色；脚黄色。

生态习性：栖于沿海泥沙滩涂或其他水域滩涂上。

分布：曾被发现于中国东北至华南的沿海，属于迷鸟。国外繁殖于加拿大、格陵兰岛及古北界的北极区，冬季南移至南欧、非洲及中东。

成鸟/新疆/张明

成鸟/新疆布尔津/孙晓明

亚成鸟/新疆奎屯/文志敏

长嘴剑鸻

Long-billed Plover

体长：23厘米　居留类型：夏候鸟、旅鸟、冬候鸟

特征描述：体型略大、具有黑、褐及白色的鸻类。身体呈流线型，喙略显长，尾较剑鸻及金眶鸻长，白色的翼上横纹不及剑鸻粗而明显。繁殖期体羽为具黑色的前顶横纹和全胸带，但贯眼纹灰褐色而非黑色。

虹膜褐色；喙黑色；腿及脚暗黄色。

生态习性：喜在河边及沿海滩涂的多砾石地带活动。

分布：中国繁殖于东北、华中及华东，越冬于华北以南的沿海地带。国外繁殖于东北亚，冬季至东南亚越冬。

成鸟/四川德阳/董磊

成鸟/北京十渡/沈越

鸻类朴素的体色通常是一种保护色/成鸟/江西婺源/林剑声

江西婺源/林剑声

警戒时才如此伸展/河北邢台/柴江辉

金眶鸻

Little Ringed Plover

体长：16厘米
居留类型：夏候鸟、旅鸟、冬候鸟

特征描述：体型纤小、具有黑、灰及白色的鸻类。喙短，与体型相近的环颈鸻的区别在于具黑色或褐色的全胸带，且腿为黄色。与剑鸻区别在于有明显黄色眼圈，翼上无横纹。成鸟黑色部分在亚成鸟时为褐色，飞行时翼上无白色横纹。

虹膜褐色；喙灰色；腿黄色。

生态习性：通常出现在沿海溪流和河流的沙洲，也见于沼泽地带、沿海滩涂以及内陆水域周围。

分布：中国繁殖于内蒙古、华北、华中、西藏南部、四川南部及云南等地，迁飞途经东部省份，至云南南部、海南岛、广东、福建、台湾岛越冬。国外分布于古北界、北非、东南亚至新几内亚，南迁越冬。

金眶鸻幼鸟/福建闽东/曲利明

成鸟/新疆阿勒泰/张国强

成鸟/河南董寨/沈越

成鸟/辽宁/张明

环颈鸻

Kentish Plover

体长：15厘米
居留类型：夏候鸟、旅鸟、冬候鸟

特征描述：喙短、体型小而圆的褐色及白色鸻类。与金眶鸻的区别在于腿黑色，飞行时具白色翼上横纹，尾羽外侧白色。雄鸟胸侧具黑色块斑；雌鸟此斑块为褐色。

虹膜褐色；喙黑色；腿黑色。

生态习性：单独或成小群取食，常与其余涉禽混群于海滩或近海岸的多沙草地上，也在沿海河流、沼泽地以及盐池周边活动。

分布：中国有两个亚种。指名亚种繁殖于西北及中北部地区，越冬于四川、贵州、云南西北部及西藏东南部。*dealbatus*（包括*nihonensis*）亚种繁殖于整个华东及华南沿海，包括海南岛和台湾岛，越冬于长江下游及北纬32°以南沿海。国外分布于美洲、非洲及古北界的南部，在南方越冬。

成鸟/北京十渡/沈越

雌鸟/辽宁/张明

天津/杨华

幼鸟/辽宁盘锦/张明

铁嘴沙鸻

Greater Sand Plover

体长：23厘米
居留类型：夏候鸟、旅鸟、冬候鸟

特征描述：中等体型头大，喙较长而厚重，脚较长，具有灰、褐及白色的鸻类。与蒙古沙鸻区别在于体型较大，喙较长、较厚，腿较长而偏黄色。与所有其他越冬鸻类的区别在于缺少胸横纹或领环，站姿直立。繁殖羽的特征为胸具棕色横纹，脸具黑色斑纹，前额白色。

虹膜褐色；喙黑色；腿黄灰色。

生态习性：繁殖于内陆水域附近，越冬期喜沿海泥滩和沙滩，常与其他涉禽尤其是蒙古沙鸻混群。

分布：中国繁殖于新疆西部天山和喀什地区以及内蒙古河套地区以北，迁徙时经中国全境，部分在台湾岛、广东及香港沿海越冬。国外繁殖地由土耳其至中东、中亚至蒙古，越冬在非洲沿海、印度、东南亚、马来西亚至澳大利亚。

幼鸟/福建长乐/高川

成鸟非繁殖羽/新疆/张永

蒙古沙鸻

Lesser Sand Plover

体长：20厘米　居留类型：夏候鸟、旅鸟、冬候鸟

特征描述：中等体型具有灰、褐及白色的鸻类。体形甚似铁嘴沙鸻，常与之混群但身体较短小，喙短而纤细；飞行时白色的翼上横纹模糊不清。具有繁殖期的个体胸具棕赤色宽横纹，脸具黑色斑纹，额常全黑色。

虹膜褐色；喙黑色；腿深灰色。

生态习性：在沿海泥滩或沙滩活动，常与其他涉禽混群，有时集群数量多达数百只。

分布：中国有4个亚种，其中亚种*pamirensis*繁殖于新疆西部天山及喀什地区；*atrifrons* 繁殖于青藏高原；*mongolus*繁殖于西伯利亚但迁徙经过东部，少量鸟在南部沿海越冬；*stegmanni*在台湾岛越冬。所有亚种均较常见。国外繁殖于中亚至东北亚，冬季南移至非洲沿海、印度、东南亚、马来西亚及澳大利亚。

繁殖羽/辽宁盘锦/沈越

西藏亚里/李锦昌

幼鸟/四川若尔盖/董磊

东方鸻
Oriental Plover

体长：24厘米　居留类型：夏候鸟、旅鸟

特征描述：体型中等的褐色与白色鸻类。喙短。冬羽似红胸鸻的冬羽但脚橙黄色；夏羽似红胸鸻的夏羽但脚较长橙黄色，脸部白色部分较宽，下胸黑色环带也较宽，与金斑鸻、蒙古沙鸻及铁喙鸻区别在腿黄色或近粉色，一些年长的鸟头部沾些白色，飞行时翼下包括腋羽为浅褐色。

虹膜淡褐色；喙橄榄棕色；腿黄色至偏粉色。

生态习性：繁殖于草原地带，在河流两岸及沼泽地带取食。

分布：中国繁殖于内蒙古东部呼伦池周围和辽宁，迁徙时经东部地区。国外繁殖于蒙古，冬季至马来西亚及澳大利亚。

幼鸟/福建福州/姜克红

繁殖羽/福建福州/郑建平

在春季，华北地区偶然可见结群的东方鸻（繁殖羽）出现在冬小麦田中/北京/张永

幼鸟/北京野鸭湖/沈越

换羽中/福建福州/姜克红

小嘴鸻

Eurasian Dotterel

体长：21厘米　居留类型：夏候鸟、旅鸟

特征描述：中等体型、色彩特色鲜明的鸻类。白色眉纹宽，向后交汇于枕部，并具狭窄的白色胸带，繁殖羽为喉及上胸灰色，其下的狭窄黑白色横纹将栗色的下胸与黑色的腹部隔开。雌鸟色彩比雄鸟更鲜艳，冬羽暗淡，腹部皮黄色，但眉纹及白色胸带仍反差明显，头顶及背部杂有白色斑点。

虹膜深褐色；喙近黑色；腿偏黄色。

生态习性：栖于荒芜的山顶及多苔藓的苔原冻土带。

分布：中国繁殖于新疆西北部准噶尔、阿拉图及塔尔巴噶泰山脉，在天山、内蒙古东北部及黑龙江北部有迁徙过境的记录。国外繁殖于古北界北部地区，冬季南迁至地中海、波斯湾及里海，种群数量稀少。

多石的高寒草甸是其典型的夏季栖息地/新疆/王尧天

繁殖羽/新疆/王尧天

幼鸟/新疆阿勒泰/张国强

繁殖羽/新疆阿勒泰/张国强

繁殖羽/新疆阿勒泰/张国强

彩鹬

Greater Painted Snipe

体长：25厘米
居留类型：夏候鸟、旅鸟

特征描述：体型略小、色彩艳丽的沙锥状涉禽。圆头，长喙，尾短，雌鸟头及胸深栗色，眼周白色，顶纹黄色，背及两翼偏绿色，背上具白色的“V”形纹，并有白色条带绕肩至白色的下体。雄鸟体型较雌鸟小而色暗，多具杂斑而少皮黄色，翼覆羽具金色点斑，眼斑黄色。

虹膜红色；喙黄色；脚近黄色。

生态习性：栖于沼泽与稻田中，高可至海拔900米。行走时尾上下摇动，飞行时双腿下悬如秧鸡。

分布：中国繁殖于辽宁南部、河北至华东及长江以南所有地区，包括海南岛和台湾岛，从北方南迁越冬，迷鸟至西藏南部。国外见于非洲、印度至日本、菲律宾、大巽他群岛及澳洲适宜生境。

雌鸟/福建闽侯/姜克红

雌鸟/福建闽侯/姜克红

雌鸟（左）雄鸟（右）/四川德阳/董磊

繁殖季中，雌雄亲鸟和幼鸟（右一）会待在一起/江西南昌/王揽华

水雉

Pheasant-tailed Jacana

体长：33厘米　居留类型：夏候鸟、旅鸟、冬候鸟

特征描述：体型略大的黑褐色与白色水雉。喙短，腿脚、尾羽特长。飞行时白色翼明显，非繁殖羽头顶、背及胸上横斑灰褐色，颏、前颈、眉、喉及腹部白色，两翼近白色，黑色的贯眼纹下延至颈侧，下枕部金黄色。繁殖羽头、下颏、颈下白色，后枕至颈背黄色，有黑色边缘将其与白色部分隔开，背部深褐色，腹部黑色，飞羽尖和尾羽黑色。

虹膜黄色；喙黄色或灰蓝色(繁殖期)；脚棕灰色或偏蓝色(繁殖期)。

生态习性：常在小型池塘或湖泊的浮游植物如睡莲、荷花的叶片上行走，间或短距离跃飞到新的取食点。

分布：中国繁殖于华北以南的适宜生境，部分个体在台湾岛和海南岛越冬。国外分布于印度，南迁至菲律宾及大巽他群岛，以往为常见的候鸟，现因缺乏适宜生境已相当罕见。

雄鸟孵卵/江西余干/林剑声

繁殖羽/江苏苏州/孙华金

芡食宽大有刺的叶面为水雉提供了一类最佳的特殊生境/江苏苏州/孙华金

繁殖羽/江苏苏州/孙华金

繁殖羽/云南大理/肖克坚

铜翅水雉

Bronze-winged Jacana

保护级别：国家Ⅱ级
体长：29厘米
居留类型：留鸟

特征描述：中等体型的黑褐色水雉。喙短，脚特长，尾短具粗大的白色眉纹，头、颈及下体黑色而带绿色闪光，上体橄榄青铜色，尾栗色，前额栗色。幼鸟头顶褐色，胸部有些白色。

虹膜褐色；喙绿色，喙基红色而喙端黄色；脚暗绿色。

生态习性：似其他水雉。性隐蔽，告警时发出响亮笛音，也发低喉音。

分布：中国记录见于云南西南部，为罕见留鸟。国外见于印度、苏门答腊及爪哇。

云南/田穗兴

铜翅水雉也喜大片的漂浮植物/云南德宏/李锦昌

丘鹬

Eurasian Woodcock

体长：35厘米　居留类型：夏候鸟、旅鸟、冬候鸟

特征描述：体型大、脚短、喙长且直的鹬类。与沙锥相比体型较大，头顶及颈背具横斑。翅较宽。

虹膜褐色；喙基部偏粉色，端黑色；脚粉灰色。

生态习性：夜行性鸟类。白天伏于地面，夜晚飞至开阔地进食，用长喙探寻落叶堆和软土中的蠕虫等食物。

分布：中国繁殖于黑龙江北部、新疆西北部的天山、四川及甘肃南部，迁徙时经过中国的大部分地区，越冬在北纬32°以南地区，包括台湾岛和海南岛。国外分布于古北界，在东南亚为候鸟。

丘鹬一般栖于林间草地，但在迁徙途中偶然也出现于开阔草地/北京/沈越

北京/沈越

静止不动的丘鹬在林下地面隐蔽效果极佳/北京/沈越

孤沙锥

Solitary Snipe

体长：29厘米

居留类型：夏候鸟、旅鸟、冬候鸟

特征描述：体型略大的红褐色沙锥。体色较暗，斑纹较细，头顶两侧缺少黑色条纹，喙基灰色较深，飞行时脚不伸出于尾后，比扇尾沙锥、大沙锥或针尾沙锥体色更暗，黄色较少，脸上条纹偏白色而非皮黄色，肩胛具白色羽缘，胸浅棕色，腹部具白色和红褐色横纹，下翼或次级飞羽后缘无白色。

虹膜褐色；喙橄榄褐色，喙端色深；脚橄榄色。

生态习性：常见于山区溪流有砾石滩或者植被较繁茂的地带。性孤僻，飞行较扇尾沙锥缓慢，但也作锯齿状盘旋飞行。

分布：亚种*solitaria*繁殖于新疆西部的天山、青藏高原东缘的喜马拉雅山脉至四川西北部、青海及甘肃西部，越冬于新疆西部的喀什地区、西藏东南部及云南；另一亚种繁殖于东北各省，越冬在长江流域及广东。国外见于喜马拉雅山脉至中亚的山地，越冬从巴基斯坦至日本及堪察加半岛山麓地带。

冬季，孤沙锥沟谷或近地山区较相对易见到/四川天全/董磊

北京怀沙河/沈越

北京/张永

北京/张永

针尾沙锥

Pin-tailed Snipe

体长：24厘米
居留类型：旅鸟、冬候鸟

特征描述：身体敦实而腿短的小型沙锥。两翼圆，喙相对短而钝。上体淡褐色，具白、黄及黑色的纵纹及蠕虫状斑纹，下体白色，胸沾赤褐色且多具黑色细斑，眼线在眼前细窄，于眼后难辨，与扇尾沙锥和大沙锥较难区分，但体型相对较小，尾较短，飞行时黄色的脚探出尾后较多，叫声也不同，与扇尾沙锥区别在于翼无白色后缘，翼下无白色宽横纹，腿比大沙锥细且黄色较少。

虹膜褐色；喙褐色，喙端深色；脚偏黄色。

生态习性：常光顾稻田、林中沼泽、潮湿洼地、近水的草地以及红树林。习性似其他沙锥，包括快速上下跳动及"锯齿"状飞行，受惊吓时常发出惊叫声等。

分布：在中国为多数省区常见的过境迁徙鸟，越冬群体见于台湾岛、海南岛、福建、广东及香港。国外繁殖于东北亚，冬季南迁至印度、东南亚。

台湾/林月云

针尾沙锥喙较扇尾沙锥短/台湾/林月云

大沙锥

Swinhoe's Snipe

上海/翁发祥

体长：28厘米
居留类型：旅鸟、冬候鸟

特征描述：体型略大而条纹鲜明的沙锥。两翼长而尖，头大而方，喙长。与扇尾沙锥区别在于喙显得短粗，头部外形和条纹相同，但尾端两侧白色较多，飞行时尾长于脚，翼下缺少白色宽横纹，飞行时翼上无白色后缘，与澳南沙锥较难区别，但大沙锥初级飞羽长过三级飞羽，春季时胸与颈部较暗淡。

虹膜褐色；喙褐色；脚橄榄灰色。

生态习性：栖居于沼泽、湿润草地及稻田中。习性同其他沙锥但不喜飞行，起飞及飞行都较缓慢。

分布：在中国迁徙时常见于东部及中部地区，越冬于海南岛、台湾岛、广东及香港，偶见于河北。国外繁殖于东北亚，冬季南迁至婆罗洲北部、印度尼西亚，并远至澳大利亚。

大沙锥似针尾沙锥，但背部纹样不甚鲜明，持于手中时可见有墨绿色光泽的背部羽毛/上海/翁发祥

扇尾沙锥

Common Snipe

体长：26厘米

居留类型：夏候鸟、旅鸟、冬候鸟

特征描述：中等体型条纹鲜明的沙锥。喙长，脚短，两翼细而尖，脸皮黄色，眼部上下条纹及贯眼纹色深，上体深褐色，具白色及黑色的细纹及蠹斑，下体淡黄色具褐色纵纹。羽色与大沙锥、澳南沙锥及针尾沙锥相似，但其次级飞羽具白色宽后缘，翼下具白色宽横纹，展翅时可见，飞行较迅速、较高，并常发出急叫声，皮黄色眉线与浅色脸颊形成对比。肩羽边缘浅色，比内缘宽，肩部线条较居中线条为浅，翅膀合拢后背部可见鲜明的浅色宽纵纹。

虹膜褐色；喙褐色；脚橄榄色。

生态习性：迁徙和越冬期间栖于沼泽地带与稻田，通常隐蔽在高大的芦苇丛中，被赶时跳出并作“锯齿形”飞行，边飞边发出警叫声。在繁殖地见于有林木灌丛的湿润草地。求偶炫耀时在空中向上攀升并俯冲，外侧尾羽伸出，颤动有声。

分布：中国繁殖于东北及西北的天山地区，迁徙时常见于中国大部地区，越冬在西藏南部、云南及北纬32°以南的大多数地区。国外繁殖于古北界，南迁越冬至非洲、印度、东南亚。

江西鹰潭/曲利明

辽宁盘锦/沈越

北京沙河/沈越

辽宁/张明

林沙锥

Wood Snipe

保护级别：IUCN：易危　体长：31厘米　居留类型：夏候鸟、旅鸟、冬候鸟

特征描述：背部暗色的大型沙锥。脸具偏白色纹理，胸棕黄色而具褐色横斑，下体余部白色并具褐色细斑，与其他沙锥区别在于色彩较深，飞行缓慢形如蝙蝠，喙朝下，栖息环境也不同，比孤沙锥体型略大，身体斑纹较粗，头顶侧条纹黑色，喙基部灰色较少。

虹膜深褐色；喙绿褐色，喙端色深；脚灰绿色。

生态习性：栖息于高海拔草地、灌丛、沼泽、泥潭及池塘，最高可至海拔5000米。

分布：中国繁殖于西藏东部至四川西部，越冬于西藏东南部以及云南的西部和东北部。国外繁殖于喜马拉雅山脉，越冬在印度及东南亚。种群数量稀少。

因栖息地偏僻，林沙锥是中国最难见到的鸟类之一/四川绵阳/王昌大

长嘴鹬

Long-billed Dowitcher

体长：30厘米
居留类型：旅鸟、冬候鸟

偶有个体出现在内陆水域/四川鸭子河/张铭

特征描述：体型略大的灰色鹬类。喙长而直，腿较长，与半蹼鹬相似但体型较小，腿较短且为橄榄黄色，喙基部的二分之一为黄绿色，飞行时背部白色呈楔形无横斑，次级飞羽白色后缘明显，近白色的翼衬上具黑色横纹。

虹膜褐色；喙近黄色，喙尖端色深；腿绿灰色。

生态习性：栖息于沼泽地及沿海滩涂，常与其他鸻鹬类混群。

分布：在中国迁徙越冬期间偶见于沿海，在香港和台湾岛有记录。国外繁殖于西伯利亚东北部及新北界的西北部，越冬主要在北美洲。

潮间带泥滩是长嘴鹬及类似鹬类（如半蹼鹬、塍鹬）在迁徙中转和越冬时最重要的栖息地/福建福州/王常松

半蹼鹬

Asian Dowitcher

保护级别：IUCN：近危
体长：35厘米
居留类型：夏候鸟、旅鸟

特征描述：喙长而直、腿较长的大型灰色鹬类。喙端略粗，背灰色，腰、下背及尾白色并具黑色细横纹，下体色浅，胸黄褐色，与塍鹬区别在于体型较小，喙形直而全黑色，较长喙鹬体型更大，腿色深，飞行时背色较深。

虹膜褐色；喙黑色；腿近黑色。

生态习性：迁徙越冬期间栖于沿海滩涂。进食习性特别，径直朝前行走，每走一步把喙扎入泥土找食，动作机械。

分布：中国繁殖于黑龙江齐齐哈尔地区、吉林向海及内蒙古东部呼伦池，迁徙时经过华东及华南地区。国外繁殖于俄罗斯西伯利亚东南部、蒙古，迁徙时见于印度次大陆东部、菲律宾及印度尼西亚至澳大利亚北部。

繁殖羽/福建长乐/曲利明

冬羽/台湾/林月云

冬羽/台湾/林月云

幼鸟/新疆奎屯/赵勃

黑尾塍鹬

Black-tailed Godwit

保护级别：IUCN：近危
体长：42厘米
居留类型：夏候鸟、旅鸟、冬候鸟

特征描述：长喙、长脚、颈也甚长的大型涉禽。似斑尾塍鹬，但体型较大，喙不上翘，过眼线显著，上体杂斑少，尾前半部近黑色，腰和尾基白色，白色的翼上横斑明显。非繁殖羽全身灰白色，繁殖羽头颈至前胸暖棕色，背部有黑色斑。

虹膜褐色；喙基粉色；脚绿灰色。

生态习性：栖息于沿海泥滩、河流两岸及湖泊岸边。食性同斑尾塍鹬，但更喜在淤泥内觅食，头往泥里探得更深。

分布：中国亚种*melanuroides*繁殖于新疆西北部天山、内蒙古的呼伦池及达赉湖地区，迁徙时经过全国大部地区，少量个体于南方沿海及台湾岛越冬。国外繁殖于古北界北部，冬季南迁至非洲并远至澳大利亚。

换羽中/新疆阿勒泰/张国强

非繁殖羽/辽宁/张明

繁殖羽/内蒙古/张永

黑尾塍鹬在迁徙期间通常结大群活动，偏好内陆淡水水域/繁殖羽/辽宁/张明

斑尾塍鹬

Bar-tailed Godwit

体长：42厘米　居留类型：旅鸟、冬候鸟

特征描述：喙长而略向上翘、脚长的大型涉禽。上体具灰褐色斑驳，有显著的白色眉纹，下体胸部沾灰色，与黑尾塍鹬的区别在于翼上横斑狭窄而色浅，白色的尾及腰上具褐色横斑，颈略短，下背偏褐，翼下色较白。非繁殖羽近灰色，繁殖羽头颈及前胸染暖棕色。

虹膜褐色；喙基部粉红色，端黑色；脚暗绿色或灰色。

生态习性：生活于潮间带、河口、沙洲及浅滩上。进食时头部动作快，大口吞食，头深插入水。

分布：在中国迁徙季节有记录见于新疆西北部天山和东部沿海。国外繁殖于北欧及亚洲，冬季南迁远至澳大利亚和新西兰。

幼鸟/福建长乐/郑建平

繁殖羽/辽宁盘锦/沈越

非繁殖羽/辽宁/张明

小杓鹬

Little Curlew

保护级别：国家II级
体长：30厘米
居留类型：旅鸟

除少数几个地点，在中国通常仅可见单只或数只的小杓鹬/福建福州/张浩

特征描述：喙中等长而略向下弯、颈、腿中等长度的小型杓鹬。皮黄色的眉纹粗重，与中杓鹬的区别在于体型较小，喙较短较直，腰无白色，落地时两翼上举。

虹膜褐色；喙褐色，喙基粉红色；脚蓝灰色。

生态习性：与其他杓鹬相比，更喜欢集小群活动于干旱的草地或者农耕地上。

分布：在中国迁徙季节定期经过东部及台湾岛，在内蒙古东北部草原地区也可见大群做短期停留。国外繁殖于东北亚，冬季南迁至澳大利亚。

迁徙季节中，小群偶见于内陆开阔矮草地/福建福州/姜克红

中杓鹬

Whimbrel

体长：43厘米　居留类型：旅鸟、冬候鸟

特征描述：喙长而下弯、颈、腿长度适中的中型杓鹬。眉纹色浅，具两侧黑色而中间色浅的顶纹。似白腰杓鹬但体型较小，喙也相应更短，腰部偏褐色，但一些个体腰及翼下为白色。

虹膜褐色；喙黑色；脚蓝灰色。

生态习性：喜栖息于沿海泥滩、河口潮间带、沿海草地、沼泽及多岩石海滩，通常结群生活，并常与其他涉禽混群。

分布：在中国迁徙时常见于全国大部分地区，尤其是华东及华南沿海地带，也见于内陆，少数个体在台湾岛及广东越冬。国外繁殖于欧洲北部及亚洲，冬季南迁至东南亚、澳大利亚及新西兰。

河北/张永

清晰的顶冠纹是中杓鹬的特征之一/台湾/林月云

辽宁盘锦/沈越

辽宁/张明

中杓鹬常单个或数只结伴活动，几不成群/福建福州/白文胜

白腰杓鹬

Eurasian Curlew

体长：55厘米　居留类型：旅鸟、冬候鸟

特征描述：喙甚长而下弯、颈长、腿也甚长的大型杓鹬。腰白色，渐变成尾部色并有褐色横纹。与大杓鹬区别在于腰和尾较白，与中杓鹬区别在于体型较大，头部无图纹，喙相应较长。

虹膜褐色；喙褐色；脚青灰色。

生态习性：非繁殖季节喜栖息于潮间带河口、河岸及沿海滩涂上。多见单独活动，有时结小群或与其他种类混群。夏季选择在开阔湿草地或湿地附近繁殖。

分布：中国繁殖于东北，迁徙时途经全国多数地区，为长江下游、华南与东南沿海、海南岛、台湾岛及西藏南部雅鲁藏布江河谷常见候鸟。国外繁殖于古北界北部，冬季南迁远及印度尼西亚及澳大利亚。

台湾/吴崇汉

白腰杓鹬繁殖季节见于内陆湿润草地/新疆阿勒泰/张国强

河北邢台/柴江辉

白腰杓鹬迁徙越冬期间大群时常见于沿海滩涂/福建长乐/曲利明

白腰杓鹬喜矮草或开阔生境/辽宁/张明

大杓鹬

Eastern Curlew

保护级别：IUCN：易危
体长：63厘米
居留类型：旅鸟、冬候鸟

特征描述：喙特长而下弯、颈长、腿长的大型杓鹬。比白腰杓鹬色深而褐色重，下背及尾褐色，下体皮黄色，飞行时展现的翼下横纹不同于白腰杓鹬的白色。幼鸟喙大部粉色，较成鸟明显短，体色较浅。

虹膜褐色；喙黑色，喙基粉红色；脚灰色色。

生态习性：同白腰杓鹬。性甚羞怯。有时与白腰杓鹬混群。

分布：在中国迁徙时定期经过东部及台湾岛。国外繁殖于东北亚，冬季南迁远至大洋洲。

辽宁/张明

螃蟹是包括大杓鹬在内的多种杓鹬迁徙中途停歇和越冬期间重要的食物/辽宁/张明

江苏如东/Craig Brelsford大山雀

江苏如东/Craig Brelsford大山雀

鹤鹬

Spotted Redshank

体长：30厘米
居留类型：夏候鸟、旅鸟、冬候鸟

特征描述：喙长且直、脚长而红的中型灰色涉禽。下喙基发红而端黑色。繁殖羽全身近黑色，具白色点斑，非繁殖羽全身灰色，两翼色深并具白色点斑，过眼纹明显，飞行时翅后缘缺少白色横纹，脚伸出尾后较长。

虹膜褐色；喙黑色，喙基红色；脚橘红色。

生态习性：越冬和迁徙停歇期间栖息于鱼塘、沿海滩涂及沼泽地带，可在水中游泳并将头颈没入水中觅食。结大群在南方各大水域周围越冬，也见于滨海。

分布：在中国新疆西北部天山有繁殖记录，迁徙时常见于中国的多数地区。国外繁殖于欧洲，迁至非洲、印度及东南亚越冬。

繁殖羽/辽宁盘锦/沈越

非繁殖羽/四川德阳/董磊

非繁殖羽/辽宁/张明

非繁殖羽/江西鹰潭/曲利明

红脚鹬

Common Redshank

体长：28厘米　居留类型：夏候鸟、旅鸟、冬候鸟

特征描述：喙甚长且直、脚甚长而红的中型灰色涉禽。上体褐灰色，下体白色，胸具褐色纵纹，比鹤鹬体型小且矮胖，喙较短较厚，喙基红色较多，飞行时腰部白色明显，次级飞羽具明显白色外缘，尾上具黑白色细斑。

虹膜褐色；喙基部红色，端黑色；脚橙红色。

生态习性：繁殖于内陆草原湿地周围。越冬和迁徙停歇期间喜泥岸、海滩、盐田、干涸的沼泽、鱼塘以及近海稻田，也经常见于内陆。通常结小群活动，也与其他水鸟混群。

分布：中国繁殖于西北、青藏高原及内蒙古东部，迁徙季节常见于华东、华南的适宜生境，在南方越冬。国外繁殖于非洲及古北界，冬季南移远及苏拉威西、东帝汶及澳大利亚，在繁殖地和越冬地均常见。

在繁殖地红脚鹬常在领地内高处鸣叫/新疆乌鲁木齐/沈越

辽宁/张明

红脚鹬下颏至胸前多细纹，是以区别于非繁殖羽的鹤鹬/四川若尔盖/董磊

红脚鹬飞起时可见显眼的白色次级飞羽/新疆/张浩

红脚鹬有明显的白眼圈，是以区别于非繁殖羽的鹤鹬/新疆阿勒泰/张国强

泽鹬

Marsh Sandpiper

体长：23厘米
居留类型：夏候鸟、旅鸟、冬候鸟

特征描述：喙细长而直、脚长、体形纤细的中型鹬类。两翼及尾近黑色，眉纹较浅，上体灰色，腰及下背白色，下体白色，与青脚鹬区别在于体型较小，额部色浅，腿较长且细，喙较细而直。繁殖羽背部点缀黑色斑。

虹膜褐色；喙黑色；脚偏绿色。

生态习性：喜栖息于湖泊、盐田、沼泽地、池塘并偶尔至沿海滩涂。通常单只或两三只成群，但冬季可结成大群。甚羞怯。

分布：中国繁殖于内蒙古东北部，迁徙经过华东沿海、海南岛及台湾岛，在内陆地区相对少见。国外繁殖于古北界，冬季南迁至非洲、南亚、东南亚并远及澳大利亚、新西兰。

繁殖羽/北京怀沙河/沈越

繁殖羽/辽宁/张明

幼鸟/新疆阿勒泰/张国强

非繁殖羽/四川德阳/董磊

青脚鹬

Common Greenshank

体长：32厘米
居留类型：夏候鸟、旅鸟、冬候鸟

特征描述：喙长而略微上翘、腿长而高挑的偏灰色中型鹬类。喙灰色而端色深。上体灰色，背部略染淡褐色，具杂色斑纹，翼尖及尾部横斑近黑色，下体白色，喉、胸具褐色纵纹，两胁有少量纵纹，背部的白色于飞行时尤为明显。翼下具深色细纹（相似的小青脚鹬为白色）。与泽鹬区别在于体型较大，腿显得较短，叫声独特。

虹膜褐色；喙灰色，端黑色；脚黄绿色。

生态习性：喜栖息于沿海和内陆的沼泽地带及河流的泥滩。通常单独或两三只成群。进食时喙在水里左右甩动寻找食物，头机械地上下点动。

分布：在中国迁徙时见于全国大部分地区，越冬时见于西藏南部至长江以南地区，包括台湾岛和海南岛的大部分地区，夏季见于内蒙古东北部。国外繁殖于古北界，从英国至西伯利亚，越冬在非洲南部、印度次大陆、东南亚至澳大利亚。

繁殖羽/辽宁盘锦/沈越

幼鸟/辽宁/张明

非繁殖羽/福建闽江口/姜克红

非繁殖羽/江西婺源/曲利明

小青脚鹬

Nordmann's Greenshank

保护级别：国家Ⅱ级　IUCN：濒危　体长：31厘米　居留类型：旅鸟

特征描述：喙长而略向上翘、腿较长的灰色中型鹬类。腿偏黄色，喙呈双色。非常似青脚鹬，但头较大，颈较短较厚，喙较粗较钝且基部黄色；上体颜色较浅，鳞状纹较多，细纹较少（冬季），尾部横纹色较浅，飞行时脚伸出尾后较短，叫声也不同，三趾间有蹼，而青脚鹬仅有两趾连蹼。

虹膜褐色；喙黑色，基部黄色；腿及脚黄色或绿色。

生态习性：同青脚鹬。喜栖息于沿海泥滩。

分布：在中国迁徙时经东部沿海省份，在江苏、上海、香港等地有少量出现。国外繁殖于东北亚的萨哈林岛，冬季迁徙经日本至孟加拉国及东南亚，迷鸟至婆罗洲及菲律宾，种群数量非常稀少。

小青脚鹬的腿明显较青脚鹬短/江苏/张岩

小青脚鹬的喙较青脚鹬弱，而周身色较浅/辽宁丹东/白青泉

小青脚鹬与灰斑鸻（左一、左二）/江苏/张岩

灰尾漂鹬

Grey-tailed Tattler

体长：25厘米　居留类型：旅鸟、冬候鸟

特征描述：喙长且粗直、腿较短的暗灰色中型鹬类。过眼纹黑色，眉纹白色，颏近白色，上体羽灰色，胸浅灰色，腹白色，腰具横斑，飞行时翼下色深。非繁殖羽浅灰色而腹白色，繁殖羽色较深，胸腹部具鳞状斑。

虹膜褐色；喙黑色；脚近黄色。

生态习性：常生活于多岩沙滩、珊瑚礁海岸及沙质或卵石海滩，极少至沿海泥滩。通常单独或成小群活动，不与其他涉禽混群。奔走时身子蹲下，尾部高高翘起。

分布：在中国迁徙时常见于东部沿海的大部分地区，部分个体在台湾岛和海南岛越冬。国外繁殖于西伯利亚，冬季至马来西亚、澳大利亚及新西兰。

灰尾漂鹬腿甚短而喙平直/上海/薄顺奇

辽宁/张明

灰尾漂鹬（图中向前迈步者）与中杓鹬（图中体大单脚站立者）、翘嘴鹬等混群/辽宁/张明

白腰草鹬

Green Sandpiper

体长：23厘米
居留类型：夏候鸟、旅鸟、冬候鸟

特征描述：喙较长而直、脚较长、体形矮壮的绿褐色中型鹬类。腹部及臀白色，飞行时黑色的下翼、白色的腰部以及尾部的横斑十分显著，上体有绿褐色杂白色点；两翼及下背几乎全黑色，尾白色，端部具黑色横斑，飞行时脚伸至尾后，野外看黑白色非常明显，与林鹬区别在于近绿色的腿较短，外形较矮壮，下体点斑少，翼下色深。

虹膜褐色；喙暗橄榄色；脚橄榄绿色。

生态习性：常单独活动，喜小水塘、池塘、沼泽地及流水缓慢的沟壑。受惊时起飞，似沙锥而呈锯齿形飞行。

分布：中国在新疆西部喀什及天山地区有过繁殖记录，夏季也见于内蒙古东北部，迁徙时常见于中国大部分地区，越冬于塔里木盆地、西藏南部直至东部大多数省份。国外繁殖于欧亚大陆北部，冬季南迁远及非洲、印度次大陆、北婆罗洲及菲律宾。

白腰草鹬常见于内陆植物繁茂的小水体/江西鹰潭/曲利明

白腰草鹬有明显的白色眼圈，是以区别于常出现于同一区域的林鹬/北京怀沙河/沈越

飞起时可见白腰/江西鹰潭/曲利明

江西鹰潭/曲利明

林鹬

Wood Sandpiper

体长：20厘米
居留类型：夏候鸟、旅鸟、冬候鸟

特征描述：体型略小的褐灰色鹬类。喙较短而直，脚较长，体形纤细，腹部及臀部偏白色，腰白色，上体灰色染淡褐色，密布斑点，眉纹长，白色，尾白色而具褐色横斑，飞行时尾部的横斑、白色的腰部和下翼以及翼上无横纹为其特征，脚远伸于尾后，与白腰草鹬区别在于腿较长，黄色较深，翼下色浅，眉纹长，外形纤细。

虹膜褐色；喙黑色；脚淡黄色至橄榄绿色。

生态习性：迁徙越冬期喜沿海多泥的栖息环境，也出现在内陆海拔750米的稻田及淡水沼泽地带。通常结成松散小群，可多达20余只，有时也与其他涉禽混群，繁殖在有林的湿润开阔地。

分布：中国繁殖于黑龙江和内蒙古东部，迁徙时常见于全国各地，越冬于海南岛、台湾岛、广东及香港，偶见于河北及东部沿海。国外繁殖于欧亚大陆北部，冬季南迁至非洲、印度次大陆、东南亚及澳大利亚。

辽宁/张明

天津/张永

林鹬繁殖于林地沼泽，会上树鸣叫/江西南昌/王揽华

福建福州/张浩

翘嘴鹬

Terek Sandpiper

体长：23厘米
居留类型：夏候鸟、旅鸟、冬候鸟

特征描述：喙长而上翘、腿甚短的低矮中型灰色鹬类。喙基黄色而端色深；上体灰色，具白色半截眉纹，黑色的初级飞羽明显，繁殖期肩羽具黑色条纹，腹部及臀部白色，飞行时翼上狭窄的白色内缘明显。

虹膜褐色；喙黑色，喙基黄色；脚橘黄色。

生态习性：喜栖息于沿海泥滩、小河及河口地带，取食时与其他涉禽混群，但飞行时不混群。通常单独或一两只在一起活动，偶尔集成大群。

分布：在中国迁徙时常见于东部和西部地区，部分非繁殖鸟整个夏季可见于中国南部。国外繁殖于欧亚大陆北部，冬季南迁远至澳大利亚和新西兰。

河北/张永

泥滩是翘嘴鹬最喜爱的觅食环境/辽宁/张明

辽宁盘锦/沈越

翘嘴鹬和翻石鹬经常混居在一起/江苏如东/Craig Brelsford大山雀

矶鹬

Common Sandpiper

体长：20厘米
居留类型：夏候鸟、旅鸟、冬候鸟

特征描述：身形矮小的褐色与白色鹬类。喙短，脚短，翼收拢后长度不及尾，上体褐色，飞羽近黑色，下体白色，胸侧具灰褐色斑块，灰色的肩和翼与前腹部的白色形成一个三角区，飞行时翼上具白色横纹，腰无白色，外侧尾羽无白色横斑，翼下具黑色及白色横纹。

虹膜褐色；喙深灰色；脚浅橄榄绿色。

生态习性：出现在不同的栖息生境，从沿海滩涂和沙洲至海拔1500米的山区稻田及溪流、河流两岸。常见单只或成对活动于适宜生境，行走时头不停地点动，并且具有两翼僵直滑翔的特殊姿势。

分布：中国繁殖于西北、华北及东北地区，冬季南迁至不冻的地带。国外繁殖于古北界及喜马拉雅山脉，冬季至非洲、印度次大陆、东南亚并远至澳大利亚。

福建长乐/高川

辽宁/刘勇

福建/郑建平

北京十渡/沈越

翻石鹬

Ruddy Turnstone

体长：23厘米
居留类型：旅鸟、冬候鸟

特征描述：喙、腿及脚均短、腿和脚橘黄色的中型鹬类。头及胸部具黑色、棕色及白色的复杂图案，喙基粗而端尖，略上翘。飞行时翼上具醒目的黑白色图案。

虹膜褐色；喙黑色；脚橘黄色。

生态习性：常结小群栖息于沿海泥滩、沙滩及海岸石岩上，有时在内陆或近海开阔处取食。在海滩上翻动石头及其他物体找食甲壳类。奔走迅速。通常不与其他种类混群。

分布：在中国迁徙时经过东部多个省份，部分留于台湾岛、福建及广东越冬，部分非繁殖鸟夏季见于海南岛。国外繁殖于全北界纬度较高地区，冬季南迁至南美洲、非洲和亚洲的热带地区至澳大利亚及新西兰。

繁殖羽/河北/张永

翻石鹬有时与其他鹬混群活动/台湾/林月云

夏季翻石鹬更多地出现在内陆水域/繁殖羽/新疆阿勒泰/张国强

繁殖羽/辽宁/张明

大滨鹬
Great Knot

保护级别：IUCN：易危
体长：27厘米
居留类型：旅鸟、冬候鸟

特征描述：体型略大、腿短而身形壮实的灰色鹬类。似红腹滨鹬但体型略大，喙长且厚，喙端微下弯；上体色深，具模糊的纵纹，头顶具纵纹，非繁殖期胸及两侧具黑色点斑，腰及两翼具白色横斑，春夏季胸部具黑色大点斑，翼具赤褐色横斑。

虹膜褐色；喙黑色；脚绿灰色。

生态习性：喜潮间滩涂和沙滩，常结大群活动。

分布：在中国迁徙途经东部沿海，有少量留在海南岛、广东及香港越冬。国外繁殖于西伯利亚东北部，冬季至印度次大陆、东南亚并远及澳大利亚。

幼鸟/福建闽江口/高川

繁殖羽（右上）换羽中（左下）/辽宁/张明

长江口是大滨鹬迁徙途中重要的停歇地/上海崇明东滩鸟类国家级自然保护区/马强

换羽中/福建长乐/郑建平

红腹滨鹬

Red Knot

体长：24厘米　居留类型：旅鸟、冬候鸟

特征描述：喙短而厚、腿短的偏灰色中型滨鹬。具浅色眉纹，上体灰色，略具鳞状斑，下体近白色，颈、胸及两胁淡黄色，飞行时翼具狭窄的白色横纹，腰浅灰色，夏季下体棕色。

虹膜深褐色；喙黑色；脚黄绿色。

生态习性：喜栖息于沙滩、沿海滩涂及河口地带。通常群居，常结大群活动，与其他涉禽混群。取食时喙快速下啄，有时为取食把整个头都埋进泥沙中。

分布：在中国东部沿海地区为常见候鸟，迁徙季节也见于内蒙古东北部，有少量个体在台湾岛、海南岛、广东及香港沿海越冬。国外繁殖于北极圈内，冬季至美洲南部、非洲、印度次大陆、澳大利亚及新西兰。

繁殖羽（左）换羽中（右）/福建长乐/郑建平

繁殖羽/福建长乐/郑建平

大群的红腹滨鹬（图中胸腹部棕红者）中常混有其他鹬类（图中尚有塍鹬、杓鹬等）/辽宁/张明

三趾滨鹬

Sanderling

体长：20厘米　居留类型：旅鸟、冬候鸟

特征描述：喙短而腿显得较长的近灰色小型涉禽。肩羽黑色明显，比其他滨鹬白，飞行时翼上具白色宽纹，尾中央色暗，两侧色白，无后趾，夏季上体赤褐色。

虹膜深褐色；喙黑色；脚黑色。

生态习性：喜栖息于滨海沙滩，极少至泥地。常随落潮在水边奔跑，同时拣食海潮冲刷出来的食物。有时独行但多喜群栖。

分布：在中国迁徙季节见于东部沿海至广大内陆地区，冬季常见于东南、华南沿海地区和台湾岛。国外繁殖于北半球，冬季远至澳大利亚及新西兰。

福建福州/沈越

换羽中/福建长乐/郑建平

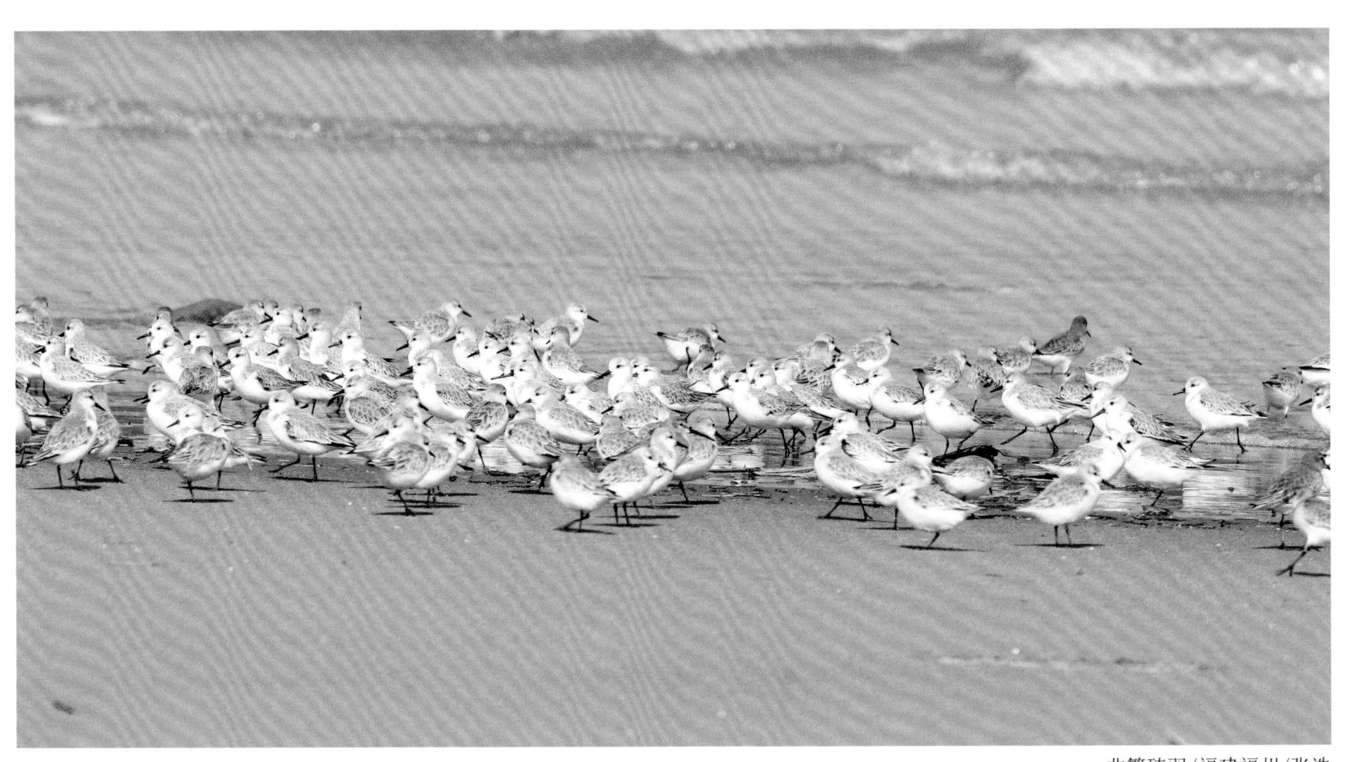

非繁殖羽/福建福州/张浩

红颈滨鹬

Red-necked Stint

体长：15厘米
居留类型：旅鸟、冬候鸟

特征描述：体浅灰褐色的小型滨鹬。喙短而直，腿短而黑，冬羽上体浅灰褐色，多具杂斑和纵纹，整体色淡，眉纹白色，腰中部及尾深褐色，尾侧白色，下体白色，春夏季头顶、颈羽及翅上覆羽棕色。

虹膜褐色，喙黑色；脚黑色。

生态习性：喜栖息于沿海滩涂或大型湿地周围，结大群活动。性活跃，行走奔跑均很迅捷，头常上下点动。

分布：迁徙季节常见过境于中国东部、中部以及西南地区，一些个体留在东南沿海越冬。国外繁殖于西伯利亚北部，越冬于东南亚至澳大利亚。

羽毛具整齐的浅色边缘，头胸渲染皮黄色是当年生幼鸟的标志/辽宁/张明

繁殖羽/北京沙河/沈越

处在换羽中的个体/辽宁/张明

繁殖羽/辽宁/张明

小滨鹬

Little Stint

体长：14厘米　居留类型：旅鸟、冬候鸟

特征描述：偏灰色而染褐色的小型滨鹬。喙短而直，眉纹白色，上胸侧沾灰色，暗色过眼纹模糊，下体白色，冬羽甚似红颈滨鹬，但腿和喙略长且喙端较钝，体略显纤细，上背具乳白色"V"字形带斑，胸部多具深色点斑，繁殖羽染赤褐色。

虹膜褐色；喙黑色；脚深灰色至黑色。

生态习性：生活的区域特征，为水域等。性不甚畏人，进食时喙快速啄食或翻拣。常群居并与其他小型涉禽混群。

分布：在中国是罕见迁徙旅鸟，在东部沿海有稀少但较为稳定的记录，初夏见于新疆。国外繁殖于欧亚大陆西部苔原冻土带，南迁至非洲、中东及印度越冬。

新疆布尔津/邢睿

新疆博乐/邢睿

小滨鹬比环颈鸻（左二、左十二）还显纤小/新疆布尔津/邢睿

青脚滨鹬

Temminck's Stint

繁殖羽/天津/张永

体长：14厘米
居留类型：旅鸟、冬候鸟

特征描述：上体灰色而下体白色的小型滨鹬。身姿矮，喙略长，腿短，尾略长，非繁殖羽上体全灰色，胸浅灰色，向下渐变为近白色，翼收拢后飞羽尖短于尾羽，与其他滨鹬区别在于外侧尾羽纯白色，落地时极易见，且叫声独特，夏季胸部体羽褐灰色，翼覆羽端部有大块棕黑色斑。

虹膜褐色；喙黑色；腿及脚偏绿色或近黄色。

生态习性：同其他滨鹬，喜生活于沿海滩涂及沼泽地带。常见于淡水水域，也光顾潮间带泥滩。受惊时直接从地面快速起飞，成群作盘旋飞行。常呈松散小群与其他小型涉禽混群。

分布：在中国大部为定期过境，局部在适宜生境中常见，越冬群体见于台湾岛海峡沿岸和以南的海岸。国外繁殖于古北界北部，冬季至非洲、中东、印度、菲律宾及婆罗洲。

非繁殖羽/辽宁盘锦/沈越

长趾滨鹬

Long-toed Stint

体长：14厘米　居留类型：旅鸟、冬候鸟

特征描述：喙略长、脚略长的褐色小型滨鹬。头顶褐色，白色眉纹明显，胸浅褐灰色，腹白色，上体具黑色粗纵纹，腰部中央及尾深褐色，外侧尾羽浅褐色，夏季身体多棕褐色，冬季羽色较浅，与红颈滨鹬等区别在于脚色较浅，与青脚滨鹬区别在于体壮而上体具显著粗斑纹，飞行时可见模糊的翼横纹。

虹膜深褐色；喙黑色；脚绿黄色。

生态习性：栖息于沿海滩涂和其他滨岸泥滩。单独或结小群活动，常与其他涉禽混群。性不畏人，站姿较其他小型鸻鹬类更加挺直。

分布：在中国东部为不常见的旅鸟和冬候鸟，迁徙季节见于华东及华中的大部分地区，在东南沿海有越冬记录。国外繁殖于西伯利亚，越冬于印度、东南亚至澳大利亚。

天津/杨华

辽宁/张明

辽宁/张明

斑胸滨鹬

Pectoral Sandpiper

体长：22厘米　居留类型：旅鸟

特征描述：中等体型而多具杂斑的褐色滨鹬。腿黄色，喙具两色并略微下弯，胸部纵纹密布，与白色腹部形成对比，白色眉纹模糊，顶冠近褐。繁殖期雄鸟胸部偏黑色。幼鸟胸部纵纹沾皮黄色。冬季身体上赤褐色较少，飞行时两翼显暗，翼略具白色横纹，腰及尾上具宽的黑色中心部位，喙比尖尾滨鹬长。

虹膜褐色；喙基黄色而喙端黑色；脚黄色。

生态习性：取食于湿润草甸、沼泽地及池塘边缘。

分布：中国的罕见旅鸟，1986年在香港第一次记录到。自此偶尔有经过，在河北北戴河、辽宁盘锦及台湾岛均有过一次记录。国外繁殖于俄罗斯极地、西伯利亚及北美洲，越冬于南美洲、澳大利亚及新西兰。

辽宁/田穗兴

辽宁盘锦/王乘东

斑胸滨鹬较其他滨鹬体型大而脚长/辽宁盘锦/王乘东

尖尾滨鹬

Sharp-tailed Sandpiper

体长：19厘米
居留类型：旅鸟、冬候鸟

特征描述：体显壮的褐色大型滨鹬。喙略长而粗，略显下弯，腿较长，头顶棕色，眉纹色浅，胸皮黄色，下体具粗大的黑色纵纹，腹白色，尾中央黑色，两侧白色，似冬季的长趾滨鹬而体型较大，顶冠多棕色，夏季体羽多棕色，多斑纹，比体型近似的斑胸滨鹬鲜艳。

虹膜褐色；喙黑色；腿及脚偏黄绿色。

生态习性：栖息于沼泽地带及沿海滩涂、泥沼、湖泊、稻田中。常与其他涉禽混群。

分布：是中国东部常见迁徙的旅鸟，也见于内陆水域的适宜生境，如云南，在台湾岛还曾有越冬记录。国外繁殖于西伯利亚，冬季南迁至新几内亚、澳大利亚及新西兰。

冬羽/辽宁/张明

繁殖羽/辽宁/张明

辽宁/张明

洗浴/北京沙河/沈越

弯嘴滨鹬

Curlew Sandpiper

体长：21厘米
居留类型：旅鸟、冬候鸟

特征描述：体壮的大型滨鹬。喙细长而尖端略下弯，腿较长，眉纹白色，颏白色，繁殖季节头胸部染深棕色，背部棕、灰、黑、白色块斑驳，繁殖前期以棕色为主，下腹至臀部亦较多棕色、灰色杂斑，腰部的白色不明显，非繁殖季节羽色浅，颈部和前胸灰色而有纵纹，上体灰色而纵纹不显，下体近白色。

虹膜褐色；喙黑色；脚黑色。

生态习性：栖息于沿海滩涂及附近的稻田、鱼塘中，通常与其他鹬类混群。飞行迅速，成密集群体。

分布：迁徙时见于整个中国境内，但大群通常见于沿海，少量在华南沿海越冬。国外繁殖于西伯利亚北部，越冬至非洲、中东、印度次大陆及澳大利亚。

洗浴/北京沙河/沈越

繁殖羽/北京沙河/沈越

繁殖羽/河北/张永

弯嘴滨鹬（体型大者）与红颈滨鹬（体型小者）/内蒙古/张明

黑腹滨鹬

Dunlin

体长：19厘米　居留类型：旅鸟、冬候鸟

特征描述：喙端略下弯的偏灰色小型滨鹬。眉纹白色，尾中央黑色而两侧白色，与弯喙滨鹬的区别在于腰部色深，腿、喙均较短，胸色较暗，与阔喙鹬的区别在于腿较粗，头部色彩单调，仅为一道眉纹，繁殖羽特征为胸腹部有黑色的大斑块，上体棕色。

虹膜褐色；喙黑色；脚绿灰色。

生态习性：喜栖息于沿海及内陆泥滩上，单独或成小群活动，常与其他涉禽混群。

分布：在中国迁徙途经西北、东北至东南部，有越冬群体分布于华南、东南沿海省份及长江以南，也见于台湾岛及海南岛。国外繁殖于全北界北部，越冬往南。

换羽中/辽宁/张明

繁殖羽/上海崇明东滩鸟类国家级自然保护区/马强

非繁殖羽/福建/张明

在华东沿海和长江中下游的湿地中常可见到大群黑腹滨鹬/福建长乐/曲利明

黑腹滨鹬（右）和青脚滨鹬（左）/江苏如东/Craig Brelsford大山雀

勺嘴鹬

Spoon-billed Sandpiper

保护级别：IUCN：极危　体长：15厘米　居留类型：旅鸟、冬候鸟

特征描述：腿短、头圆的灰褐色小型滨鹬。喙短而前端呈勺状，上体具纵纹，白色眉纹显著，冬季似红颈滨鹬，但体羽灰色较浓，额和胸较白，夏季上体及上胸均为棕色。

虹膜褐色；喙黑色；脚黑色。

生态习性：喜沙滩，取食时低头，喙几乎垂直向下，一边行走一边左右晃动头部，用勺形喙在浅洼中划水觅食。

分布：中国有记录迁徙于华东沿海、台湾岛、新疆西部及西藏南部，有一些在福建及广东及海南岛沿海越冬。国外繁殖于北欧及亚洲，冬季至缅甸，少数至东南亚，为罕见的冬候鸟及旅鸟。

幼鸟/福建长乐/郑建平

幼鸟/福建长乐/郑建平

江苏如东/Craig Brelsford大山雀

幼鸟/福建长乐/郑建平

勺嘴鹬在迁徙季节通常与黑腹滨鹬等其他小型鸻鹬混群栖息/福建长乐/曲利明

阔嘴鹬

Broad-billed Sandpiper

体长：17厘米　居留类型：旅鸟、冬候鸟

特征描述：体色斑驳的小型鹬类。喙长而端部微微下弯，腿短，头顶有纵纹，并具双眉纹，翼角常具明显的黑色块斑，上体具灰褐色显著纵纹，下体白色，仅胸具细纹，腰及尾的中心部位黑色而两侧白色，似姬鹬易混淆，但喙不如其粗直而色深，肩部浅色条纹不明显。

虹膜褐色；喙黑色；脚绿褐色。

生态习性：常见单只活动于沿海泥滩、沙滩及内陆沼泽地区。翻找食物时喙垂直向下，深插入泥。遇警时蹲伏似沙锥。

分布：在中国迁徙季节见于新疆和整个东部沿海，在台湾岛、海南岛及广东沿海有越冬记录。国外繁殖于欧亚大陆极北部，冬季南迁至热带地区越冬，远及澳大利亚。

台湾/林月云

阔嘴鹬清晰的顶纹和侧冠纹是其特征之一/台湾/林月云

台湾/林月云

流苏鹬

Ruff

体长：23-28厘米　居留类型：旅鸟、冬候鸟

特征描述：雌雄异形的大型鹬类。喙短而直，腿长，头小，颈长，非繁殖羽上体深褐色并具浅色鳞状斑纹，喉浅黄色，头及颈皮黄色，下体白色，两胁常具少许横斑，飞行时翼上狭窄白色横纹与深色尾基两侧的椭圆形白色块斑极明显。幼鸟皮黄色，外形似成鸟。雄鸟繁殖羽具棕色、黑色、白色或混合色的宽大、蓬松翎颌。

虹膜褐色；喙褐色，喙基近黄色，冬季灰色；脚多色，或黄色或绿色（雌鸟，幼鸟，被非繁殖羽雄鸟）或为橙褐色（被繁殖羽雄鸟）。

生态习性：迁徙越冬期间喜栖息于沼泽地带及沿海滩涂上，与其他涉禽混群。繁殖期间多只雄鸟聚集在求偶场上进行绚丽的炫耀争斗。

分布：在中国迁徙季节见于新疆、内蒙古、西藏及华东沿海和台湾岛，在华南沿海有越冬记录。国外繁殖于欧亚大陆中高纬度地区，冬季南迁至非洲及南亚，少量个体远至澳大利亚。

新疆阿勒泰/张国强

雄鸟/新疆阿勒泰/张国强

雌鸟羽色平淡无奇/四川德阳/董磊

两只不同色型的雄鸟/辽宁/张明

雌鸟/江苏盐城/孙华金

红颈瓣蹼鹬

Red-necked Phalarope

体长：18厘米
居留类型：旅鸟

特征描述：体型小而纤巧、常游泳于水面的灰白色鹬类。喙极其细长，腿略短，冬羽头顶及眼周黑色，上体灰色，羽轴色深，下体偏白色，飞行时深色的腰部及翼上的宽白横纹明显，夏羽色深而鲜明，喉白色，棕色的过眼纹至眼后而下延至颈部形成鲜艳的胸兜，肩羽金黄色，飞行姿态似燕，喙型、眼后黑色斑和独特轮廓及行为使其区别于任何一种体型近似的鹬类。

虹膜褐色；喙黑色；脚灰色。

生态习性：冬季在海上结大群，食物为浮游生物，在水面绕圈游动搅起较深处的浮游动物至水面，在水面啄食，也捕食昆虫和小鱼。甚不畏人，易于接近，有时到陆上的池塘或沿海滩涂取食。

分布：在中国为罕见的旅鸟，迁徙季节在内陆水域偶有记录，冬季有时常见于华南沿海。国外繁殖于全北界，南迁至世界各地的外海越冬。

非繁殖羽/福建福州/张浩

非繁殖羽/福建福州/张浩

灰瓣蹼鹬

Red Phalarope

非繁殖羽/新疆乌鲁木齐/邢睿

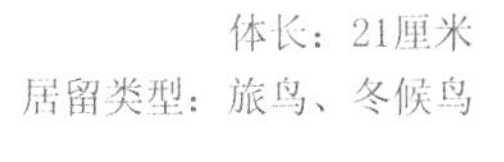

体长：21厘米
居留类型：旅鸟、冬候鸟

特征描述：喙短而直、腿甚短的大型灰色涉禽。冬羽似红颈瓣蹼鹬，但前额较白，上体色浅而单调，喙显得短粗，有时喙基黄色。脚蹼为黄色。繁殖羽头颈至胸腹部为暖棕红色，喙基至眼周有浅色斑，上体羽色深而具浅色宽缘。

虹膜褐色；喙黑色，喙基黄色；脚灰色。

生态习性：同红颈瓣蹼鹬。

分布：中国内陆非常罕见，曾在新疆、黑龙江、山西和北京有单个记录，偶见越冬于华东至华南沿海。国外繁殖于北冰洋，主要越冬于西非及智利海域。

非繁殖羽/新疆乌鲁木齐/邢睿

领燕鸻

Collared Pratincole

体长：25厘米
居留类型：夏候鸟、迷鸟

特征描述：中等体型、形似燕鸥的鸟类。喙短，下眼睑白色，颏及喉皮黄色，缘以黑色领圈，上体橄榄褐色，翼长，腹白色，叉尾白色具黑色端带。繁殖季节翼下色深，腋羽及翼下覆羽深栗色。幼鸟沙黄色而具深色点斑。

虹膜深褐色；喙黑色而基部红色；脚黑色。

生态习性：栖于开阔地区，黄昏时捕捉昆虫。

分布：中国夏季有记录见于新疆，迷鸟曾到香港。国外分布于欧洲、北非、中东至中亚，越冬于非洲。

延长的外侧尾羽甚似燕尾，因而得名/新疆石河子/沈越

新疆石河子/沈越

洗浴/新疆石河子/沈越

新疆/王尧天

普通燕鸻

Oriental Pratincole

体长：25厘米
居留类型：夏候鸟、旅鸟

特征描述：中等体型的鸟类。喉皮黄色具黑色边缘(冬候鸟较模糊)，上体棕褐色具橄榄色光泽，两翼长而近黑色，尾上覆羽白色，腹部灰色。尾叉形，上黑下白色；基部及外缘白色，以此区别于相似的领燕鸻。

虹膜深褐色；喙黑色而基部猩红色；脚深褐色。

生态习性：飞行优雅似大型的燕子，在空中捕捉昆虫。常见于矮草地和滩涂上。迁徙或越冬期间与其他涉禽混群，栖息于开阔地、沼泽地及稻田中，善走，头不停地点动。无论在何季节，都具有结群活动倾向。

分布：中国繁殖于东北、华北、华东、新疆及海南岛和台湾岛，迁徙时记录见于东部多数地区。国外繁殖于亚洲东部，冬季南迁经印度尼西亚至澳大利亚。

幼鸟/福建福州/张浩

福建福州/郑建平

普通燕鸻尾羽开叉小，飞行时可见褐红色的腋羽和翼小覆羽/河北/张永

普通燕鸻常结群活动于矮草地，在繁殖期也集群营巢/福建福州/张浩

灰燕鸻

Small Practincole

保护级别：国家II级
体长：18厘米
居留类型：留鸟

特征描述：体形似燕的小型鸟类。翼长而尾短，上体沙灰色，腰白色，初级飞羽黑色，次级飞羽白色而端黑色，翼下覆羽黑色，尾平，但近端的楔形黑色斑使尾看似叉形，下体白色，胸沾皮黄色。

虹膜褐色；喙黑色，喙基具小块红色斑；脚褐灰色。

生态习性：喜栖息于大型河流两岸的沙滩和河中沙洲上。黄昏飞行，盘旋觅食，形如雨燕和蝙蝠。

分布：中国见于云南南部及西南部低地以及西藏东南部。国外分布于阿富汗东部、印度、斯里兰卡至东南亚。

云南盈江/肖克坚

灰燕鸻喜沙石滩涂无植被的生境/云南盈江/肖克坚

三趾鸥

Black-legged Kittiwake

体长：37-41厘米　居留类型：冬候鸟

特征描述：尾叉较浅的中型鸥类。繁殖期成鸟头、胸、腹纯白色，背及翅上铅灰色，翼尖全黑色。越冬期成鸟枕部具灰黑色斑，后颈为浅灰黑色。

虹膜褐色；喙黄色；脚黑色或淡红色。

生态习性：繁殖期为5月中旬-6月中旬，通常在陡峭的海岸悬崖上集群繁殖，以苔藓或海藻筑巢，每窝产1-2枚浅黄色具斑点的卵。7-8月间开始离开繁殖地到开阔洋面上活动，以小鱼、虾、乌贼等为主要食物。

分布：在中国为罕见冬候鸟，在东北、华北、华东、华南、西南等地曾有零星记录。国外在北太平洋、北大西洋沿岸及俄罗斯、挪威的北方海岸繁殖，冬季活动在太平洋、大西洋北部开阔海域。

尾梢、枕部和翼上的黑色是三趾鸥幼鸟的特征/四川德阳/张铭

四川德阳/张铭

四川德阳/张铭

细嘴鸥

Slender-billed Gull

体长：40-44厘米 居留类型：留鸟

特征描述：喙形纤细的中型鸥类。成鸟繁殖期喙、脚皆红色，下体略沾粉色，飞行时可见初级飞羽背面纯白色而末端黑色。非繁殖期耳后具黑色斑，第一冬的亚成鸟则眼先和耳后均具黑色斑，喙为橘黄色，翅及背上为灰褐色杂斑。

虹膜黄色；喙红色；脚红色。

生态习性：通常在封闭、半封闭海域的海岸以及沙洲、海滩、潮间带繁殖，非繁殖季节也常在海岸线附近活动。以鱼类为主要食物，也取食少量昆虫和海洋无脊椎动物。巢址通常为开阔泥滩上的浅凹处。

分布：在中国为罕见冬候鸟，在华南沿海及香港偶有记录。国外繁殖于地中海、黑海、中东至印度洋西北部，冬季在地中海、北非、阿拉伯半岛等地越冬。

繁殖羽耳后无黑点、头不黑，是以区别于红嘴鸥/新疆/张岩

新疆/黄亚慧

新疆/张岩

新疆艾比湖/马鸣

新疆艾比湖/马鸣

棕头鸥

Brown-headed Gull

体长：41-43厘米　居留类型：夏候鸟、冬候鸟

特征描述：中等体型的鸥类。成鸟繁殖期头部棕褐色，背及翅上铅灰色，翼尖黑色但有一白色斑点，尾全白色。非繁殖期耳后具黑褐色斑。第一冬的亚成鸟翼尖无白色斑，尾羽末端黑色。

虹膜淡黄色或灰色，眼周具红色裸皮；喙深红色；脚红色。

生态习性：在高原湖泊中的小岛或者湖岸集群繁殖，于地面筑巢。繁殖期食性庞杂，包括鱼虾、啮齿类动物、昆虫幼虫、蚯蚓等。

分布：中国繁殖于青藏高原、鄂尔多斯高原的湖泊湿地中，迁徙时在华中、华南、华东地区偶见，在华南沿海可见越冬个体。国外繁殖于南亚和中亚的山地，西至塔吉克斯坦，南至帕米尔高原，在印度、斯里兰卡和东南亚的海岸地区越冬。

繁殖羽/青海青海湖/高川

成鸟冬羽/云南/杨华

繁殖羽/四川若尔盖/董磊

被繁殖羽和正在换羽（左一、左二）的个体/四川若尔盖/董磊

同一时间可以观察到各阶段羽色（头色深浅不一）的个体/四川若尔盖/董磊

红嘴鸥

Black-headed Gull

体长：34-39厘米
居留类型：夏候鸟、旅鸟、冬候鸟

特征描述：中等体型的鸥类。成鸟繁殖期具深褐色头罩，眼后具月牙形白色斑，背和翅上浅灰色，翼尖黑色，尾羽白色。非繁殖期深褐色头罩褪去，眼后具深色斑点。第一冬亚成鸟的尾羽近末端具黑色带，翼后缘黑色。

虹膜褐色；喙红色；脚红色。

生态习性：主要在内陆繁殖，喜欢植被繁茂的浅水湿地，也可在人工湿地环境中筑巢。冬季则喜欢河口附近的泥质或沙质海滩，也会在内陆的湖泊、湿地聚集。食性较杂，包括昆虫、蚯蚓、海洋无脊椎动物等。在某些地区越冬期依赖于人为提供的食物。

分布：中国分布范围甚广，多数省区常见。云南昆明市因有大量该鸟越冬而被命名为“中国红嘴鸥之乡”。国外繁殖于欧亚大陆北部和北美东北部，在北美和欧洲部分地区为常年留鸟，其余则越冬于亚洲南部至非洲北部和地中海沿岸。

繁殖羽/辽宁/张明

非繁殖羽/天津/张永

同一时间可观察到处于不同换羽阶段的个体，红嘴鸥群中也会混有其他鸥，如海鸥（左下张翅及中部偏左上黄嘴者）/河北/杨华

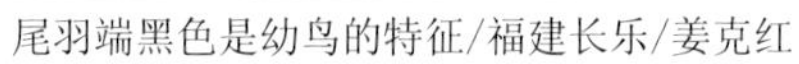

尾羽端黑色是幼鸟的特征/福建长乐/姜克红

福建长乐/姜克红

新疆阿勒泰/张国强

每年约有二万只红嘴鸥至昆明越冬，已成一景/云南昆明/王揽华

福建莆田/曲利明

黑嘴鸥
Saunders's Gull

体长：30-33厘米　居留类型：夏候鸟、旅鸟、冬候鸟

特征描述：体型较小的鸥类。成鸟繁殖羽和非繁殖羽均似红嘴鸥，唯体型较小，喙较短粗且为黑色，飞行时可见初级飞羽末端白色，而近末端则为黑色，停歇时可见黑色的飞羽中夹杂有白色斑。

虹膜褐色；喙黑色；脚深红色。

生态习性：飞行及捕食姿态似燕鸥，极少浮水游泳。在海边碱蓬盐滩的地面筑巢，喜欢出现在河口及潮间带地区。潮间带和盐沼的开垦所导致的栖息地丧失是对其种群的最大威胁。

分布：东亚特有的鸥类，主要在中国东部沿海繁殖，偶见于朝鲜半岛的西海岸。中国的盐城国家级自然保护区、黄河三角洲自然保护区及双台河口国家级自然保护区是其最重要的繁殖地。越冬地则包括渤海湾、华东、华南、台湾岛。国外越冬则在朝鲜半岛、日本、越南的沿海。

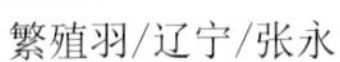

繁殖羽/辽宁/张永

即将交配/辽宁盘锦/沈越

黑嘴鸥是极度依赖中国东部沿海泥质滩涂繁衍生息的鸟种/辽宁/刘勇

非繁殖羽/台湾/吴崇汉

繁殖羽/江苏盐城/孙华金

小鸥
Little Gull

保护级别：国家Ⅱ级　体长：25-30厘米　居留类型：夏候鸟

特征描述：体型最小的鸥类。成鸟繁殖期头部黑色，胸部略沾粉色，背及翅上铅灰色，飞行时翼下大部灰黑色，仅后缘白色。非繁殖期头顶、眼周及耳后具灰黑色斑。

虹膜深褐色；喙深红色；脚红色。

生态习性：迁徙性鸥类，每年4月下旬-5月下旬到达繁殖地，7月下旬离开。通常在内陆的浅水湖泊、河岸等湿地繁殖，每窝产2-6枚卵。非繁殖期常聚集成数十至数千只的群体活动。繁殖期以昆虫为主要食物，非繁殖期则以小鱼和海洋无脊椎动物为食。

分布：中国比较罕见，繁殖于新疆阿勒泰地区和内蒙古东北部额尔古纳河流域，在青海、四川盆地、渤海湾和香港也有零星记录。国外在欧亚大陆北部繁殖，冬季迁徙至西欧、地中海及北美东北部越冬。

繁殖羽/新疆/张永

成鸟非繁殖羽/四川德阳/张铭

幼鸟/新疆奎屯/文志敏

幼鸟/新疆奎屯/文志敏

遗鸥

Relict Gull

保护级别：国家I级　IUCN：易危　体长：44-45厘米　居留类型：夏候鸟、冬候鸟

特征描述：中等体型鸥类。繁殖期具黑色头罩，眼后具月牙形白色斑，背及翅上浅铅灰色，下体白色，飞行时翼尖黑色且具白色翼镜。非繁殖期耳后具深色斑，头顶及颈部具暗色纵纹。

虹膜褐色；喙红色；脚红色。

生态习性：为全球性易危鸟种，最新估测全球种群数量在15000-30000之间。在内陆干旱地区的盐湖和浅水湿地集群繁殖。繁殖地的开发、破坏和丧失对其种群构成极大威胁。

分布：中国繁殖于内蒙古和陕西，近年来发现在黄渤海地区（渤海湾）沿海滩涂越冬，少量见于华南沿海。国外繁殖于蒙古高原及周边的内陆地区，包括哈萨克斯坦、蒙古、俄罗斯。

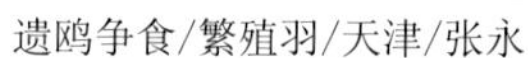

遗鸥争食/繁殖羽/天津/张永

繁殖羽/天津/张永

在内蒙古内陆湿地集群繁殖的景观，其中混有棕头鸥（前排左九站立者、右二卧巢者）/内蒙古/张明

父母和刚孵化的幼雏/内蒙古鄂尔多斯/林剑声

渔鸥

Pallas's Gull

体长：58-70厘米
居留类型：夏候鸟、旅鸟

特征描述：繁殖期具黑色头罩的大型鸥类。喙厚重，背及翅上浅灰色，下体白色，飞行时可见翼尖黑色且具明显白色翼镜。非繁殖期耳后具深色斑，头顶具暗色纵纹，喙上红色消失。

虹膜褐色；喙黄色，近端处具黑红色环带；脚黄绿色。

生态习性：在内陆水域中的小岛或河流交汇处集群繁殖，巢址通常会选在裸露岩石表面的低凹处，每窝产2-4枚卵。非繁殖季通常单独活动。食性甚杂，包括鱼类、甲壳类、昆虫和小型兽类。

分布：中国繁殖于西藏北部、青海西部和内蒙古西部的内陆湖泊中，迁徙时途径西部、西南和华南部分地区。国外繁殖地分布于黑海至中亚高原一带，包括乌克兰、俄罗斯、哈萨克斯坦、蒙古，在地中海东部、红海、波斯湾和印度洋北部沿海越冬。

亚成鸟/西藏/张永

繁殖羽/台湾/林月云

繁殖羽/新疆阿勒泰/张国强

幼鸟（居中体型大者）/四川德阳/董磊

黑尾鸥

Black-tailed Gull

体长：46-48厘米
居留类型：留鸟

特征描述：中等体型的鸥类。成鸟繁殖期头白色，背及翅上深灰黑色，飞行时可见白腰黑尾，翼上全部深色。非繁殖期头顶及颈部具深色斑。

虹膜黄色；喙黄色，近端具黑色环带，末端红色；脚黄绿色。

生态习性：通常见于海岸线、海湾和河口附近。集群繁殖，每窝产2-3枚卵。食物包括鱼类、昆虫和甲壳类、软体、环节动物。常跟随渔船飞行，也会从其他海鸟处劫掠食物。叫声似猫叫。

分布：东亚特有鸥类，中国繁殖于福建和山东的沿海，越冬于华东、华南和台湾岛，在内陆和长江沿岸也有记录。国外分布于朝鲜半岛、日本和俄罗斯东部的沿海地区。

成鸟繁殖羽/辽宁/张明

在多岩海岛集群繁殖/福建福鼎/高川

成鸟/福建福州/张浩

幼鸟/福建福州/曲利明

海鸥

Mew Gull

体长：38-41厘米　居留类型：夏候鸟、冬候鸟

特征描述：中等体型的鸥类。成鸟繁殖期头白色，背及翅上铅灰色，飞行时可见黑色翼尖及大块的白色翼镜，尾白色。非繁殖期头顶及颈部具深色细纹。喙端部深色。第一冬亚成鸟尾具黑色次端带，全身密布深色纵纹和斑点。

虹膜黄色；喙黄绿色；脚黄绿色。

生态习性：在沿海和内陆都有繁殖，一般每窝产3枚卵。繁殖时通常不集群，非繁殖期则常集大群活动。巢通常为铺垫有植物的浅杯状，巢址多样。

分布：中国在北方地区繁殖，迁徙时见于东北、华北，越冬时见于整个沿海地区和近海岛屿。国外繁殖于欧亚大陆北部和美洲北部，南迁至太平洋西北部、东北部和大西洋东北部沿岸越冬。

海鸥（图中右侧体型小者）常与其他鸥混群/辽宁/张明

乌灰银鸥

Heuglin's Gull

体长：53-70厘米　居留类型：冬候鸟

特征描述：大型鸥类。繁殖期成鸟头颈、下体及尾纯白色，背及翅上深灰黑色，具黑色翼尖，近前缘处有一小白色斑，翼具白色前缘和后缘。喙强壮。非繁殖期头顶及颈部、颈侧具少量深灰色细纹。

虹膜浅黄色；喙黄色，下喙近末端具红点；脚黄色。

生态习性：4月中旬至6月下旬集群繁殖。

分布：中国冬季常见于华南沿海。国外在俄罗斯和北欧北部的苔原繁殖，冬季南迁至东南亚、南亚和东北越冬。

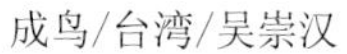

成鸟/台湾/吴崇汉

成鸟/台湾/吴崇汉

翼尖特征显露/成鸟/台湾/吴崇汉

蒙古银鸥
Mongolian Gull

体长：60厘米　居留类型：夏候鸟、旅鸟、冬候鸟

特征描述：体型较大的鸥类。成鸟上体浅灰色至中灰色，头及颈背均无褐色纵纹，飞羽端黑色，而带白色斑，三级飞羽及肩羽具白色的月牙形斑，翼合拢时通常可见白色羽尖，飞行时可见深色初级飞羽端外侧的大翼镜。第一冬幼鸟灰白色而有深色斑，喙黑色而腿粉白色，第二年始现向成鸟羽色转变的过渡羽色。眼深黄色。

虹膜黄色；喙黄色，下喙端具标志性红点；脚粉红色。

生态习性：繁殖季节有时深入草原觅食。

分布：中国繁殖于内蒙古东部至东北的内陆大型水域地带，如呼伦湖、贝尔湖、达里诺尔等。国外冬季南迁至东亚各国沿海及内陆大型水域，远及印度洋。

幼鸟/内蒙古达里诺尔/沈越

成鸟/内蒙古/张永

成鸟/辽宁/张永

成鸟/内蒙古达里诺尔/沈越

冬季在沿海可见成群的银鸥，其中就往往有蒙古银鸥的身影/辽宁大连/张明

黄脚银鸥

Yellow-legged Gull

体长：60厘米
居留类型：夏候鸟、旅鸟、冬候鸟

特征描述：大型鸥类。上体浅灰色至中灰色，腿黄色至橙黄色，有时带粉色，冬季头及颈背无褐色纵纹，三级飞羽及肩羽具白色的月牙形斑，翼合拢时通常可见白色羽尖，飞行时初级飞羽外侧具大翼镜。第一冬幼鸟灰白色而遍体深色斑；第二年始呈现向成鸟过渡的羽色。眼深黄色。

虹膜黄色；喙黄色，下喙端具标志性红点；脚黄色。

生态习性：典型的大型银鸥类习性。

分布：在中国繁殖于新疆西部的天山及喀什地区的大型水体周围，少量在香港越冬。国外繁殖地从黑海至哈萨克斯坦和俄罗斯南部，冬季南移至以色列、波斯湾、印度洋。

新疆/王昌大

亚成鸟（左）与成鸟（右）/新疆阿勒泰/张国强

幼鸟/新疆阿勒泰/张国强

幼鸟/新疆阿勒泰/张国强

灰背鸥

Slaty-backed Gull

体长：61厘米　居留类型：夏候鸟、旅鸟、冬候鸟

特征描述：背部深灰色的大型鸥类。似各种银鸥但上体灰色更深，腿更显粉红色。白色月牙形肩带较宽，冬季成鸟头后及颈部具褐色纵纹。第一冬鸟比多数银鸥色深，尾深褐色。

虹膜黄色；喙黄色，下喙端具红点；脚深粉色。

生态习性：典型的大型银鸥特性，喜在开阔洋面游荡。

分布：中国偶见于哈尔滨附近及云南(石屏)。国外繁殖于西伯利亚东部沿海及日本北部，分布广及太平洋西北部，越冬在朝鲜半岛和日本沿海地区。

深色的背部和颜色鲜艳的脚是灰背鸥区别于其它大型“银鸥类”的主要特征/山东/杨桢淇

白腰燕鸥

Aleutian Tern

成鸟/香港/余日东

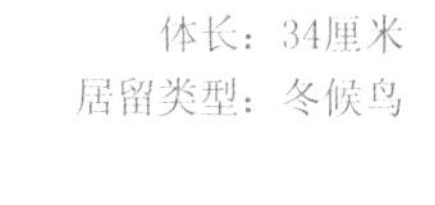

体长：34厘米
居留类型：冬候鸟

特征描述：中等体型的浅灰色燕鸥。甚似普通燕鸥黑喙的个体，繁殖羽前额白色，顶冠黑色，脸具白色条纹，将黑色头盔与灰色下颏隔开，背及两翼灰，腹部近白色，翼下次级飞羽白色后缘之前具特征性深色横纹。越冬成鸟头顶及下体白色，与普通燕鸥的区别在喙及腿较黑色，体羽灰色重及具有特征性翼下斑纹。幼鸟腿及下颚暗红色，头顶及下体多皮黄色。

虹膜深褐色；喙黑色；脚黑色。

生态习性：群栖性。停栖时两翼上翘，飞行较为沉稳。

分布：中国在沿海地区曾有记录。国外繁殖于西伯利亚、阿留申群岛及阿拉斯加，越冬于南方海域。

幼鸟/香港/余日东

鸥嘴噪鸥

Gull-billed Tern

体长：39厘米
居留类型：夏候鸟、旅鸟、冬候鸟

特征描述：中等体型的浅色燕鸥。尾狭而尖叉，成鸟夏季头顶全黑色，冬季头顶则为白色，脸部有黑色块斑，颈背具灰色杂斑，上体浅灰色而下体白色。幼鸟似成鸟冬羽，但头顶及上体具褐色杂斑。

虹膜褐色；喙黑色，比其他燕鸥明显短粗；脚黑色。

生态习性：常光顾沿海河口、潟湖及内陆淡、咸水湖。取食时通常轻掠水面或于泥地捕食甲壳类动物及其他猎物，很少潜入水中。

分布：中国为不常见留鸟及冬候鸟，内陆群体繁殖于新疆西部(天山)及内蒙古东北部(呼伦池)，沿海群体繁殖于渤海及东南地区，包括台湾岛，南迁越冬，可能有个体越冬于海南岛。国外几乎遍及全世界，繁殖于美洲、欧洲、非洲、亚洲及澳大利亚，欧亚大陆群体迁徙时经过印度尼西亚及新几内亚。

成鸟/新疆阿勒泰/张国强

成鸟/辽宁/张明

成鸟/辽宁/张明

成鸟争斗/辽宁/张明

红嘴巨鸥

Caspian Tern

体长：49厘米
居留类型：夏候鸟、旅鸟、冬候鸟

特征描述：大型燕鸥。粗长而端黑色的红喙是其特征。顶冠夏季黑色，冬季白色并具纵纹，初级飞羽腹面黑色。亚成鸟上体具褐色横斑。第一冬鸟似成鸟，但两翼具褐色杂点，顶冠深黑色。

虹膜褐色；喙红色，端偏黑；脚黑色。

生态习性：喜栖息于各种咸、淡水开阔水域，常停歇于河口沙洲和红树林上。

分布：中国繁殖于沿海及内陆大型水域，在华南、东南、台湾岛及海南岛越冬。国外见于北美洲、南美洲、非洲、欧洲、亚洲至印度尼西亚和澳大利亚。

繁殖羽/福建闽江口/高川

冬羽，顶冠有浅色斑驳色块，幼鸟枕后白色/福建闽江口/高川

冬羽/福建福清/曲利明

与银鸥（展翅者）同栖于水滨/新疆福海/吴世普

大凤头燕鸥

Greater Crested Tern

体长：45厘米
居留类型：夏候鸟、留鸟

特征描述：具有羽冠而上下体色对比明显的大型燕鸥。喙黄绿色而不同于其他所有燕鸥。夏季头顶及冠羽黑色，冬羽头顶白色，而冠羽具灰色杂斑，夏羽至冬羽过渡期间深色部分出现白色杂斑，背及两翼灰色，下体白色。幼鸟灰色较成鸟更深，且具褐色及白色杂斑，尾灰色。

虹膜褐色；喙绿黄色；脚黑色。

生态习性：常见结小群在海面捕食鱼类，有时与其他燕鸥混群，常飞至远海洋面活动。常停歇于海滩、近海礁岩或各种漂浮物上。

分布：中国繁殖于华南和东南沿海、海南岛及台湾岛周边的小岛屿，也常见于南海。国外分布遍及印度洋沿岸及岛屿、波斯湾、太平洋热带海域、澳大利亚、非洲南部沿海。

繁殖羽/福建福州/曲利明

繁殖羽/福建长乐/郑建平

繁殖羽/福建闽江口湿地自然保护区/姜克红

与红嘴鸥和其他燕鸥混群/福建闽江口湿地自然保护区/姜克红

两个家族遭遇/福建闽江口湿地自然保护区/姜克红

配对的亲鸟/福建闽江口湿地自然保护区/姜克红

配偶间致意的仪式化动作/福建长乐/郑建平

小凤头燕鸥

Lesser Crested Tern

体长：40厘米
居留类型：留鸟、夏候鸟

特征描述：中等体型的白色凤头燕鸥。似大凤头燕鸥，但体型较小。繁殖羽头顶及冠羽黑色，冬羽仅前额变白色，凤头仍为黑色。幼鸟似非繁殖期成鸟，但喙色较浅，上体具近褐色杂斑，飞羽深灰色。

虹膜褐色；喙橙红色；脚黑色。

生态习性：常与其他种类尤其与大凤头燕鸥混群。常在远海开阔洋面觅食，俯冲垂直入水，全身没入水下。在海面漂浮物上休憩，常光顾珊瑚礁盘，也见于沿海水域及滩涂。

分布：中国在福建、广东及香港有记录，偶见于沿海地区，在南沙群岛较常见。国外繁殖于北非、红海、波斯湾、印度、东南亚至澳大利亚北部，邻近海洋也有分布。

非繁殖羽/浙江舟山/黄秦

非繁殖羽/浙江舟山/黄秦

非繁殖羽/浙江舟山/黄秦

非繁殖羽/浙江舟山/黄秦

中华凤头燕鸥

Chinese Crested Tern

保护级别：国家II级　IUCN：极危　体长：38厘米　居留类型：夏候鸟、旅鸟、冬候鸟

特征描述：中等体型的浅色凤头燕鸥。因喙的颜色而区别于大、小凤头燕鸥，成鸟夏羽顶冠全黑色，冬羽额白色，顶冠黑色而具白色顶纹，使枕部成“U”形黑色斑块。亚成鸟背及尾近白色而具褐色杂斑，似小凤头燕鸥的亚成鸟，但褐色较重。

虹膜褐色；喙黄色，前端黑色；脚黑色。

生态习性：喜开阔海域及小型岛屿，常与其他鸥类混群繁殖。

分布：中国繁殖在东部沿海岛屿，包括福建连江马祖列岛和浙江舟山群岛，迁徙期间在福建闽江口可见。冬季南迁至中国南海。国外越冬于菲律宾并偶至北婆罗洲。

非繁殖羽（飞起者）/福建福州/曲利明

配偶间致意的动作如同大凤头燕鸥/福建闽江口湿地自然保护区/姜克红

雄鸟常向配偶献鱼，这一行为也见于其他燕鸥/福建长乐/郑建平

台湾/林月云

交配/福建长乐/郑建平

白额燕鸥
Little Tern

体长：24厘米　居留类型：夏候鸟、旅鸟、冬候鸟

特征描述：浅色小型燕鸥。尾开叉浅，夏季头顶、颈背及过眼线黑色，额白色，冬季头顶及颈背黑色减小至月牙形，翼前缘黑色后缘白色。幼鸟似非繁殖期成鸟但头顶及上背具褐色杂斑，尾白色而尾端褐色，开叉较小。

虹膜褐色；喙黄色具黑色，喙端(夏季)或黑色（幼鸟）；脚黄色。

生态习性：栖居于海边滩涂或内陆浅水湖泊中，常与其他燕鸥混群活动。振翼快速，常做徘徊飞行，捕食时快速扎入水中又迅速飞起。

分布：在中国繁殖于新疆西部喀什地区以及从东北至西南、华南沿海、海南岛等大部分省区，迁徙时偶见于台湾岛。国外见于大西洋、印度洋沿岸及太平洋西岸地区，也见于内陆水域。

成鸟/天津/张永

成鸟/天津/张永

幼鸟（左）与成鸟（右）/福建闽江口/高川

幼鸟/福建闽江口/高川

成鸟/辽宁/张明

褐翅燕鸥
Bridled Tern

体长：37厘米
居留类型：夏候鸟、留鸟

特征描述：中等体型、背部深色而下体白色的燕鸥。尾呈深叉形，成鸟前额有狭窄白色区域，白色眉纹延伸至眼后，头顶至上翼、背及尾均为深褐灰色，下体白色。幼鸟褐色浓重，头顶具褐色杂斑，背上具皮黄色横斑，比乌燕鸥幼鸟的点斑少，颈及胸白色。

虹膜褐色；喙黑色；脚黑色。

生态习性：多活动于外海，仅在气候恶劣时或繁殖季节才至海岸。常单独或成小群活动，飞行姿态优雅轻盈，从海面上捕食昆虫或鱼类。常栖于海面漂浮杂物上，晚上停栖船桅杆上。与黑枕燕鸥混群繁殖。

分布：在中国主要分布于南沙群岛，夏季见于福建、香港、台湾岛及海南岛近海岸岛屿。国外广布于大西洋、印度洋及太平洋，留鸟于热带海区。

成鸟/福建福鼎/高川

成鸟/福建宁德/姜克红

成鸟/福建宁德/姜克红

褐翅燕鸥常在多岩石的海岛上繁殖/福建宁德/姜克红

乌燕鸥

Sooty Tern

体长：44厘米　居留类型：漂鸟

特征描述：中等体型、背黑色而腹白色的燕鸥。尾深开叉，似褐翅燕鸥，但前额白色区域有限，不向后延伸为眉线，上翼及背深烟褐色，无灰色后领环。亚成鸟整体烟褐色，背及上翼具白色点斑形成的横纹，臀白色。

虹膜褐色；喙黑色；脚黑色。

生态习性：大洋性海鸟，栖于远离海岸的洋面及多沙岛礁上，常跟随船只。飞行优雅。

分布：通常见于远洋，仅偶见于中国东南部沿海，曾在香港及台湾岛近海有记录。国外广布于大西洋、印度洋及太平洋的热带海域。

雏鸟/香港/余日东

黄嘴河燕鸥

River Tern

保护级别：国家Ⅱ级　体长：40厘米　居留类型：留鸟

特征描述：中等体型，头顶黑色而全身灰白色的燕鸥。尾深叉而形长，上体、腰及尾深灰色，翼尖近黑色，外侧尾羽白色。越冬成鸟喙端黑色，额及头顶偏白色。幼鸟同冬季成鸟，但头顶及上体褐色，胸两侧沾灰色，似黑腹燕鸥，但体型大许多，且下体白色。

虹膜褐色；喙深黄色；脚红色。

生态习性：栖于淡水水域，偶尔在沿海小型河口出现。飞行缓慢有力，两翼和尾羽修长飘逸。有时与其他燕鸥混群，常见于有大片沙洲的宽阔缓流河段。

分布：中国边缘性分布至云南西部及西南部。国外繁殖于伊朗向东至印度、缅甸及东南亚。

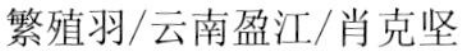

繁殖羽/云南盈江/肖克坚

繁殖羽/云南盈江/肖克坚

繁殖羽/云南盈江/肖克坚

粉红燕鸥

Roseate Tern

体长：39厘米
居留类型：夏候鸟、旅鸟、冬候鸟

特征描述：中等体型、而胸部染粉色的燕鸥。头顶黑色，全身灰白色，成鸟在夏季头顶全黑色，翼上及背部浅灰色，初级飞羽外侧羽近黑色，白色的尾甚长而深叉，下体白色，胸部淡粉色，冬羽前额白色，头顶具杂斑，粉色消失。幼鸟头顶、颈背及耳覆羽灰褐色，背比普通燕鸥的褐色深，尾白色而无延长。

虹膜褐色；喙繁殖期红色；脚繁殖期偏红色，其余时期黑色。

生态习性：常与其他燕鸥混群。飞行姿态优雅，俯冲入水捕食鱼类。

分布：中国繁殖于福建、广东及台湾岛南部的岛屿，越冬于海上，偶见于南海。国外见于大西洋的东部及西部、印度洋和西太平洋沿岸直至澳大利亚北部。

繁殖羽/福建/杨金

与黑枕燕鸥（图中头顶白者）混群栖息/香港/余日东

黑枕燕鸥

Black-naped Tern

成鸟/香港/田穗兴

体长：31厘米
居留类型：夏候鸟、旅鸟、冬候鸟

特征描述：体型略小，几乎全白色的燕鸥。枕部具有特征性的黑色带，头白色，仅眼前具黑色点斑，上体浅灰色，下体白色，尾长而深叉。第一冬鸟头顶具褐色杂斑，颈背具近黑色斑。幼鸟头侧及颈背灰褐色，上体近褐色而具皮黄色及灰色扇贝形斑，腰近白色，尾圆而无叉。

虹膜褐色；喙黑色，成鸟喙端黄色，幼鸟污黄色；脚成鸟黑色，雏鸟黄色。

生态习性：完全海洋性的鸟类，喜群栖，常与其他燕鸥混群，喜沙滩及珊瑚海滩。

分布：在中国东南及华南沿海的礁岩和岛屿繁殖，冬季偶见于海南岛以及南海岛屿。国外见于印度洋、太平洋西部沿岸和热带岛屿以及澳大利亚北部。

成鸟/香港/余日东

普通燕鸥
Common Tern

体长：35厘米　居留类型：夏候鸟、旅鸟、冬候鸟

特征描述：体型略小而周身白色或灰色的燕鸥。尾深叉形，繁殖期头顶全黑色，胸灰色。非繁殖期上翼及背灰色，尾上覆羽、腰及尾白色，额白色，头顶具黑色及白色杂斑，颈背最黑，下体白色。飞行时，非繁殖期成鸟及亚成鸟的特征为前翼具近黑色的横纹，外侧尾羽羽缘黑色。第一冬鸟上体褐色浓重，上背具鳞状斑。

虹膜褐色；喙冬季黑色，夏季红色或全黑色；脚偏红色，冬季较暗。

生态习性：常见于沿海水域，也见于内陆淡水水体。飞行有力，从高处冲下水面取食。

分布：中国繁殖于西北、东北和华北的东部，也有群体繁殖于中北部、中部、青海及西藏，迁徙时经华南及东南，包括台湾岛及海南岛。国外繁殖于北美洲及古北界，冬季南迁至南美洲、非洲、印度洋、印度尼西亚及澳大利亚。

成鸟/新疆/张永

成鸟/新疆石河子/沈越

争夺食物/江苏盐城/孙华金

雄鸟向配偶献食/新疆阿勒泰/张国强

须浮鸥

Whiskered Tern

体长：25厘米
居留类型：夏候鸟、旅鸟、冬候鸟

特征描述：尾叉很浅的浅色燕鸥。繁殖羽额黑色，上体浅灰白色而胸腹灰色。非繁殖羽额白色，头顶具细纹，顶后及颈背黑色，下体白色，翼、颈背、背及尾上覆羽灰色。幼鸟似成鸟但具褐色杂斑，与非繁殖期白翅浮鸥区别在于头顶黑色，腰灰色，无黑色颊纹。

虹膜深褐色；喙红色(繁殖期)或黑色；脚红色。

生态习性：结小群活动，偶成大群，常至离海岸20千米左右的内陆，在漫水地和稻田上空觅食，取食时扎入浅水或低掠水面。

分布：在中国繁殖于东部地区，冬季南迁，部分个体在台湾岛越冬。国外繁殖于非洲南部、西古北界的南部、南亚及澳大利亚。

成鸟繁殖羽，刚在水面成功完成一次掠食/河北/张永

河北衡水/沈越

非繁殖羽/江西南矶山/林剑声

在挺水植物丛中搭建的浮巢/辽宁/张明

白翅浮鸥

White-winged Tern

体长：23厘米　居留类型：夏候鸟、旅鸟、冬候鸟

特征描述：尾叉很浅的小型燕鸥。繁殖期成鸟的头、背及胸黑色，与浅灰色的两翼和白色的尾成明显反差，翼上近白色而翼下覆羽为黑色。非繁殖期成鸟头后具灰褐色杂斑，上体浅灰色而下体白色，与非繁殖期须浮鸥的区别在于白色颈环较完整，头顶黑色较少，杂斑较多，黑色耳覆羽把黑色头顶及浅色枕部和颈背隔开。

虹膜深褐色；繁殖期喙红色，其余时期黑色；脚橙红色。

生态习性：栖息于内陆水生植物繁茂的湿地中，结小群营造浮巢繁殖，越冬在沿海、港湾及河口。也至内陆稻田及沼泽觅食，取食时低低掠过水面，顺风而飞捕昆虫。常栖于杆状物上。

分布：中国繁殖于新疆西北部天山、黄河河套和东北地区，迁徙时见于北方地区，越冬于华南和东南沿海的较大河流中及台湾岛和海南岛。国外繁殖于南欧及波斯湾，横跨亚洲至俄罗斯中部，西部繁殖群体冬季南迁至非洲南部，东部繁殖群体南迁可经印度尼西亚至澳大利亚，偶至新西兰。

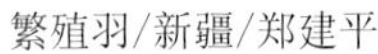

繁殖羽/新疆/郑建平

繁殖羽/河北衡水/沈越

繁殖羽/新疆阿勒泰/张国强

繁殖羽/新疆阿勒泰/张国强

繁殖羽/新疆阿勒泰/张国强

黑浮鸥

Black Tern

体长：24厘米
居留类型：夏候鸟、旅鸟、迷鸟

特征描述：似白翅浮鸥的小型燕鸥。繁殖期成鸟与白翅浮鸥区别在于喙黑色，翼下白色，两翼及腿部的灰色较深。冬季成鸟头及胸部的黑色消失，但头顶仍有黑色延伸至眼后，眼先具黑色小点，飞行时胸侧具一小块黑色斑，尾叉较白翅浮鸥深。

虹膜褐色；喙黑色；脚暗红色。

生态习性：栖息于沿海及内陆水域，比白翅浮鸥更喜海洋环境。

分布：在中国极为罕见，繁殖于新疆西北部地区，天津、北京、河北(北戴河)及江苏盐城等地曾有迷鸟记录。国外繁殖于北美洲、欧洲至里海及俄罗斯中部的淡水水体。美洲繁殖群体冬季南迁至中美洲，欧亚大陆繁殖群体冬季南迁至南非及西非，漂鸟远至智利、日本及澳大利亚。

繁殖羽/新疆石河子/沈越

繁殖羽/新疆石河子/沈越

中贼鸥

Pomarine Skua

亚成鸟/福建永安/王瑞卿

体长：56厘米
居留类型：旅鸟、冬候鸟

特征描述：体型略大的深色大型鸥类。中央尾羽长而端部呈勺状，比外周尾羽伸出5厘米，但较短尾贼鸥和长尾贼鸥短，具深、浅两种色型，浅色型成鸟头顶黑色，头侧及颈背偏黄色，上体黑褐色，初级飞羽基部淡灰白色，下体白色，体侧及胸带烟灰色。深色型身体无白色或黄色。非繁殖期成鸟似亚成鸟，色浅而多杂斑，头顶灰色。

虹膜深色；喙黑色；脚黑色。

生态习性：偏好开阔洋面，常从其他海鸟处抢掠食物。

分布：在中国定期出现于南沙群岛，华南沿海偶有记录，也见于内陆地区。国外繁殖在北极地区，冬季迁至南方海域。

成鸟/香港/余日东

短尾贼鸥

Parasitic Jaeger

体长：16厘米　居留类型：旅鸟、冬候鸟

特征描述：深棕色小型鸥类。中央尾羽长，有深、浅两种色型。繁殖期浅色型成鸟头顶黑色，头侧及领黄色，上体黑褐色，初级飞羽基部偏白色，下体白色，灰色的胸带或有或无。繁殖期深色型成鸟通体烟褐色，仅初级飞羽基部偏白色，中央尾羽延长成尖，与中贼鸥截然不同。非繁殖期成鸟色浅而多杂斑，顶冠灰色，比中贼鸥体型小而喙细，翼形有异。

虹膜深色；喙黑色；脚黑色。

生态习性：常低飞追逐其他海鸟迫其放弃食物而捡食之，有时随船飞行。

分布：中国在台湾岛至南海有零星记录。国外繁殖于北极沿海地区，冬季南迁至南方海域。

成鸟/香港/余日东

长尾贼鸥

Long-tailed Jaeger

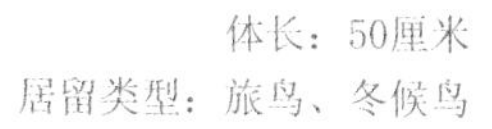

体长：50厘米

居留类型：旅鸟、冬候鸟

特征描述：深色大型海鸟。中央尾羽特长而尖细，有深、浅两种色型，分别与短尾贼鸥的深、浅两色型相似。体型较短尾贼鸥小而显苗条，性更活跃，中央尾羽尖细延长(比外周尾羽长出14－20厘米)，浅色型较普遍而深色型罕见，浅色型个体无灰色胸带。非繁殖期成鸟色暗且中央尾羽缩短。幼鸟臀部的黑白色横斑较其他贼鸥明显，与短尾贼鸥幼鸟的区别在于初级飞羽仅两羽有白色羽轴。

虹膜深色；喙黑色；脚黑色。

生态习性：同其他贼鸥。

分布：中国罕见于南海，迁徙时定期从东部沿海及台湾岛经过。国外繁殖于北极沿海地区，冬季南迁。

成鸟/香港/余日东

成鸟/香港/余日东

扁嘴海雀

Ancient Murrelet

体长：25厘米　居留类型：夏候鸟、冬候鸟

特征描述：形似企鹅的黑白色海鸟。体形圆胖，头厚而无冠羽，喙粗短而色浅。繁殖期白色的眉纹因羽延长而散开，背蓝灰色，喉黑色，下体白色。非繁殖期无白色眉纹，喉部黑色消失，飞行时翼下白色，前后缘均色深，腋羽色暗。

虹膜褐色；喙象牙白色，喙端深色；脚灰色。

生态习性：繁殖季栖息于海岸和海岛岩石上，冬季主要栖息于开阔的海洋中。单只或成小群活动，常在水面游泳和潜水。主要以海洋无脊椎动物和小鱼为食。飞行低、直且距离短，很快又落到海面。

分布：中国繁殖于山东青岛，偶尔会见于香港水域。国外分布于阿留申群岛、阿拉斯加、西伯利亚的东部沿海、日本北部及朝鲜半岛。

繁殖羽/江苏连云港/薄顺奇

冠海雀

Japanese Murrelet

台湾/吴崇汉

体长：25厘米
居留类型：迷鸟

特征描述：似企鹅的黑白色海鸟。体形圆胖，喙极短，额、头顶及颈背青黑色，颏及上喉灰色，头侧有白色条纹延至上枕部相交，上体灰黑色，下体近白色，两胁灰黑色。夏季具黑色尖形的凤头，冬羽大体似扁喙海雀，但头部的黑白色分布不同。

虹膜褐黑色；喙灰白色；脚黄灰色。

生态习性：繁殖期主要栖息于海岸和沿海岛屿上，非繁殖期栖息于近海海面上。常成小群活动，主要以小鱼和海洋无脊椎动物为食。

分布：中国偶见于东海海域。国外分布于日本及附近海域，迷鸟至萨哈林岛。

台湾/吴崇汉